应用型本科 机械类专业"十三五"规划教材

电气控制与 PLC 应用

主　编　杨龙兴　李尚荣　孙松丽
副主编　张卫平　梁　栋　王海平

西安电子科技大学出版社

内 容 简 介

本书是学习"电气与 PLC 控制技术"课程的快速入门与提高的参考教材。本书内容包括常用低压电器、电气控制系统图、基本控制线路、三菱 PLC 硬件配置与性能指标、GX-Developer 编程软件的使用、基本逻辑指令、步进指令及顺控程序设计、功能指令及应用、综合应用等。

本书图文并茂，通俗易懂，实例丰富，分析详细、清晰，适合作为应用型本科及职业院校相关专业的教材，也可供相关技术人员及广大机电控制爱好者自学使用。

图书在版编目(CIP)数据

电气控制与 PLC 应用/杨龙兴，李尚荣，孙松丽主编.

—西安：西安电子科技大学出版社，2017.5

ISBN 978 - 7 - 5606 - 4427 - 1

Ⅰ. ① 电… Ⅱ. ① 杨… ②李… ③孙… Ⅲ. ① 电气控制 ②PLC 技术

Ⅳ. ① TM571.2 ②TM571.61

中国版本图书馆 CIP 数据核字(2017)第 054460 号

策划编辑　高　樱

责任编辑　师　彬　阎　彬

出版发行　西安电子科技大学出版社(西安市太白南路 2 号)

电　　话　(029)88242885　88201467　　　邮　编　710071

网　　址　www.xduph.com　　　　　　电子邮箱　xdupfxb001@163.com

经　　销　新华书店

印刷单位　陕西华沐印刷科技有限责任公司

版　　次　2017 年 5 月第 1 版　2017 年 5 月第 1 次印刷

开　　本　787 毫米×1092 毫米　1/16　印张 20

字　　数　472 千字

印　　数　1～3000 册

定　　价　39.00 元

ISBN 978 - 7 - 5606 - 4427 - 1/TM

XDUP 4719001 - 1

应用型本科 机械类专业规划教材
编审专家委员名单

主　任：张　杰（南京工程学院 机械工程学院 院长/教授）

副主任：杨龙兴（江苏理工学院 机械工程学院 院长/教授）

　　　　张晓东（皖西学院 机电学院 院长/教授）

　　　　陈　南（三江学院 机械学院 院长/教授）

　　　　花国然（南通大学 机械工程学院 副院长/教授）

　　　　杨　莉（常熟理工学院 机械工程学院 副院长/教授）

成　员：（按姓氏拼音排列）

　　　　陈劲松（淮海工学院 机械学院 副院长/副教授）

　　　　郭兰中（常熟理工学院 机械工程学院 院长/教授）

　　　　高　荣（淮阴工学院 机械工程学院 副院长/教授）

　　　　胡爱萍（常州大学 机械工程学院 副院长/教授）

　　　　刘春节（常州工学院 机电工程学院 副院长/副教授）

　　　　刘　平（上海第二工业大学 机电工程学院 教授）

　　　　茅　健（上海工程技术大学 机械工程学院 副院长/副教授）

　　　　唐友亮（宿迁学院 机电工程系 副主任/副教授）

　　　　王荣林（南理工泰州科技学院 机械工程学院 副院长/副教授）

　　　　王树臣（徐州工程学院 机电工程学院 副院长/教授）

　　　　王书林（南京工程学院 汽车与轨道交通学院 副院长/副教授）

　　　　吴懋亮（上海电力学院 能源与机械工程学院 副院长/副教授）

　　　　吴　雁（上海应用技术学院 机械工程学院 副院长/副教授）

　　　　许德章（安徽工程大学 机械与汽车工程学院 院长/教授）

　　　　许泽银（合肥学院 机械工程系 主任/副教授）

　　　　周　海（盐城工学院 机械工程学院 院长/教授）

　　　　周扩建（金陵科技学院 机电工程学院 副院长/副教授）

　　　　朱龙英（盐城工学院 汽车工程学院 院长/教授）

　　　　朱协彬（安徽工程大学 机械与汽车工程学院 副院长/教授）

前　言

"电气与 PLC 控制技术"课程，主要研究对象是经典的继电器-接触器控制及 PLC 控制技术与应用，其中继电器-接触器控制方法在普通机床行业仍是最基本、应用最广泛的控制方法，也是 PLC 控制的基础。本书从电气控制概念入手，介绍两者之间的关系及 PLC 的基础知识。

继电器-接触器控制系统是把各种有触头的接触器、继电器以及按钮、行程开关等元件，用导线按一定的控制方式连接起来组成的控制系统，人们通常称该系统为电气控制系统。它的控制功能全部由硬件完成，具有结构简单、操作方便、容易掌握、价格便宜等特点，在一定范围内能满足控制要求，因而使用面甚广，多年来在工业控制领域中占据主导地位。但是，继电器-接触器控制系统具有明显的缺点：设备体积大，噪声大，能耗大，动作速度慢，可靠性差，维护量大，维护困难，功能少，特别是硬连线中逻辑控制连线复杂以及改接麻烦。于是，人们开始寻求一种新的控制系统来取代继电器-接触器控制系统。

1969 年，世界上第一台可编程序控制器(Programmable Logic Controller，PLC)诞生了，它是按照继电器-接触器控制概念和设计思想发展起来的新一代控制装置。可编程序控制器是以微处理器为核心，将计算机技术、自动控制技术和通信技术融为一体，用软件功能取代了继电器-接触器控制系统中大量的中间继电器、时间继电器、计数器等器件，使控制柜的设计、安装接线工作量大为减少。PLC 不但能对继电器-接触器控制系统中常用开关量进行控制，并且利用微处理器作为控制核心的优势，还具有数字量和模拟量的输入/输出、顺序控制、定时计数、算术运算、数据处理、通信联网、记录与显示等功能。另外，当生产工艺改变或设备更新后，不必大量改变 PLC 的硬件设备，只需改变相应的程序，就可以满足新的控制要求。

近年来，随着 PLC 功能的不断完善、增强，其已广泛应用于机械制造、钢铁、石油、化工、电力、建材、交通运输、环保等各行各业。随着 PLC 性能价格比的不断提高，其应用领域将不断扩大，掌握电气控制和 PLC 应用技术对提高我国工业自动化水平和生产效率具有重要意义。

本书共包括 9 章内容。第 1 章从柔性制造系统中的数控铣床的低压电器入手，讲述了低压电器基础知识，常用低压电器的原理、结构与特性，以及热继电器的调整和时间继电器的应用。第 2 章与第 3 章围绕普通车床的电气控制，讲解了电气控制系统图基础知识，电气原理图、电气元件布置图和电气安装接线图的绘制，基本连锁控制电路和变化参量控制电路，还介绍了摇臂钻床、磨床和铣床的主电路及控制电路原理。第 4～8 章以三菱 FX_{3U} 系列 PLC

为对象，对三菱 PLC 的硬件构成、工作原理与性能指标、选型原则，以及 GX-Developer 编程软件的使用进行了阐述。同时，对编程中使用的 FX 系列 PLC 编程软元件、基本逻辑指令、步进指令及顺控制程序设计以及功能指令作了系统的介绍，并通过引例和实例对各种指令的应用编程作了详细的介绍。第 9 章安排了智能生产线中的机械臂控制及 PLC 控制系统的设计等内容，并通过传统电气控制机床的 PLC 改造和机械臂在 PLC 控制中的应用，介绍了其具体运用和编程方法。

本书特色：

（1）本书遵循实用、适用原则，从机床的电气控制入手，以常用电气元件的介绍和运用、线路识读为基础，逐步从内容过渡到 PLC 控制，由浅入深，从而培养学生的电气控制和 PLC 应用编程能力。在内容编排上，前后内容相互呼应，前一部分以电气控制为线索，穿插讲解知识点，达到即学即用的目的；后一部分以 PLC 为主线，在对 PLC 原理与技术全面学习的基础上，对前面所介绍的继电器-接触器机床的改装进行了实例讲解。最后一章的综合应用，除了讲述 PLC 系统设计的方法外，还对工业机器人原理及其在生产线中的应用进行了简单叙述。

（2）本书以大量的实例解答为特色，并以引例在相关知识点中的应用作为每章开头，在介绍了该引例所用知识点的基础上给出解答，且通过知识点介绍中所穿插的实例对该重点知识作出应用性的引导，在章节的最后再给出该部分知识点的延伸和拓展，充分尊重学生的认知规律。

本书由江苏理工学院杨龙兴、李尚荣、孙松丽主编。杨龙兴负责第 8 章、第 9 章知识点链接的编写及全书内容的增补和统稿工作；李尚荣编写了第 5 章～第 7 章；孙松丽编写了第 1 章和第 4 章；张卫平编写了第 2 章和第 3 章；梁栋、王海平共同编写了第 9 章，梁栋还提供了第 5 章～第 8 章的部分引例和实例，王海平提供了第 5 章知识点扩展和第 8 章知识点扩展实例。在编写过程中陈石涛、张陈、杨浩轩、樊德金等也付出了辛勤的劳动，在此一并感谢。

本书在编写过程中参考了有关文献和教材，在此感谢这些文献资料的作者。限于编者水平，书中难免有不妥之处，恳请各位读者及同行专家批评指正。

编　者

2016 年 12 月

目　　录

第1章 常用低压电器

1.1 引例：柔性制造系统中的数控铣床

图1-1为柔性制造系统（Flexible Manufacturing System，FMS）中加工站输送系统结构示意图。工业机器人2从传送带5上取待加工工件4后送入数控机床1内进行加工，加工完毕后工业机器人2夹持待加工工件4在交流伺服电机3的驱动下，通过传动机构滚珠丝杠螺母副8，前行至后期处理箱10的对应位置，并将工件送入后期处理箱进行后期处理，待处理完毕后再由工业机器人2夹持放入传送带5上进入下一环节。

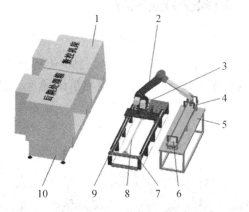

1—数控机床；

2—工业机器人；

3—交流伺服电机；

4—待加工工件；

5—传送带（部分）；

6—已加工工件；

7—支座；

8—滚珠丝杠螺母副；

9—导轨副；

10—后期处理箱

图1-1 柔性制造系统中加工站输送系统结构示意图

图1-1所示的FMS中所用的数控机床实物外形如图1-2所示，为240型数控铣床。该

1—伺服驱动器；

2—变频器；

3—开关电源；

4—常用低压电器；

5—变压器；

6—选择开关；

7—指示灯

图1-2 240型数控铣床实物外形图

机床采用三轴三联动数控系统；机床主轴传动采用变频无级调速；三坐标驱动采用先进的交流伺服电机及驱动系统。其电气控制柜外形如图 1-3 所示。

图 1-3　电气控制柜外形图

　　数控铣床电气控制柜内用到的低压电器如图 1-4 所示，主要包括低压断路器、熔断器、接触器、中间继电器等。这些低压电器作为数控铣床电气控制系统的重要组成部分，对控制系统的功能实现、动作可靠至关重要。

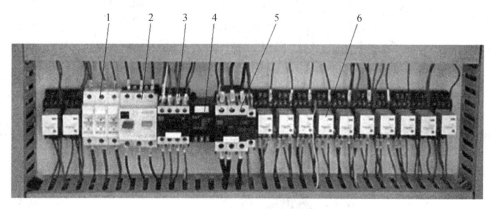

1—熔断器；2—塑壳式断路器；3—交流接触器(220 V)；
4—过电压抑制器(浪涌保护器)；5—交流接触器(380 V)；6—中间继电器
图 1-4　数控铣床电气控制柜内部低压电器示意图

　　低压电器在低压供电配电系统、电力拖动系统和自动控制系统中起着极其重要的作用，是组成成套电气设备的基础配套元件，是电气控制技术的基础。所用低压电器的性能和控制系统性能的优劣有直接关系，直接影响着系统的可靠性、先进性和经济性。本章主要介绍常用低压电器的结构、工作原理、主要技术参数及选型原则，介绍它们的图形符号及文字符号，同时根据电器的发展现状，对一些新型的元件作了简要介绍，进而为电气控制电路设计打下基础。图 1-4 中，熔断器 1 在数控铣床控制柜中串接在电路中，若电路中出现过电流、过电压或过热等异常情况，会立即熔断而起到保护作用，可防止故障进一步扩大。塑壳式断路器

2 主要用作电击危险保护和对人的间接接触保护,当人身触电或电网泄漏电流超过规定值时它会自动切断电源,间接保护人身及用电设备的安全。交流接触器 3 和 5 利用主接点来开闭电路,用辅助接点来执行控制指令。主接点一般只有常开接点,而辅助接点常有两对具有常开和常闭功能的接点,小型的接触器也经常作为中间继电器配合主电路使用。中间继电器 6 用于继电保护与自动控制系统中,以增加触点的数量及容量。它在数控铣床控制电路中传递中间信号。中间继电器的结构和原理与交流接触器基本相同,与接触器的主要区别在于:接触器的主触头可以通过大电流,而中间继电器的触头只能通过小电流。

1.2　知识点链接

1.2.1　低压电器概述

低压电器是指工作在交流电压 1200 V、直流电压 1500 V 以下的各种电器。在我国工业电力用户中,最常用的三相交流电压等级为 380 V。在特定行业环境下会用其他电压等级,如煤矿井下的电钻用 127 V,运输机用 660 V,采煤机用 1140 V 等。单相交流电压等级最常见的为 220 V,而机床、热工仪表和矿井照明则采用 127 V 电压等级。其他电压,如 6 V、12 V、24 V、36 V、42 V 等,一般用于安全场所的照明、信号灯以及作为控制电压。直流常用电压等级有 110 V、220 V、440 V,主要用于动力;6 V、12 V、24 V 和 36 V 主要用于控制。

低压电器种类繁多,结构形式各异,工作原理及功能各不相同。因此,低压电器的分类方法很多,常用的分类方法有以下几种。

1. 按工作原理分类

(1) 电磁式电器:利用电磁感应原理工作的电器,如接触器、各种电磁式继电器及电磁阀等。

(2) 非电量控制电器:依靠外力或某种非电物理量(如速度、温度、压力等)的变化而动作的电器,如刀开关、行程开关、压力继电器及温度继电器等。

2. 按操作方式分类

(1) 手动电器:通过外力(如人力)直接操作来完成动作的电器,如刀开关、转换开关、按钮等。

(2) 自动电器:通过电器本身参数的变化或外来信号的作用,自动接通或分断电路的电器,如接触器、继电器、熔断器等。

3. 按用途分类

(1) 控制电器:用于各种控制电路和控制系统的电器,对这类电器的主要技术要求是有一定的通断能力、操作频率高、电气和机械寿命长,如接触器、继电器、电动机启动器等。

(2) 配电电器:用于配电系统中电能的输送和分配的电器,对这类电器的主要技术要求是分断能力强、限流效果好、动稳定性及热稳定性能好,如断路器、隔离开关、刀开关等。

(3) 主令电器:用于自动控制系统中发送动作指令的电器,如按钮、行程开关、万能转换开关等。

（4）保护电器：用于保护电路及用电设备的电器，对这类电器的主要技术要求是有一定的通断能力、反应灵敏、可靠性高，如熔断器、热继电器、各种保护继电器等。

（5）执行电器：用于完成某种动作或传动功能的电器，如电磁铁、电磁阀及电磁离合器等。

电气控制系统中常用的低压电器如图 1-5 所示。

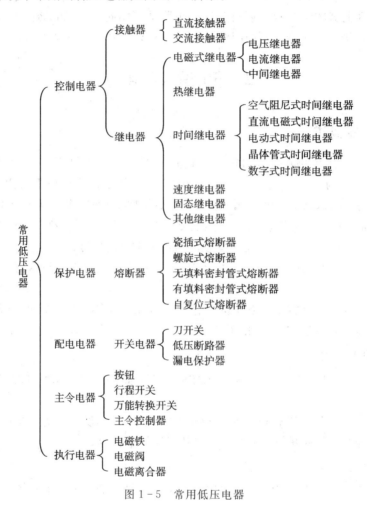

图 1-5 常用低压电器

1.2.2 低压电器基础知识

低压电器一般由两个基本部分组成，即感受机构和执行机构。感受机构感受外界信号的变化，作出有规律的反应；而执行机构则根据指令信号，实现电路的通断控制。

在电气控制电路中使用最多的低压电器是电磁式电器。虽然电磁式电器的类型很多，但是其结构特点和工作原理基本相同。下面主要介绍电磁式低压电器的基础知识。

1. 电磁式低压电器的组成

电磁式低压电器主要由电磁机构、触点系统和灭弧装置三部分组成。

图 1-6 所示为电磁式低压电器的典型代表——低压断路器内部结构，其三大结构组成

分别如图所示。

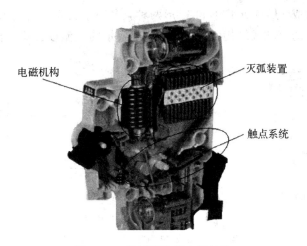

图 1-6 低压断路器内部结构

1）电磁机构

电磁机构是电磁式低压电器的主要组成部件之一，是电器的信号检测部分、感受机构。它的主要作用是将电磁能量转换为机械能量并带动触点动作，以完成电路的接通和分断。

（1）电磁机构的结构形式。

电磁机构由吸引线圈（励磁线圈）和磁路两部分组成。当线圈通过工作电流时，产生激磁磁场和足够的磁动势，在磁路中形成磁通，使衔铁获得足够的电磁吸力，克服反作用力与铁芯吸合，由连接机构带动相应的触点动作。

① 吸引线圈。吸引线圈的作用是将电能转换成磁场能量。

a. 按通入线圈电流性质的不同，可将线圈分为直流线圈和交流线圈两种，与之对应的是直流电磁机构和交流电磁机构。

直流电磁机构：由于铁芯不发热，只有线圈发热，所以其铁芯由整块铸铁或电工软铁制成。而线圈匝数多、导线细，制成细长型，且不设线圈骨架，使线圈与铁芯直接接触，便于线圈散热。

交流电磁机构：由于铁芯存在磁滞损耗和涡流损耗，其铁芯和线圈均发热，所以铁芯通常用薄片硅钢片叠压而成以减小铁损。而线圈则匝数少、导线粗，制成短粗型，且设有骨架，使铁芯与线圈隔离，有利于铁芯和线圈的散热。

b. 按线圈在电路中的连接形式，可分为串联接入线圈和并联接入线圈。大多数电磁式电器的线圈都按照并联接入方式设计。

串联接入线圈主要用于电流检测类电磁式电器中。为减少接入线圈对电路电压分配的影响，串联接入线圈一般采用粗导线制造，匝数少，线圈阻抗小。

并联接入线圈主要用于电压检测类电磁式电器中。为减少接入线圈对原电路的分流作用，并联接入线圈需要较大的阻抗，一般线圈导线较细，匝数多。

② 磁路。磁路包括铁芯、衔铁、铁轭和空气隙。衔铁在电磁力的作用下与铁芯吸合，当电磁力消失后复位。常用的磁路结构有三种，如图 1-7 所示。

图 1-7(a)所示为衔铁绕棱角转动的拍合式结构，这种结构磨损较小，铁芯一般用电工

软铁制成，适用于直流接触器、继电器。图 1-7(b)所示为衔铁绕轴转动的拍合式结构，铁芯一般用硅钢片叠压而成，形状有 E 形和 U 形两种，多用于大容量的交流接触器。图 1-7(c)所示为衔铁直线运行的直动式结构，多用于中、小容量的交流接触器、继电器。

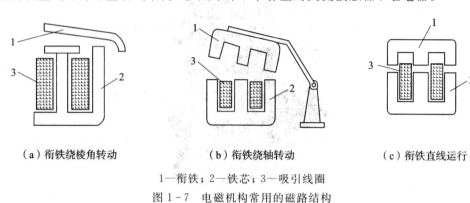

（a）衔铁绕棱角转动　　　　（b）衔铁绕轴转动　　　　（c）衔铁直线运行

1—衔铁；2—铁芯；3—吸引线圈

图 1-7　电磁机构常用的磁路结构

（2）电磁机构的工作原理。

作用在衔铁上的力有两个：电磁吸力和反力。电磁机构的工作原理常用吸力特性和反力特性来描述。衔铁是否能够正常工作，也是由电磁机构的吸力特性和反力特性决定的。

① 吸力特性。电磁机构使衔铁吸合的力与气隙长度的关系曲线称为吸力特性。电磁机构的吸力 F 可近似地按式(1-1)求得：

$$F = \frac{1}{2\mu_0}B^2S = \frac{10^7}{8\pi}B^2S \qquad (1-1)$$

式中：$\mu_0 = 4\pi \times 10^{-7}$ H/m；B 为气隙磁通密度（磁感应强度），单位为 T；S 为吸力处的铁芯截面积，单位为 m^2。

由此可见，当 S 为常数时，F 与 B^2 成正比，由于 $B = \Phi/S$，也就是 F 与气隙磁通 Φ^2 成正比，即

$$F \propto \Phi^2 \qquad (1-2)$$

由于励磁电流的种类对吸力特性的影响很大，因此下面就交流电磁机构与直流电磁机构分别进行讨论。

a. 直流电磁机构的吸力特性。直流电磁机构由直流电流励磁，稳态时，磁路对电路无影响，可以认为线圈电流与磁路气隙 δ 的大小无关，只与线圈电阻和外加电压有关。当外加电压和线圈电阻不变时，则通过线圈的电流为常数，由磁路定律

$$\Phi = \frac{IN}{R_m} = \frac{IN}{\delta/(\mu_0 S)} = \frac{IN\mu_0 S}{\delta} \qquad (1-3)$$

（其中 R_m 为气隙磁阻，N 为线圈匝数）

可知：

$$F \propto B^2 \propto \Phi^2 \propto \frac{1}{\delta^2} \qquad (1-4)$$

即电磁吸力 F 与气隙 δ 的二次方成反比，故吸力特性为二次曲线形状。吸力 F 与气隙 δ 的关系曲线，即函数 $F = f(\delta)$ 的曲线如图 1-8 所示。吸力特性曲线比较陡峭，表明衔铁闭合前后吸力变化很大，气隙越小则吸力越大。

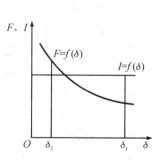

图 1-8　直流电磁机构的吸力特性

由于衔铁闭合前后励磁线圈的电流不变，所以直流电磁机构适用于动作频繁的场合，且吸合后电磁吸力大，工作可靠性高。但需要注意的是，当直流电磁机构的励磁线圈断电时，磁动势就由 IN 急速趋于 0，电磁机构的磁通也发生相应的急剧变化，这会在励磁线圈中感应生成很大的反电动势。此反电动势可达线圈额定电压的 10～20 倍，易使线圈电压过高而损坏，为此必须增加线圈放电回路，一般采用反并联二极管并加限流电阻来实现。

b．交流电磁机构的吸力特性。对于采有交流电磁线圈的电磁机构，其吸力特性与直流电磁机构有所不同。设外加电压不变，交流电磁机构励磁线圈的阻抗主要取决于线圈的电抗（线圈电阻相对很小可忽略），则由

$$U \approx E = 4.44 \Phi N f \qquad (1-5)$$

可得：

$$\Phi = \frac{U}{4.44 N f} \qquad (1-6)$$

式中：U 为线圈电压（V）；E 为线圈感应电动势（V）；f 为接入线圈的电源频率（Hz）；N 为线圈匝数。

由式（1-6）可知，当频率 f、匝数 N 和电压 U 均为常数时，Φ 为常数。由式（1-2）可知，F 也为常数，F 的大小与气隙 δ 的大小无关（由于此时电压、磁通都随时间作周期性变化，其电磁吸力也作周期性变化，因此，此处的 F 为常数是指电磁吸力的幅值不变）。实际上由于漏磁通的存在，F 随气隙 δ 的减小略有增加。交流电磁机构的吸力特性如图 1-8 所示，可以看出其特性曲线比较平坦。

虽然交流电磁机构的磁通 Φ 近似不变，但气隙磁阻 R_m 随气隙 δ 而变化。当气隙 δ 变化时，根据式（1-3），Φ、N 为常数，则吸引线圈的电流 I 与气隙 δ 成正比。

图 1-9 所示给出了 $I = f(\delta)$ 的关系曲线。由吸引线圈的电流 I 与气隙 δ 成正比这一结论可以看出：对于一般的交流电磁机构，线圈通电而衔铁尚未吸合瞬间，电流将达到吸合后额定电流的几倍甚至十几倍。如 E 型结构，线圈通电而衔铁尚未吸合时，线圈电流为吸合后额定电流的 10～15 倍。此时，如果衔铁卡住不能吸合或者频繁开合动作，交流线圈就可能被烧毁。所以，在可靠性要求比较高或操作频繁的场合，一般不采用交流电磁机构。

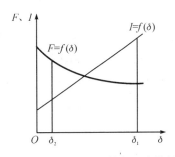

图 1-9　交流电磁机构的吸力特性

② 反力特性。电磁机构的反作用力与气隙的关系曲线称为反力特性。反作用力包括弹簧力（忽略衔铁自重、摩擦阻力等）。反力特性曲线如图 1-10 所示的曲线 3。图中 δ_1 为电磁机构气隙的初始值，δ_2 为动、静触点开始接触时的气隙长度。在 δ_1～δ_2 区间内，反作用力随气隙减小略有增大，到达 δ_2 时，动、静触点刚接触，由于超行程机构的初压力作用，反力骤增发生突变；在区间 δ_2～0 内，气隙小，触点压得越紧，反作用力越大，其曲线比 δ_1～δ_2 区间陡。

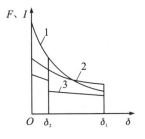

1—直流电磁机构的吸力特性；
2—交流电磁机构的吸力特性；
3—反力特性
图 1-10　反力特性与吸力特性的配合关系

③ 吸力特性与反力特性的配合。欲使电磁机构的衔铁可靠地动作，吸力特性与反力特性必须配合好。在整个吸合过程中，吸力必须大于反力，才能保证执行机构可靠动作，但也不能过大或过小。吸力过大，衔铁吸合时运行速度就会过大，接触时冲击力就大，将会使衔铁与铁芯柱端面产生严重的机械磨损。此外，过大的冲击力可能使触点产生弹跳现象，导致触点熔焊或磨损，影响触点的使用寿命。因此，吸力特性与反力特性配合得当才能有助于电器性能的改变。图 1-10 所示就是要保证吸力特性曲线在反力特性曲线的上方且彼此靠近。上述特性对于有触点电磁式电器都适用。在使用中，为了达到吸力特性与反力特性的良好配合，常常调整反力弹簧或触点初压力以改变反力特性。

（3）交流电磁机构的短路环。

对于单相交流电磁机构，其磁场的磁感应强度按正弦规律变化，即

$$B = Bm \cdot \sin\omega t \tag{1-7}$$

并且由式（1-1）可知，吸力 F 是一个两倍于电源频率的周期性变量，其值在 0 与最大值之间变化。电磁机构在工作时，衔铁始终受到反作用力的作用。当反作用力大于 F 时，衔铁被拉开；当 F 大于反作用力时，衔铁又被吸合。因此，对于单相交流电磁机构，交流电源电压变化一个周期，电磁铁吸合两次，释放两次，电磁机构将产生强烈的振动并发出噪声，使其不能正常工作，因此必须采取措施予以克服。

解决方法是在铁芯和衔铁端面开一个小槽，在槽内嵌入一个铜质短路环（或称分磁环），如图 1-11（a）所示。加上短路环之后，磁通被分为两部分，即不穿过短路环的 Φ_1 和穿过短路环的 Φ_2；Φ_2 为原磁通与短路环中感应电流产生的磁通的叠加，且相位上 Φ_2 滞后于 Φ_1；电磁机构的吸力 F 为它们产生的吸力 F_1、F_2 的合力，如图 1-11（b）所示。如果短路环设计比较合理，使两磁通的相位差相差约 90°，则两相磁通不会同时为零，且合力 F_1+F_2 变化较为平坦，使通电期间电磁吸力始终大于反力，衔铁将会被牢牢吸住，这样就消除了振动和噪声。一般短路环包围 2/3 的铁芯端面。

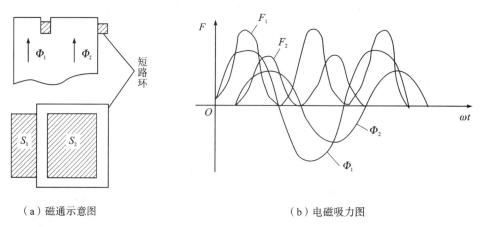

（a）磁通示意图　　　　　　　　　　（b）电磁吸力图

图 1-11　加短路环后的磁通示意图和电磁吸力图

2）触点系统

触点也称为触头，是电器的执行机构，用来接通和分断电路。触点主要由动触点和静触点组成。

其工作原理为：当电磁机构中的衔铁和铁芯吸合时，动触点在连动机构的带动下动作，动触点和静触点闭合或断开。触点在闭合状态下，动、静触头完全接触并有工作电流通过时，称为电接触。电接触时会存在接触电阻，接触电阻的大小会影响触点的工作情况。接触电阻大时，触点易发热，温度升高，严重时会使触点产生熔焊现象，影响工作的可靠性，同时也降低了触点的寿命。接触电阻的大小与触点的接触形式、接触压力、触点材料等有关。

(1) 触点的接触形式。

触点的接触形式有三种：点接触、线接触和面接触，如图1-12(a)、(b)、(c)所示。

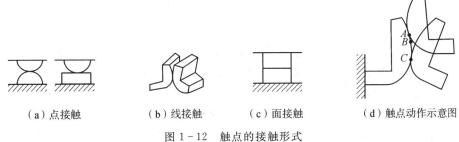

（a）点接触　　　　（b）线接触　　　　（c）面接触　　　　（d）触点动作示意图

图1-12　触点的接触形式

图1-12(a)所示为点接触，它由两个半球形触点或一个半球形与一个平面形触点构成，常用于电流不大的电器中，如接触器的辅助触点及继电器的触点等。

图1-12(b)所示为线接触，是两个带弧面的触点接触，接触区域为一条直线。其触点在接触过程中有滚动动作，如图1-12(d)所示，开始接触时，动静触点在A点接触，靠弹簧压力经B点滚动到C点，断开时作相反运行。这样，可以清除触点表面的氧化膜，同时由于长期工作的位置是在C点而不是易烧灼的A点，保证了触点的良好接触。这种滚动线接触多用于中等容量、分合次数多、电流大的触点，如接触器的主触点。

图1-12(c)所示为面接触，是指两个平面触点相接触，它可允许通过较大的电流。这种触点一般在接触面上镀有合金，以减小触点接触电阻和提高耐磨性，多用作较大容量接触器或断路器的主触点。

(2) 触点的结构形式。

触点系统主要有双断点桥式触点和单断点指形触点等结构形式，如图1-13所示。

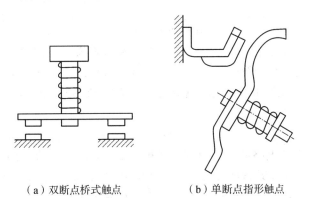

（a）双断点桥式触点　　　　（b）单断点指形触点

图1-13　触点的结构形式

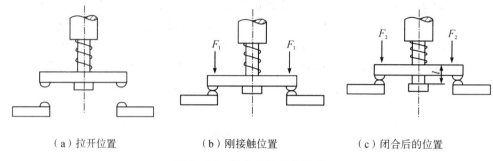

（a）拉开位置　　　　　　（b）刚接触位置　　　　　　（c）闭合后的位置

图 1-14　触点的位置示意图

（3）触点的接触压力。

触头在接触时，为了使触头接触得更加紧密，以减小接触电阻，消除开始接触时产生的振动，一般在触头上都装有接触弹簧，触点的位置示意图如图 1-14。当动触点与静触点刚接触时，由于安装时接触弹簧被预先压缩了一段，因而产生了一个初压力，如图 1-14(b)所示。初压力的作用是削弱接触振动，它的大小可以通过调节弹簧来增减。触点闭合后，弹簧在运动机构的作用下进一步压缩，运行机构停止时弹簧产生的压力为终压力，如图 1-14(c)所示。从动、静触点刚开始接触到触点压紧，整个触点系统向前压紧的距离，即弹簧压缩的距离 l 称为触点的超行程。超行程越大，终压力越大。有了超行程，在触头磨损的情况下，仍具有一定压力，磨损严重时超行程将失效。

（4）触点的材料。

若要使触点具有良好的电接触性能，即良好的导电和导热性能，触点材料的选用很重要。触点材料对接触电阻的影响主要取决于材料的电阻系数、材料的热性能、机械性能及化学稳定性等。铜质材料是最常用的触点材料。但在使用过程中，铜的表面易氧化生成一层氧化铜膜，使触点接触电阻增大，引起触点过热，降低电器的使用寿命。对于电流容量较小的电器(如接触器、继电器等)，可用银质材料作为触点材料，因为银的气化膜电阻率与纯银相似，可避免触点表面氧化膜电阻率增加而造成触点接触不良。在一些电流容量较大的电器中，常采用铜制触点或合金制成，并采用滚动接触，可将氧化膜去除。

3）灭弧装置

（1）电弧的产生。

当触点间电压大于 12～20 V，电流超过 0.25～1.0 A 时，在触点断开的瞬间，触点间的距离极小，电场强度极大，使触点间隙中的气体被高温游离产生大量的电子和正离子，从而在强电场作用下，大量的带电粒子作定向运行，形成炽热的电子流，于是绝缘的气体变成了导体。电流通过这个游离区时所消耗的电能转换为光能和热能，发出强光并产生高温，出现弧光放电现象，称为电弧。

（2）电弧的危害。

电弧的危害包括延长电路的分断时间，将触点烧坏，严重时形成的飞弧还可能造成电源短路事故，导致电器和周围设备的损坏，甚至发生火灾。因此，对于大电流电路，必须采用适当且有效的措施来熄灭电弧，以保证整个电器安全可靠地工作。

根据电流性质的不同，电弧分为直流电弧和交流电弧。由于交流电弧有自然过零点，所以容易熄灭；而直流电弧没有薄弱点，故直流电弧不容易熄灭。

（3）灭弧原理。

① 降低电弧区的电场强度。在断开时，应迅速使触点间隙增加，电弧拉长，于是电场强度降低或者说电弧不足以维持电弧的燃烧，从而使电弧熄灭。

② 降低电弧区的温度。电弧与冷却介质接触，可带走电弧热量，使自由电子和空穴结合为中性粒子的运动加强，从而使电弧熄灭。

（4）灭弧方法。

① 机械性拉弧。分断触点时，迅速增加电弧长度，使单位长度内维持电弧燃烧的电场强度不够而熄弧。机械性拉弧的工作原理如图 1-15 所示。

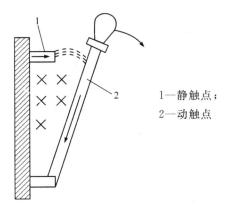

1—静触点；
2—动触点

图 1-15　触点的结构形式

② 双断口灭弧（电动力灭弧）。桥式双断口灭弧的工作原理如图 1-16 所示，双断口就是在一个回路中有两个产生断开电弧的间隙。当触点断开时，在断口中产生电弧，触点 1 和触点 2 的载流体在弧区产生磁场，方向为"＋"，根据左手定则，电弧电流受到指向外侧的 F 力的作用，使电弧向外运动并拉长，加快冷却并被熄灭。这种灭弧方法效果较弱，一般多用于小容量的交流电器中。

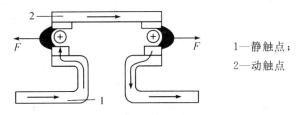

1—静触点；
2—动触点

图 1-16　桥式双断口灭弧的工作原理

③ 磁吹式灭弧。其工作原理是使电弧处于磁场中间，利用电磁场力"吹"长电弧，使其进入冷却装置，加速电弧冷却，促使电弧迅速熄灭。

磁吹灭弧装置的工作原理如图 1-17 所示。在触点电路中串入一个吹弧线圈，它产生的磁通经铁芯和导磁夹板引向触点周围，触点周围的磁通方向以"×"表示，电弧电流产生的磁场方向如图中"⊕"和"⊙"所示，这两个磁场在电弧下方方向相同，在电弧上方方向相反，所以电弧下方的磁场强于上方的磁场。根据左手定则，磁场产生的电磁力的方向向上，即电弧在下方磁场作用下被吹离触点区，吹入灭弧罩内使电弧熄灭。引弧角和静触点连接，其作用是引导电弧向上运动，将热量传递给罩壁。由于这种灭弧装置是利用电弧电流本身灭弧，因而电弧电流越大，吹弧能力越强，且不受电路电流方向的影响。因为当电流方向改变时，磁场方向随之改变，但电磁力方向不变。它广泛应用于直流接触器中。

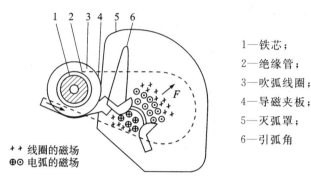

1—铁芯；

2—绝缘管；

3—吹弧线圈；

4—导磁夹板；

5—灭弧罩；

6—引弧角

++ 线圈的磁场
⊕⊙ 电弧的磁场

图 1-17　磁吹灭弧装置的工作原理

④ 灭弧栅灭弧。灭弧栅灭弧的原理如图 1-18 所示，灭弧栅由多片表面镀铜的薄钢片（即栅片）组成，片间距离为 2～3 mm，安装在触点上方的灭弧罩内（图中未画出）。当产生电弧时，电弧周围产生磁场，在电动力作用下电弧被推入灭弧栅中，电弧被栅片分成许多串联的短电弧。当交流电压过零时电弧自动熄灭；电弧若要重燃，两栅片间必须有 150～250 V 的电弧压降。这样，一方面电源电压不足以维持电弧，另一方面由于栅片的散热作用，电弧熄灭后很难重燃。这种灭弧装置常用于交流灭弧。

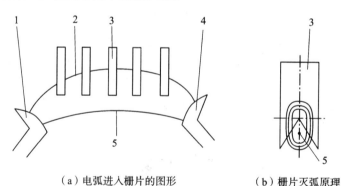

（a）电弧进入栅片的图形　　（b）栅片灭弧原理

1—静触点；2—短电弧；3—灭弧栅片；4—动触点；5—长电弧

图 1-18　灭弧栅灭弧原理

⑤ 窄缝灭弧。窄缝灭弧是利用灭弧罩的窄缝来实现的，原理如图 1-19 所示。灭弧罩内有一个或数个窄缝，缝的下部宽上部窄，灭弧栅片由陶土或有机固体材料制成。当触点断开时，在电弧形成的磁场电动力作用下，电弧被拉长进入灭弧栅片窄缝内，几条纵缝将电弧分割成数段并且电弧与栅片紧密接触，将热量传递给室壁。同时，有机固体介质在高温作用下分解而产生气体，压力增大，使电弧强烈冷却，最终熄灭。这种灭弧方法多用于交流接触器中。

2. 低压电器主要技术参数

由于电路的工作电压或电流等级不同，通断频繁程度不同，负

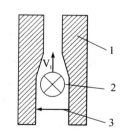

1—灭弧室壁；2—电弧电流；
3—灭弧磁场

图 1-19　窄缝灭弧原理

载的性质也不同，所以必须对低压电器提出不同的技术要求，即低压电器的主要技术参数。低压电器的主要技术参数指低压电器的额定值，而额定值即电器长期工作的使用值。

（1）额定工作电压。额定工作电压是指在规定条件下，能保证低压电器正常工作的电压值，一般指触点的额定电压、电磁式电器及电磁线圈的额定工作电压。

（2）额定工作电流。额定工作电流是根据低压电器的具体使用条件确定的电流值，即在额定工作电压、额定频率和额定工作制下所允许通过的电流。

（3）通断能力。通断能力是指在规定条件下，能在给定的电压下接通和分断的预期电流值，以控制规定的非正常负载时所能接通和断开的电流值来衡量，它包括接通能力和断开能力。接通能力是指开关闭合电路不会造成触点熔焊的能力；断开能力是指开关断开时电路能可靠灭弧的能力。

（4）寿命。低压电器的寿命包括机械寿命和电气寿命。机械寿命是指低压电器在无电流通过的情况下能够操作的次数；电气寿命是指低压电器在规定的工作条件下不需要修理和更换元件能够操作的次数。

1.2.3　常用低压电器

低压电器种类繁多、功能多样、用途广泛。掌握常用低压电器元件的工作原理及其作用，是学习、使用、操作和设计工业自动化控制系统的基础。

常用低压电器广泛应用于继电器-接触器控制系统中，其中最主要的控制对象是各类交流电动机。我们首先通过一个实例建立对常用低压电器元件的感性认识。

图 1-20 所示为三相笼型异步电动机全电压启、停控制线路。由低压断路器 1、交流接触器 5 和三相笼型异步电动机 6 构成主电路；由熔断器 2、启动按钮 4、停止按钮 3、接触器 5 的线圈及常开触点构成控制回路。启动时，先合上低压断路器 1，引入三相电源，然后按下启动按钮 4，交流接触器的线圈得电，接触器 5 主触点闭合，电动机 6 接通电源后启动旋转。当松开启动按钮 4 时，启动按钮自动复位，交流接触器 5 的线圈即可通过其常开辅助触头使接触器线圈继续通电，从而保持电动机 6 的连续运行。要使电动机 6 停止运转，只要按下停止按钮 3，将控制线路切断即可。这时交流接触器 5 断电释放，常开触头将电动机的三相电源断开，电动机停止旋转。

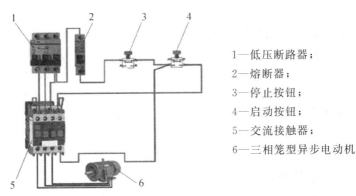

1—低压断路器；
2—熔断器；
3—停止按钮；
4—启动按钮；
5—交流接触器；
6—三相笼型异步电动机

图 1-20　三相笼型异步电动机单向全电压启停控制线路

上例中，低压断路器是低压配电网中的主要开关电器之一，在低压配电线路或开关柜（箱）中作不频繁操作的电源开关使用，并对线路、电器设备及电动机等实行保护；低压熔断器广泛应用于低压配电系统和控制系统中，主要用于电路的短路保护和严重过载保护，同时也是单台电器设备的重要保护元件之一；启动按钮、停止按钮作为主令电器，用于控制系统的启动和停止。上述低压电器均为重要的常用低压电器。除此之外，常用低压电器还有刀开关、漏电保护器、各种继电器、多种主令电器等。本节将对这些常用低压电器的用途、结构和工作原理、图形符号和文字符号、使用和选用的注意事项等内容作简要介绍。

1. 配电电器

1）刀开关

刀开关俗称闸刀开关，是一种结构简单的手动电器，主要用于无载通断电路、隔离电源使用，即在不分断负载电流或分断电路时接通和分断电路。普通的刀开关严禁带负载操作。带灭弧室（罩）的产品也可用来通断较小的工作电流。例如，用作照明设备和小型电动机不频繁操作的电源开关时，可切断不大于额定电流的负载。

（1）开启式负荷开关。

开启式负荷开关俗称胶盖瓷底刀开关，其结构简单，使用、维修方便，主要由操作手柄、熔丝、触刀（动触点）、触点座（静触点）和瓷底座等组成。此种刀开关装有熔丝，可起短路保护作用，其结构如图 1-21 所示。HK 系列开启式负荷开关实物外形图如图 1-22 所示。

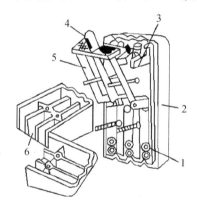

1—熔丝接头；2—瓷底座；3—静触点；
4—操作手柄；5—动触点；6—胶盖

图 1-21　HK 系列胶盖瓷底刀开关结构图

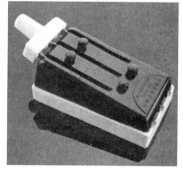

图 1-22　HK 系列开启式负荷开关实物外形图

HK8 系列开启式负荷开关适用于交流额定电压单相 220 V、三相 380 V 及以下，额定电流至 63A 电路的总开关、支路开关及电灯、电热器等操作开关，作为手动不频繁地接通和分断负载电器及小容量线路的短路保护之用。短路保护是由熔丝（片）实现的，使用时应选配合适容量的熔丝（片），严禁使用铜丝等金属丝替代。目前，HK 系列开启式负荷开关一般只用于一些简易临时场合，工业企业已较少使用。

开启式负荷开关使用时，手柄要向上安装，不得倒装或平装，避免由于重力自动下落，引起误动合闸，造成人身事故。接线时，应将电源进线接在上端的进线座，负载接在熔丝下端的出线座，这样拉闸后刀开关的触刀与电源隔离，既便于更换熔丝，又可防止可能发生的意外事故。

（2）封闭式负荷开关。

封闭式负荷开关的早期产品都带有一个铸铁外壳，因此俗称铁壳开关。现在，铸铁外壳早已被结构轻巧、强度高而且工艺性好的薄钢板冲压外壳所取代，一般带有灭弧装置。负荷开关适用于额定电压 AC380V、DC440V，额定电流至 400A 的电路中，作为手动不频繁地接通与分断负载电路及短路保护作用，能快速接通和分断负载电路，一般用于控制小容量三相异步电动机。封闭式负荷开关可带负荷通断电路。

封闭式负荷开关是由触头系统、熔断器、操作机构、灭弧罩、铁壳组合而成。触头系统带灭弧罩，全部装在铁盒内，完全处于封闭状态，保证人员安全。其结构如图 1-23 所示。

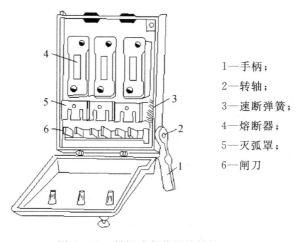

1—手柄；
2—转轴；
3—速断弹簧；
4—熔断器；
5—灭弧罩；
6—闸刀

图 1-23　封闭式负荷开关结构

封闭式负荷开关采用储能合闸方式，即利用手柄转轴与底座间的速断弹簧来执行合闸和分闸操作，使开关闭合和分断时的速度与操作速度无关，电弧被迅速拉长而熄灭；同时封闭式负荷开关具有机械联锁装置，以保证开关合闸后便不能打开箱盖，而在打开箱盖之后不能再合闸。

常用的负荷开关有 HH3、HH4、HH10D 和 HH11 系列封闭式负荷开关。图 1-24 所示为 HH3 系列封闭式负荷开关实物外形。

（3）刀开关的选用原则。

选用刀开关时，可参考以下原则：

① 根据使用场合选择刀开关的类型、极数和操作方式，刀的极数要与电源进线数相等。

图 1-24　HH3 系列封闭式负荷开关实物外形

② 根据刀开关的作用和安装形式选用是否带灭弧装置，若分断负载电流时，应选择带灭弧装置的刀开关。

③ 刀开关的额定电压应大于或等于所控制电路的额定电压。

④ 刀开关额定电流应大于或等于负载的额定电流，对于电动机负载，应考虑其启动电流，宜选用额定电流大一级的刀开关。开启式负荷开关额定电流可取电动机额定电流的 3 倍，

封闭式负荷开关额定电流可取电动机额定电流的 1.5 倍。

（4）刀开关的图形符号和文字符号如图 1-25 所示，其中图（a）、（b）分别是刀开关、负荷开关的三线三极表示法。

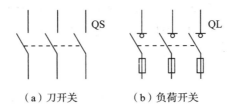

（a）刀开关　　　　（b）负荷开关

图 1-25　刀开关的图形符号、文字符号

2）低压断路器

低压断路器俗称自动空气开关或自动开关。它既有手动开关的功能，又能自动进行失电压、欠电压、过载和短路保护，是低压配电网中的主要开关电器之一。它不仅可以接通和分断正常负载电流、电动机工作电流和过载电流，而且可以接通和分断短路电流，主要用在不频繁操作的低压配电线路或开关柜（箱）中作为电源开关使用，并对线路、电器设备及电动机等实行保护；当它们发生严重过电流、过载、短路、断相等故障时，能自动切断线路，起保护作用。由于其具有操作安全、使用方便、工作可靠、安装简单、有多种保护功能等优点，因此得到了广泛应用。

（1）低压断路器的结构和工作原理。

低压断路器由主触点、灭弧装置、操作机构、自由脱扣机构以及脱扣器等组成。主触点是断路器的执行元件，用来接通和分断主电路。为提高其分断能力，主触点上装有灭弧装置。操作机构是实现断路器闭合、断开的机构，有直接手柄操作、杠杆操作、电磁铁操作和电动机操作等方式。自由脱扣机构是用来联系操作机构和主触点的机构，当操作机构将主触点闭合后，自由脱扣机构则会将主触点锁在合闸位置上。脱扣器包括过电流脱扣器、热脱扣器、分励脱扣器、欠电压脱扣器等。

低压断路器的形式种类虽然很多，但其结构和工作原理基本相同，其内部结构原理图如图 1-26 所示，现以此为例对其工作原理进行介绍。

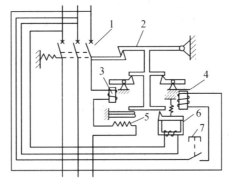

1—主触点；2—自由脱扣机构；3—过电流脱扣器；

4—分励脱扣器；5—热脱扣器；6—欠电压脱扣器；7—按钮

图 1-26　低压断路器内部结构原理图

过电流脱扣器的线圈和热脱扣器的热元件与主电路串联，当流过断路器的电流在整定值以内时，过电流脱扣器所产生的吸力不足以吸动衔铁，热脱扣器的热元件所产生的热量也不能使自由脱扣机构动作；当电流发生短路或严重过载时，过电流脱扣器的衔铁吸合使自由脱扣器动作，主触点断开主电路，起短路和过电流保护作用；当电路过载时，热脱扣器的热元件发热使双金属片向上弯曲，推动自由脱扣机构动作，使主触点断开主电路，起长期过载保护作用。

欠电压脱扣器的线圈与电源并联，它的工作过程与过电流脱扣器相反，当电源电压等于额定电压时，失电压脱扣器产生的吸力足以吸合衔铁，使断路器处于合闸状态；当电路欠电压或失电压时，欠电压脱扣器的衔铁释放，使自由脱扣机构断开，于是主触点断开主电路，起到欠电压和失电压保护作用。

分励脱扣器用于远距离操作，在正常工作时，其线圈是断开的，在需要远距离控制时，按下按钮使线圈通电，衔铁带动自由脱扣器动作，使主触点断开。

低压断路器可以实现的保护功能有多种，但并非所有断路器都具有这些功能，如有的断路器没有分励脱扣器，有的没有热脱扣器等，但大部分都具有短路保护和欠压保护功能，特别是实现短路保护比熔断器更为优越。因为三相电路短路时，很可能只有一相的熔体熔断，造成单相运行，而只要线路短路，自动开关就会跳闸，将三相电路同时切断。此外，低压断路器还具有动作值可调、分断能力较强以及动作后不需要更换零部件等优点，因此获得了广泛应用。

（2）低压断路器的典型产品。

习惯上，一般按结构形式划分低压断路器，主要有万能式（框架式）、塑料外壳式（装置式）和小型模数式三种。

万能式低压断路器是一种大容量低压断路器，具有较高的短路分断能力和较高的动稳定性、多段式保护特性、手动和电动两种操作方式，适用于交流 50 Hz、380 V 的配电网络中作为配电干线的主保护。万能式低压断路器主要用作变压器 380 V 侧出线总开关、母线联络开关或大容量馈线开关和大型电动机控制开关。容量较小的一般用万能式低压断路器多用电磁机构传动，容量较大的多用电动执行机构传动，无论采用何种传动机构，都装有操作手柄，以备检修或传动机构故障时使用。万能式低压断路器产品类型和型号很多，品牌很多，性能各异。常用的国产主要系列型号有 DW15 系列、DW16 系列、DW17 系列和 DW15HH 系列。

塑料外壳式低压断路器具有体积小、分断能力高、飞弧短（部分规格零飞弧）、抗振动等特点，并且生产厂商、品牌种类繁多。塑料外壳式断路器是广泛应用于低压配电开关柜中的一种开关元件，可作为配电线路、电动机、照明电路及电热器等设备的电源控制和保护开关。在正常情况下，可对线路不频繁转换及电动机不频繁操作。一般塑料外壳式低压断路器国产典型型号为 DZ20，另外还有许多以企业特征代号命名的派生产品，如正泰电气公司的 NM1系列和德力西公司的 CDM1 系列等。

模数化小型断路器也称为小型断路器或微型断路器，是组成终端组合电器的主要部件之一，广泛应用于工业、商业、建筑物和类似场所及民用等各个领域，装于配电线路末端的模块化终端配电箱和其他成套电器箱内，对配电线路、电动机、照明电路和用电设备进行配电、控制，以及短路、过载保护和线路的不频繁转换等。模数化小型断路器的特征是结构上具有外形尺寸模数化（9 mm 的倍数）和安装导轨化，单极（1P）断路器的模数宽度为 18 mm，安装在标准的 35 mm×15 mm 安装轨上，利用断路器后面的安装槽及带弹簧的夹紧卡子定位，拆装方便。模数化小型断路器具有产品系列化、模数化、模块化、体积小、功能多样及用途广泛等特点，并且生产厂商、品牌种类繁多，几乎所有低压电器生产厂商均生产模数化断路器，典型型号有 DZ47、C45、C65、C32 等系列，另外还有许多以企业特征命名的派生产品。

几种常用低压断路器的实物外形图如图 1-27 所示。

（a）两极小型标准断路器 （b）单极小型标准断路器 （c）塑壳式断路器 （d）DW15万能式低压断路器

图 1-27　常用低压断路器实物外形图

（3）低压断路器的主要技术参数。

断路器的主要技术参数包括额定电压、额定电流、极数、脱扣器类型、分断能力、分断时间等。

① 额定电压：低压断路器在长期工作时的允许电压，通常等于或大于电路的额定电压。

② 额定电流：即过电流脱扣器的额定电流，是指低压断路器在长期工作时允许通过的持续电流。

③ 分断能力：低压断路器在规定的电压、频率以及规定的线路参数（交流电路为功率因数，直流电路为时间常数）下，所能接通和分断的短路电流值。分断能力通常采用额定极限短路分断能力和额定运行短路分断能力两种表示法。

④ 分断时间：低压断路器切断故障电流所需时间，即从出现短路的瞬间开始至触点分离后电弧熄灭，电路完全分断所需要的时间。框架式和塑壳式低压断路器的动作时间一般为30～60 ms；电流式或快速低压断路器一般小于 20 ms。

（4）低压断路器的选型。

① 根据使用场合和保护要求选择断路器类型，一般选用塑壳式。短路电流很大时选用限流型，额定电流比较大或有选择性保护要求时选用框架式（万能式），控制和保护含半导体器件的直流电流选择直流快速断路器等。

② 断路器的额定电流和额定电压应大于或等于线路、设备正常工作时的电压和电流，一般选择断路器的额定电流大于电动机额定电流的 1.3 倍。

③ 断路器的极限分断能力应大于或等于电路最大短路电流。

④ 欠电压脱扣器的额定电压应等于电路中的额定电压。

⑤ 过电流脱扣器的额定电流应大于或等于电路的最大负载电流。

⑥ 配电线路中的上、下级断路器的保护特性应协调配合，下级的保护特性应位于上级保护特性的下方且不相交。

（5）低压断路器的型号意义如图 1-28 所示。

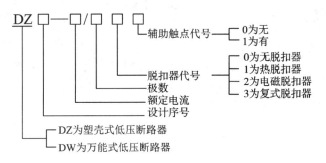

图 1-28　低压断路器的型号意义

（6）低压断路器的图形符号和文字符号如图 1-29 所示。

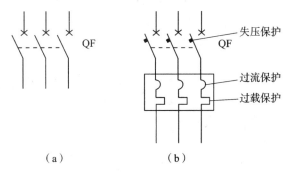

图 1-29　低压断路器的图形符号和文字符号

3）漏电保护器

漏电保护器简称漏电开关，又叫漏电断路器，主要用于防止用电设备发生漏电及人体触电等事故。当发生上述情况时，它能在安全时间内自动切断故障电路，避免设备和人体受到伤害。

漏电保护器可按保护功能、结构特征、安装方式、运行方式、极数和线数、动作灵敏度等分类。当按保护功能和用途分类时，漏电保护器一般可分为漏电保护继电器、漏电保护开关和漏电保护插座三种。漏电保护继电器是指具有对漏电流检测和判断的功能，而不具有切断和接通主回路功能的漏电保护装置；漏电保护开关是指不仅具有对漏电流检测和判断的功能，而且与其他断路器一样可将主电路接通或断开，即当发生漏电或绝缘破坏时，漏电保护开关可根据判断结果将主电路接通或断开，它与熔断器、热继电器配合可构成功能完善的低压开关元件；漏电保护插座是指具有对漏电电流检测和判断并能切断回路的电源插座，其额定电流一般为 20 A 以下，漏电动作电流为 6～30 mA，灵敏度较高，常用于手持式电动工具和移动式电气设备的保护及家庭、学校等民用场所。

漏电保护器实物外形图如图 1-30 所示。

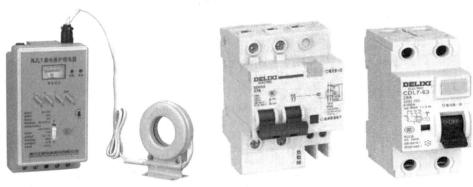

（a）漏电保护继电器　　　　　　　　　　（b）漏电保护开关

图 1-30　漏电保护器实物外形图

（1）漏电保护开关的结构及工作原理。

电气设备漏电时，将呈现异常的电流或电压信号，漏电保护器则通过检测、处理异常电流或电压信号，使执行机构动作。根据故障电流动作的漏电保护器称为电流型漏电保护器，根据故障电压动作的漏电保护器称为电压型漏电保护器。由于电压型漏电保护器结构复杂，易受外界干扰，动作稳定性差，制造成本高，现已基本淘汰，国内外漏电保护器的应用均以电流型漏电保护器为主导地位。

漏电保护器有单相的，也有三相的。图 1-31 所示为三相电磁式电流动作型漏电保护开关的工作原理，它由主开关、零序电流互感器和漏电脱扣器等组成，零序电流互感器用磁导率很高的坡莫合金制成环形铁芯组成磁路。

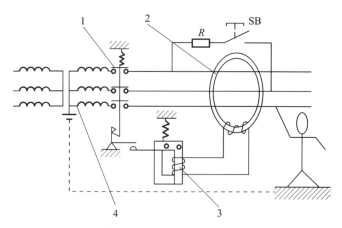

1—主开关；2—零序电流互感器；3—漏电脱扣器；4—变压器

图 1-31　三相电磁式电流动作型漏电保护开关工作原理

当电网正常运行时，不论三相负载是否平衡，通过零序电流互感器主电路的三相电流相量和等于零，即

$$I_A + I_B + I_C = 0$$

零序电流互感器二次绕组中无电流输出。这时，漏电脱扣器的衔铁被永久磁铁产生的磁通 Φ_1 吸力吸住，拉力弹簧被拉紧，漏电保护开关工作于闭合状态。当出现漏电或触电事故时，漏电或触电电流通过大地回到变压器的中性点，三相电流的相量和不再等于零，即

$$I_A + I_B + I_C = I_e$$

式中，I_e 为总漏电电流。

零序电流互感器二次绕组中便产生了对应的感应电压，漏电脱扣器线圈中有电流通过，它在磁路中产生交变磁通 Φ_2，Φ_2 有半个周期在方向上与磁通 Φ_1 相反，互相抵消。当达到一定值时，漏电脱扣器衔铁在拉力弹簧作用下释放，衔铁上的脱扣指使脱扣机构动作，主开关断开主电路。这种漏电保护开关的动作非常快，在达到动作电流以后，只需 0.2 s 就能使衔铁释放。漏电脱扣器中配置分磁板是为了减少磁路对于磁通 Φ_2 的磁阻，以提高动作的灵敏度，同时防止永久磁铁退磁老化。

图 1-31 所示中，试验按钮 SB 为常开测试按钮，与电阻 R 串联后跨接于两相电路上，当按下 SB 后，漏电保护开关应立即断开，以证明其漏电保护性能是良好的。电阻 R 的选择应使回路电流等于或略小于规定的漏电动作电流。

（2）漏电保护器的选用。

① 家庭供电线路中使用漏电保护器，是以保护人身安全、防止触电事故发生为主要目的。因此，应选额定电压 220 V、额定电流为 6 A 或 10 A(安装有空调、电热淋浴器等大功率电器时相应要提高一至两个级别)，额定剩余动作电流(漏电电流)小于 30 mA、动作时间小于 0.1 s 的单相漏电保护器。

② 大型公共场所、高层建筑用于火灾保护的漏电保护器，应选额定剩余动作电流小于 500 mA 的，动作时只发出声光报警而不自动切断主供电电路的继电器式漏电保护器，其他几项参数能满足配电线路实际负荷的相应规格漏电保护器。

4）熔断器

低压熔断器广泛应用于低压配电系统和控制系统中，是基于电流热效应原理和发热元件热熔断原理而设计的，主要用于电路的短路保护和严重过载保护，同时也是单台电器设备的重要保护元件之一。使用熔断器时其熔体串联接入被保护的电路中，当电路发生短路故障或严重过载故障时，通过熔断器中熔体的电流使其发热，一定时间后，以其自身产生的热量使熔体熔断，从而自动切断电路，实现短路保护及过载保护。

（1）熔断器的结构和工作原理。

熔断器在结构上主要由熔断管(或盖、座)、熔体及导电部件等部分组成。熔体是熔断器的主要部分，它由低熔点的金属材料(如铅、锡、锌、铜、银及其合金等)制成丝状、带状、片状等，既是感受元件又是执行元件；熔断管的作用是安装熔体和在熔体熔断时熄灭电弧，一般由陶瓷绝缘纸或玻璃纤维材料制成。使用时，熔体与被它保护的电路及电气设备串联，当通过熔体的电流为正常工作电流时，熔体的温度低于材料的熔点，熔体不熔化；当电路中发生过载或短路故障时，通过熔体的电流增加，熔体的电阻损耗增加，使其温度上升，达到熔体金属的熔点，于是熔体自行熔断，故障电路被分断，完成保护任务。

（2）熔断器的保护特性。

电流通过熔体时产生的热量与电流的二次方及电流通过的时间成正比，即电流越大，熔体熔断的时间越短，这一特性称为熔断器的保护特性(安秒特性)，如图 1-32 所示。

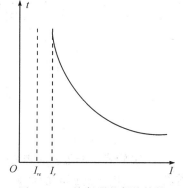

图 1-32　熔断器的保护特性

它具有反时限特性，即短路电流值越大，熔断时间越短，这样能满足短路保护的要求。

在保护特性中有一熔体熔断与不熔断的分界线，与此相应的电流就是最小熔化电流 I_r。当熔体通过的电流小于 I_r 时，熔体不熔断；当熔体通过的电流等于或大于 I_r 时，熔体会熔断。根据熔断器的要求，熔体在额定电流 I_{re} 时绝对不熔断。定义熔断器的熔化系数为最小熔化电流 I_r 与熔体额定电流 I_{re} 之比，即 $K_r = \dfrac{I_r}{I_{re}}$。

从过载保护观点来看，K_r 小时对小倍数过载保护有利，但 K_r 也不宜接近于 1，当 K_r 为 1 时，不仅熔体在 I_{re} 下的工作温度会过高，而且还有可能因为保护特性本身的误差而发生熔体在 I_{re} 下也熔断的现象，因而会影响熔断器工作的可靠性。

熔化系数主要取决于熔体的材料和工作温度及其结构。一般情况下，当通过的电流不超过 $1.25I_{re}$ 时，熔体将长期工作；当电流不超过 $2I_{re}$ 时，约 $30 \sim 40\,s$ 后熔断；当电流达到 $2.5I_{re}$ 时，约在 $8\,s$ 左右熔断；当电流达到 $4I_{re}$ 时，约在 $2\,s$ 左右熔断；当电流达到 $10I_{re}$ 时，熔体瞬时熔断。所以当电路发生短路时，短路电流使熔体瞬时熔断。

熔断器具有结构简单、体积小、重量轻、使用及维护方便、价格低廉、分断能力较强和限流能力良好等优点，与其他低压电器配合使用，具有很好的技术经济效果，因此在电路中得到广泛的应用。但其动作准确性较差，熔体熔断以后需重新更换，而且若只熔断一相还会造成电动机的断相运行，所以它只适用于自动化程度和其他动作准确性要求不高的场合。

（3）熔断器的分类。

① 插入式熔断器。插入式熔断器又称瓷插式熔断器，使用于中、小容量的控制系统。

RC1A 系列熔断器是 RC1 系列熔断器的改进产品，外形尺寸相同，但性能有很大改进，使用于交流 50Hz、额定电压 380 V 及以下的线路末端或分支电路中，可作为供配电系统导线及电气设备（如电动机、负荷开关）的短路保护；也可作为民用照明末端或分支电路中，作为供配电系统导线及电气设备（如电动机、负荷开关）的短路保护；也可作为民用照明等电路的短路保护，以及一定程度的过载保护。

常见的瓷插式熔断器 RC1A 系列，其额定电压为 380 V，熔断器的额定电流有 5 A、10 A、15 A、30 A、60 A、100 A、200 A 七个等级。瓷插式熔断器实物外形图如图 1-33 所示。

图 1-33　瓷插式熔断器实物外形图

② 螺旋式熔断器。螺旋式熔断器实物如图 1-34 所示，结构如图 1-35 所示。熔断管装有石英砂，用于熔断时的消弧和散热，熔体埋于其中，熔体熔断时，电弧喷向石英砂及其缝

隙，可迅速降温而熄灭。为了便于监视，熔断器一端装有色点，不同颜色表示不同的熔体电流，熔体熔断时，色点跳出，示意熔体已熔断。螺旋式熔断器具有较大的热惯性和较小的安装面积，额定电流为 5～200 A，分断电流较大，常用于机床电气控制设备中，其缺点是熔体为一次性使用，成本较高。

图 1-34　螺旋式熔断器实物外形图

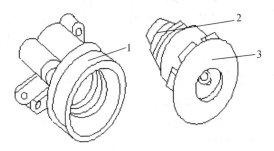

1—底座；2—熔体；3—瓷帽

图 1-35　螺旋式熔断器的结构

常用的螺旋式熔断器产品有 RL5、RL6、RL7 和 RL8。其中，RL5 系列适用于矿用电气设备控制回路中，主要作为短路保护；RL6、RL7 系列适用于交流 50 Hz 的配电电路中，作为过载或短路保护；RL8 系列适用于交流 50 Hz 的电路中，主要作为电缆导线等低压配电系统中线路的过载和短路保护。

③ 无填料密封管式熔断器。无填料密封管式熔断器实物外形图如图 1-36 所示，结构如图 1-37 所示。

图 1-36　无填料密封管式熔断器实物外形图

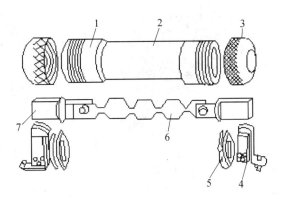

1—铜圈；2—熔断器；3—管帽；4—插座；

5—特殊垫圈；6—熔体；7—熔片

图 1-37　无填料密封管式熔断器

熔断管是由纤维物制成，两端为黄铜制成的可拆式管帽，管内熔体为变截面的锌合金片，熔体更换方便。当发生短路时，熔体在最细处熔断，并且多处同时熔断，有助于提高分断能力。熔体熔断时，纤维熔管的部分纤维因受热而分解，产生高压气体，使电弧很快熄灭。无填料管式熔断器具有结构简单、保护性能好、使用安全方便等特点。无填料密封管式熔断器常用于交流额定电压 380 V 及以下、直流 440 V 及以下低压电力线路或成套配电设备中的连续过载和短路保护，一般均与刀开关组成熔断器刀开关组合使用。

RM10 系列熔断器极限分断能力大，可达 50 kA（有效值）。RM7 系列熔断器的熔管是用三聚氰胺玻璃布加热卷压成形，帽形端盖则用酚醛玻璃布热压而成。它的熔体为铜片，上面开有一些孔，以形成变截面形状，并在窄处焊有锡桥，其分断能力比 RM10 有所提高。

④ 有填料管式熔断器。有填料管式熔断器是一种有限流作用的熔断器，由填有石英砂的瓷熔管、触头和镀银铜栅状熔体组成。填料管式熔断器均装在特别的底座上。

有填料管式熔断器额定电流为 50～1000 A，主要用于短路大电流的电路或有易燃气体的场所，主要有 RT0 系列、RT12 和 RT15 系列、RT14 系列、RT18 系列等。

RT12、RT15 系列熔断器均为螺栓连接式，在使用中熔断器两端的触刀必须用螺栓与外部的导体连接。熔断指示器的安装位置有正面、侧面和背面三种位置供选择，主要作为工厂企业和电厂等低压配电系统中线路的过载和系统的短路保护作用。

RT14 系列为瓷质圆筒形结构，两端有帽盖。该系列熔断器由深体和熔断器支持件（底座）组成，额定电流为 20 A 的熔断器支持件有螺钉安装和导轨安装两种结构，其他电流等级仅为螺钉安装。该系列熔断器熔体分为带撞击器和不带撞击器两种。带有撞击器的熔体熔断时，撞击器弹出，即可作为熔断信号指示，也可触动微动开关以控制接触器等控制电器的线圈，进行电动机的断相保护。

RT18 系列有填料密封管式熔断器是一种性能比较先进的熔断器，由圆筒帽熔体及支持件组成，分导轨安装和螺钉安装两种类型。RT18X 系列产品带有断相自动显示报警功能。RT18 系列产品不带熔断指示装置。

RT0、RT15、RT14 系列有填料密封管式熔断器实物如图 1-38 所示。

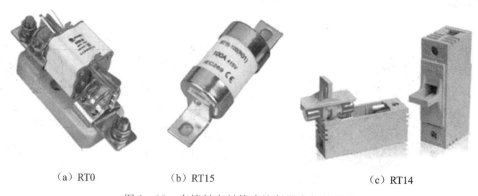

（a）RT0　　　　　　（b）RT15　　　　　　（c）RT14

图 1-38　有填料密封管式熔断器实物外形图

⑤ 自复位熔断器。自复位熔断器主要由电流端子（又叫电极）、云母玻璃（填充剂）、绝缘管、熔体、活塞、氩气和外壳等组成。其中，自复位熔断器的外壳一般由不锈钢制成，不锈钢套与其内部的氧化铍陶瓷绝缘管间用云母玻璃隔开，云母玻璃既是填充剂又是绝缘物。

自复位熔断器是利用金属钠在高温下电阻急剧增大的特性工作的。在正常工作情况下，电流从左侧电流端子经过氧化铍绝缘管细孔内金属钠熔体，再到右侧电流端子形成电流通路。当发生短路故障时，短路电流将金属钠加热气化成高温高压的等离子状态，由于气态钠呈现高阻态，故使其电阻急剧增加，从而起到限流作用。当断路器切开由自复位熔断器限制了的短路电流后，金属钠蒸气温度下降，重新固化，电阻值也降低，又恢复其良好的导电性，供再次使用。

自复位熔断器的特点是分断电流大，可以分断 200 kA 交流（有效值），甚至更大的电流。由于只能限制故障电流而不能切断故障电路，因此一般不单独使用，均与断路器配合使用。自复位熔断器的接线，常与断路器串联使用，本身先并联一只附加电阻，以抑制分断时出现的过电压。图 1-39 所示为自复位熔断器实物图。

图 1-39　自复位熔断器实物图

（4）熔断器的主要技术参数。

熔断器的主要技术参数包括额定电压、熔体额定电流、熔断器额定电流、极限分断能力等。

① 额定电压：熔断器能长期正常工作的电压，其值一般等于或大于电气设备的额定电压。

② 熔体额定电流：长期通过熔体而不会熔断的电流。

③ 熔断器额定电流：保证熔断器（指绝缘底座）能长期正常工作的电流。厂家为了方便生产，减少熔断器额定电流的规格，因此其额定电流等级较少，而熔体的额定电流等级较多，一个额定电流等级的熔断器可以安装多个额定电流等级的熔体。但在使用过程中要注意，熔断器的额定电流应大于或等于所装熔体的额定电流。

④ 极限分断能力：熔断器在规定的额定电压和功率因数（或时间常数）条件下，能分断的最大电流值。在电路中出现的最大电流值一般是指短路电流值，所以极限分断能力也反映了熔断器分断短路电流的能力。

（5）熔断器的选用原则。

熔断器的选择主要是选择熔断器类型、额定电压、熔断器额定电流以及熔体的额定电流等。

① 熔断器类型的选择。根据负载的保护特性、短路电流大小、使用场合、安装条件和各类熔断器的适用范围来选择熔断器类型。例如，用于保护照明电路或电动机的熔断器，一般是考虑它们的过载保护，选取的熔断器的熔断系数适当小些，所以容量较小的照明线路或电动机宜采用熔体为铅锌合金的熔断器，而大容量的照明线路或电动机，除过载保护外，还应考虑短路时的分断短路电流的能力。若短路电流较小时，可采用熔体为锡质或锌质的熔断器；用于车间低压供电线路的保护熔断器，一般要考虑短路时的分断能力，当短路电流相当大时，宜选用具有较高分断能力的熔断器。

② 额定电压的选择。熔断器额定电压应大于或等于线路的工作电压。

③ 熔体额定电流的确定。由于各种电气设备均具有一定的过载能力，允许在一定条件下较长时间运行；而当负载超过允许值时，就要求保护熔体在一定时间内熔断。还有一些设备启动电流很大，但启动时间很短，所以要求这些设备的保护特性要适应设备运行的需要，要求熔断器在电动机启动时不熔断，在短路电流作用下和超过允许过负荷电流时，能可靠熔断，起到保护作用。

熔体额定电流选择偏大，负载在短路或长期过负荷时不能及时熔断；选择过小，可能在正常负载电流作用下就会熔断，影响正常运行。为保证设备正常运行，必须根据负载性质合理地选择熔体额定电流。

a. 用于保护照明或电热设备的熔断器，因负载电流比较稳定，熔体的额定电流 I_{RN} 应等于或稍大于负载的额定电流 I_{FN}，即

$$I_{RN} \geqslant (1.0 \sim 1.1)I_{FN}$$

b. 用于保护单台长期工作电动机的熔断器，考虑电动机启动时电流较大，一般为 4～7 倍的额定电流，为使电动机在启动时，熔体不被熔断，熔体的额定电流 I_{RN} 应为电动机额定电流 I_{FN} 的 1.5～2.5 倍，即

$$I_{RN} \geqslant (1.5 \sim 2.5)I_{FN}$$

式中，如果电动机轻载启动或启动时间较短，系数可取近1.5；如带重载启动、启动时间较长或频繁启动，系数可取近2.5，具体应根据实际情况而定。

c. 用于保护频繁启动电动机的熔断器，考虑频繁启动时的发热也不应引起熔断器的熔断。

d. 用于保护多台电动机的熔断器，考虑一般情况下，电动机不可能同时启动，熔体的额定电流应等于或大于最大一台电动机的额定电流 $I_{FN\max}$ 的 1.5～2.5 倍，加上同时使用的其余电动机的额定电流之和，即

$$I_{RN} \geqslant (1.5 \sim 2.5)I_{FN} + \sum I_{FN}$$

e. 用于减压启动的电动机的熔断器，熔体的额定电流 I_{RN} 应等于或略大于电动机的额定电流 I_{FN}，即

$$I_{RN} = (1.5 \sim 2)I_{FN}$$

④ 熔断器上、下级的配合。为满足选择性保护的要求，应注意熔断器上下级之前的配合。一般要求上一级熔断器的熔断时间至少是下一级的 3 倍，不然将会发生超级动作，扩大停电范围。为此，当上下级选用同一型号的熔断器时，其电流等级以相差 2 级为宜；若上下级所用的熔断器型号不同，则应根据保护特性上给出的熔断时间来选取。

（6）熔断器的型号及含义。熔断器的型号及含义如图 1-40 所示。

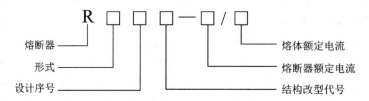

图 1-40　熔断器的型号及含义

其中形式用字母表示，代表的含义如下：C 表示瓷插式；L 表示螺旋式；M 表示无填料式；T 表示有填料式；S 表示快速；Z 表示自复位式。

（7）熔断器的图形符号和文字符号如图 1-41 所示。

图 1-41　熔断器的图形符号和文字符号

2. 主令电器

主令电器是用于接通或断开控制电路，以发布信号或命令来改变控制系统工作状态的电器。主令电器应用十分广泛，种类很多，常用的有按钮、行程开关、接近开关、万能转换开关

和主令控制器等。主令电器一般需要借助外力来执行动作，如按钮和万能转换开关需要借助操作者的力量执行动作，行程开关则需要借助机械的运动部件碰压才能执行动作。

1）按钮

按钮是一种结构简单、使用广泛的手动电器。它是在控制电路中通过手动发出控制信号去控制继电器、接触器或电气联锁电路等，而不是直接控制主电路的通断，是一种短时间接通或断开小电流电路的手动控制指令电器。

（1）按钮的触点形式。

动合触点：外力未作用时（手未按下），触点是断开的；外力作用时，触点闭合，但外力消失后，在复位弹簧作用下自动恢复原来的断开状态。这样的触点称为常开触点。

动断触点：外力未作用时（手未按下），触点是闭合的；外力作用时，触点断开，但外力消失后，在复位弹簧作用下自动恢复到原来的闭合状态。这样的触点称为常闭触点。

复合触点：由常开触点和常闭触点组成。当按下含有复合触点的按钮时，所有的触点都改变状态，即常开触点要闭合，常闭触点要断开。但是，这两对触点状态的改变是有先后顺序的，按下按钮时，常闭触点先断开，常开触点后闭合；松开按钮时，常开触点先复位（断开），常闭触点后复位（闭合）。

（2）按钮的结构。

按钮通常做成复合式，即具有常闭触点和常开触点。常用按钮的实物外形图如图 1-42 所示。内部结构如图 1-43 所示的按钮为复合按钮，由按钮帽、复位弹簧、触点和外壳等部分组成；按下按钮时，先断开常闭触点，后接通常开触点；按钮释放后，在复位弹簧的作用下，按钮触点自动复位的先后顺序相反。通常，在无特殊说明的情况下，有触点电器的触点动作顺序均为"先断后合"。

图 1-42 常用按钮实物外形图

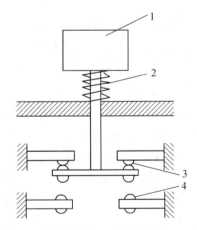

1—按钮帽；2—复位弹簧；3—常闭触点；4—常开触点

图 1-43 按钮的内部结构图

每个按钮中触点的形式和数量可根据需要装配成 1 常开 1 常闭到 6 常开 6 常闭的形式。此外，根据按钮内部机械结构的不同可以将其分为自复位按钮和自锁按钮，在手动按下按钮后，自复位按钮能自动恢复到初始状态，而自锁按钮则一直保持按下状态直至再次对其进行操作。

（3）按钮的主要技术参数及选用。

按钮的主要技术参数有额定电压、额定电流、触点数量等。

按钮选择的主要依据是使用场所、需要的触点数量、种类及颜色。

在电器控制电路中，常开按钮常用于启动电动机，也称启动按钮；常闭按钮常用于控制电动机停车，也称停止按钮；复合按钮用于联锁控制电路中。

按钮的种类很多，在结构上有紧急式、旋钮式、按钮式、钥匙式和指示灯式等。例如：在紧急操作的场合选用有蘑菇形按钮帽的紧急式按钮；在按钮控制作用比较重要的场合选用钥匙式按钮（即插入钥匙后方可旋转操作）；在需要显示工作状态的场合选用带指示灯的按钮等。

按钮的按钮帽有不同颜色以便识别各按钮的作用，避免误操作。例如，急停按钮或停止按钮用红色，启动按钮用绿色等。

（4）按钮的型号及含义。

按钮的型号及含义如图 1-44 所示。结构形式代号含义：K 表示开启式；H 表示保护式；S 表示防水式；F 表示防腐式；J 表示紧急式；X 表示旋钮式；Y 表示钥匙式；D 表示带指示灯式。

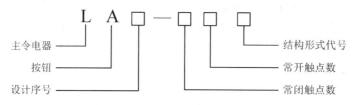

图 1-44　按钮的型号及含义

（5）按钮的图形和文字符号。

按钮的图形和文字符号如图 1-45 所示。

（a）常开按钮　（b）常闭按钮　（c）复合按钮

图 1-45　按钮的图形和文字符号

2）行程开关

行程开关（位置开关）是一种短时接通或断开小电流电路的电器，其工作原理与按钮类似，不同的是行程开关触点动作不靠手工操作，而是利用机械运动部件的撞块碰撞实现控制，以控制机械设备的行程及限位保护。若将行程开关安装于运动部件行程的终点处，用以限制其行程，则称为限位开关或终端开关。

行程开关应用广泛，可用于控制生产机械的运行方向、速度、行程大小或位置。例如，在电梯的控制电路中，利用行程开关来控制开关轿门的速度、自动开关门的限位，轿厢的上、下限保护。机床上也有很多行程开关，用它控制工件运行或自动进刀的行程，避免发生碰撞事故。有时利用行程开关使被控物体在规定的两个位置之间自动换向，从而得到不断的往复运行。

（1）行程开关的结构。

常用行程开关按结构可分为滚轮式、直动式、微动式和组合式。图 1-46 所示列出了单滚轮式、直动式、微动式行程开关的实物外形图。

直动式行程开关外形如图 1-46(a)所示，当运动部件撞到行程开关的顶杆时，顶杆受压触动使常闭触点断开，常开触点闭合；当运动部件离开后，顶杆在弹簧作用下自动复位，各

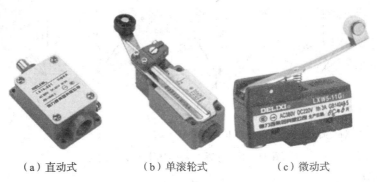

（a）直动式　　　　　（b）单滚轮式　　　　　（c）微动式

图 1-46　常用行程开关实物外形图

触点回到原始通断状态。直动式行程开关触点的分合速度取决于生产机械的运行速度，不宜用于速度低于 0.4 m/min 的场所。当移动速度低于 0.4 m/min 时，触点分断缓慢，不能瞬时切换电路，触点易被电弧烧损。

　　滚轮式行程开关分为单滚轮自动复位式和双滚轮（羊角式）非自动复位式。单滚轮式行程开关外形如图 1-46(b)所示，当运动部件撞到滚轮时，上转臂、弹簧及套架一起转动，使小滑轮推动触点推杆动作，以便使触点动作；当运动部件移走后，行程开关在复位弹簧的作用下恢复到原始位置。滚轮式行程开关触点的分合速度不受运行机械移动速度的影响。

　　微动式行程开关外形如图 1-46(c)所示，微动开关安装了弯形片状弹簧，使推杆在很小范围内移动时，可使触点因簧片的翻转而改变状态。它具有体积小、重量轻、动作灵敏、能瞬时动作、微小动作行程等优点，常用于要求行程控制准确度较高的场合。

　　（2）行程开关的主要技术参数及选用。

　　行程开关的主要技术参数有动作行程、工作电压及触点的电流容量等，可按以下要求进行选用：

　　① 根据控制电路的电压及电流选择额定电压和额定电流相匹配的行程开关。

　　② 根据所用场合和控制对象选择种类。当机械运行速度不快时，通常选用一般用途的行程开关；在机床行程通过路径上不宜安装直动式行程开关，而应选用滚轮式行程开关。

　　③ 根据安装环境选择防护类型。例如，在潮湿的环境中可选用防水式的行程开关。

　　（3）行程开关的型号及意义如图 1-47 所示。

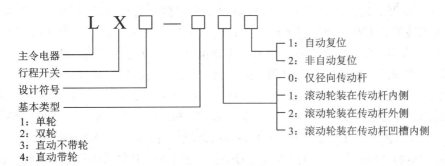

图 1-47　行程开关的型号及意义

　　（4）行程开关图形及文字符号如图 1-48 所示。

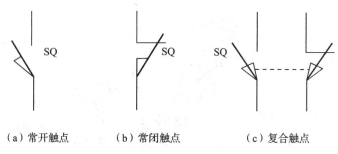

（a）常开触点　　　　（b）常闭触点　　　　（c）复合触点

图 1-48　行程开关的图形及文字符号

3）接近开关

接近开关又称无触点的行程开关，与普通行程开关不同，它是一种非接触式的检测装置。当运动着的物体在一定距离范围内接近它的感应头时，它就能发出信号，以检测物体的位置。它不像机械行程开关那样需要施加机械力，而是通过其感应头与被测物体间介质能量的变化来获取信号。

接近开关分为有源型和无源型两种，多数接近开关为有源型，主要包括检测元件、放大电路和输出驱动电路三部分，一般采用 5～24 V 的直流电源或 220 V 的交流电源等。图 1-49 所示为三线式有源接近开关结构框图。

图 1-49　三线式有源接近开关结构框图

接近开关的应用已远超一般行程控制和限位保护的范围，如用于高速计数、液面控制、检测金属体的存在或零件尺寸以及无触点按钮等。即使用于一般行程控制，其定位精度、操作频率、使用寿命和对恶劣环境的适应能力也优于一般机械式行程开关。

（1）常见的接近开关有以下几种：

① 光电式接近开关。光电式接近开关是利用光电效应做成的开关，按检测方式可分为对射式和反射式。其中，对射式由分离的发射器和接收器组成，一般用于检测不透明的物体，当物体经过光电开关时，接收器无法接收发射器发出的红外线光信号，以此判断有物体经过；而反射式接近开关利用物体将光电开关发射出的红外线反射回去，由光电开关接收，从而判断是否有物体存在。如果有物体存在，则光电开关接收到红外线，触点动作，否则其触点复位。反射式接近开关不仅可以检测不透明物体，还可检测透明物体。

② 电感式接近开关。电感式接近开关有时也称涡流式接近开关，通过高频交流电磁场所，以无磨损和非接触的方式检测金属物体，该电磁场由电感线圈和电容及晶体管组成的振荡器产生，当有金属物体接近该磁场时，金属物体内会产生涡流，从而导致振荡减弱，这一变化被传感器的放大电路感知，然后转换成开关信号输出。这种接近开关只能检测金属物体。

③ 电容式接近开关。电容式接近开关的测量探头通常是构成电容器的一个极板，而另一个极板是开关的外壳。这个外壳在测量过程通常是接地或与设备的机壳相连接。当有物体接近开关时，不论它是否为导体，它的接近都会使电容的介电常数发生变化，使电容器的电容

量发生变化，进而使和测量探头相连接的电路状态随之发生变化，再通过控制电路的转换即可得到开关信号的输出，由此便可控制开关的接通或断开。由电容式接近开关的工作原理可知，其对导电材料和非导电材料均能实现可靠检测，可以检测各种固体、液体或粉状物体。

④ 热释电接近开关。热释电接近开关是用可以感知温度变化的元件做成的开关。这种开关将热释电器件安装在开关的检测面上，当有与环境温度不同的物体接近时，热释电器件的输出便产生变化，由此可识别出有无具有热量的物体接近。

⑤ 霍尔接近开关。霍尔接近开关用于检测磁场，一般用磁钢作为被测物体。其内部的磁敏感器件(霍尔元件)仅对垂直于传感器端面的磁场敏感，当磁极 S 极正对并接近开关时，接近开关的输出产生正跳变，输出为高电平；若磁极 N 极正对并接近开关时，输出为低电平。

常见接近开关实物外形图如图 1-50 所示。

（a）光电式接近开关　（b）电感式接近开关　（c）电容式接近开关

图 1-50　常见接近开关实物外形图

（2）接近开关选型一般原则。

电感式接近开关用以检测各种金属体；电容式接近开关用以检测各种导电或不导电的液体或固体；光电式接近开关用以检测各种不透光物质；超声波式接近开关用以检测不能透出超声波的物质；霍尔式接近开关用于单方向检测磁铁或磁钢。

圆柱型接近开关比方型接近开关安装方便；槽型接近开关的检测部位是在槽内侧，用于检测通过槽内的物体；平面安装型开关适合检测距离要求长的场合。两线制接近开关安装方便，接线方便，应用比较广泛，但有残余电压和漏电流大的缺点。直线三线式接近开关的输出型有 NPN 和 PNP 两种，PNP 输出型接近开关一般用于控制指令，NPN 输出型接近开关一般应用于控制直流继电器，在实际应用中要根据控制电路的特性进行选择其输出型式。

对于不同材质的目标检测体和不同的检测距离，应选用不同类型的接近开关，以使其具有高的性能价格比。当检测体为金属材料时，应选用电感式接近开关，该类型接近开关对铁镍、A3 钢类检测体检测最灵敏；对铝、黄铜和不锈钢类检测体，其检测灵敏度就低。当检测体为非金属材料时，如木材、纸张、塑料、玻璃和水等，应选用电容式接近开关。金属体和非金属体要进行远距离检测和控制时，应选用光电型接近开关或超声波型接近开关。对于检测体为金属时，若检测灵敏度要求不高时，可选用磁性接近开关或霍尔式接近开关；霍尔式接近开关能安装在金属中，可穿过金属进行检测。

电感式接近开关和电容式接近开关对环境的要求条件较低、抗环境干扰性能好，在一般的工业生产场所应用广泛。在环境条件比较好、无粉尘污染的场合，可采用光电接近开关。光电接近开关工作时对被测对象几乎无任何影响，因此在要求较高的机械设备上广泛使用。在安防系统中，自动门通常使用热释电接近开关、超声波接近开关、微波接近开关。有时为了提高识别的可靠性，上述几种接近开关往往被组合使用。无论选用哪种接近开关，都应注意满足工作电压、负载电流、响应频率、检测距离等各项指标的要求。

（3）接近开关的型号及含义如图 1-51 所示。

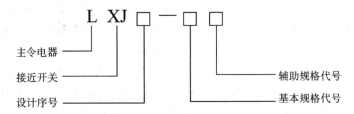

图 1-51　接近开关的型号及含义

基本规格代号的含义：2 表示作用距离为 2 mm；4 表示作用距离为 4 mm；6 表示作用距离为 6 mm；8 表示作用距离为 8 mm；10 表示作用距离为 10 mm。辅助规格代号含义：18 表示螺纹直线 M18；22 表示螺纹直径 M22；30 表示螺纹直径 M30。

（4）接近开关的图形及文字符号。

接近开关的图形及文字符号如图 1-52 所示。

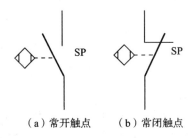

（a）常开触点　　（b）常闭触点

图 1-52　接近开关的图形及文字符号

4）万能转换开关

万能转换开关是一种多挡式且能对多个回路同时转换的主令电器。它用于各种控制回路的转换、电压表和电流表等电气测量仪表的转换及配电设备的远距离控制，也可用作小功率电动机的启动、制动和换向控制等。

（1）万能转换开关的结构。

常见万能转换开关的实物外形图如图 1-53 所示，结构示意图如图 1-54。

（a）LW5 型　　（b）LW12型

图 1-53　常见万能转换开关实物外形图

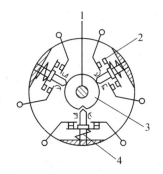

1—转轴；2—触点；3—凸轮；4—触点弹簧

图 1-54　LW12 系列转换开关某一层结构示意图

万能转换开关主要由操作机构、定位装置和触点等部分组成，触点的通断由凸轮控制。在图 1-54 所示的 LW12 系列转换开关示意图中，每层触点底座由三对触点和一个装在转轴上的凸轮组成，每层凸轮的形状可以不同，其叠装方向也可以自由选择。

在对万能转换开关进行操作时，手柄带动转轴和凸轮一起旋转，当手柄转到图 1-54 所示的位置时，有一对触点闭合两对触点断开。由于每层凸轮的叠装方向不同，各层触点的闭合或断开的情况就不同，因而这种开关可以组成多种接线方案以适应不同的控制要求。

（2）万能转换开关的型号及含义。

万能转换开关的型号及含义如图 1-55 所示。

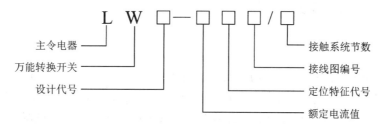

图 1-55　万能转换开关的型号及含义

定位特征代号用字母表示，其在不同系列的转换开关中的含义不同。例如，在 LW6 系列中 B 表示操作手柄的位置有 0°和 30°，而在 LW5 系列中 B 表示操作手柄位置有 -45°、0°和 45°。接线图编号表示触点通断表的编号，即手柄位置与触点通断的对应关系的标号。接触系统节数表示触点座的层数，用数字表示。

（3）万能转换开关的图形及文字符号。

万能转换开关的图形位置符号见表 1-1，触点通断状态如图 1-56 所示。为了表示触点的分合状态与手柄位置的关系，有两种表示方法：一种是在电路图中画虚线和"·"，虚线表示手柄的位置，有无"·"表示触点是闭合还是断开。如图 1-56 所示，若将手柄转至 I 位置时，是触点 1、3 闭合，2、4、5、6 断开；将手柄转至 II 位置时，是触点 2、4、5、6 闭合，1、3 断开。另一种表示方法是不在图中画虚线和"·"，而只是在图形符号表中标出触点号，在触点通断表中标出手柄在不同位置时触点的通断状态。如表 1.1 所示，"×"表示手柄在该位置时触点闭合。

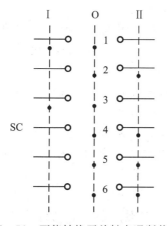

图 1-56　万能转换开关触点通断状态

表 1.1　万能转换开关图形符号及位置符号

触点编号＼手柄定位	I	O	II
1	×	×	
2		×	×
3	×	×	
4		×	×
5		×	×
6		×	×

（4）万能转换开关的选型。

万能转换开关的常用型号有 LW5 和 LW6 系列。LW5 系列可控制 5.5 kW 及以下的小功率电动机；LW6 系列只能控制 2.2 kW 及以下的小功率电动机。万能转换开关主要技术参数有额定电压、额定电流、绝缘电压、发热电流及触点数量等，选用时参考以下原则：

① 根据控制电路的电压和电流来选择，使万能转换开关的额定电压与额定电流符合电路的要求。

② 按操作需要选择手柄形状以及手柄的定位特征。

③ 根据不同控制要求选用触点数量、接触系统节数的接线图编号。

④ 选择面板型式及标志。

3. 控制电器

1）接触器

接触器是一种能频繁地接通或分断交、直流主电路及大功率、大容量控制电路的切换电器，主要控制对象是电动机，能实现远距离控制，并具有欠电压保护功能。它主要用于控制电动机的启动、反转、制动和调速等，还可以控制其他电力负载，如电热器、电焊机、电炉变压器等设备，是电力拖动控制系统中使用最为广泛的控制电器之一。它具有比工作电流大数倍乃至几十倍的接通和分断能力，但不能分断短路电流，即使在先进的 PLC 应用系统中，它也不能被取代。

接触器种类很多，按驱动力的不同可分为电磁式、气动式和液压式，以电磁式应用最为广泛；按主触点的极数（主触点的个数）可分为单极、双极、三极、四极和五极等多种；按主触点流过电流的种类不同可分为交流接触器和直流接触器，机床控制上以电磁式交流接触器应用最为广泛。

（1）交流接触器。

① 交流接触器的结构。

交流接触器主要由触点系统、电磁机构和灭弧装置等组成。

触点系统。触点是接触器的执行元件，用来接通和断开电路。交流接触器一般采用双断点桥式触点，两个触点串于同一电路中，同时接通或断开。接触器的触点有主触点和辅助触点之分，主触点用以通断主电路，通常为常开触点；辅助触点用以通断控制电路，常在控制电路起电气自锁或互锁作用，一般常开（动合）、常闭（动断）触点各两对。

电磁机构。电磁机构的作用是将电磁能转换成机械能，操纵触点的闭合或断开。交流接触器一般采用衔铁绕轴转动的拍合式或衔铁作直线运动的直动式电磁机构。由于交流接触器的线圈通交流电，在铁芯中存在磁滞和涡流损耗，会引起铁芯发热。为了减少涡流损耗、磁滞损耗，以免铁芯发热过度，铁芯由硅钢片叠铆而成。同时，为了减小机械振动和噪声，电磁线圈通单相交流电时，在静铁芯端面上要装有短路环。线圈匝数少、线径粗、电阻小，一般做成粗而短的圆管状，为利于铁芯散热，避免铁芯发热影响线圈，所以铁芯与线圈之前有间隙。

灭弧装置。容量较小的交流接触器一般采用的灭弧方法是双断触点和电动力灭弧。容量较大（20 A 以上）的交流接触器一般采用灭弧栅灭弧或窄缝灭弧。

其他部分。交流接触器的其他部分有底座、反力弹簧、缓冲弹簧、触点压力弹簧、传动机构和接线柱等。反力弹簧的作用是当吸引线圈断电时，迅速使主触点和动合辅助触点断开；缓冲弹簧的作用是缓冲衔铁在吸合时对静铁芯和外壳的冲击力；触点压力弹簧的作用是增加动、静触点之间的压力，增大接触面积以降低接触电阻，避免触点由于接触不良而过热灼伤，它还具有减振的作用。

② 交流接触器的工作原理。

交流接触器的工作原理如图 1-57 所示。

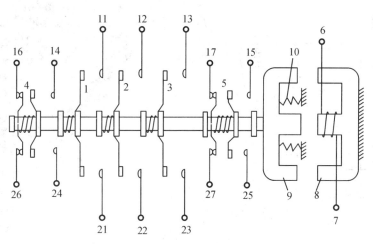

图 1-57　交流接触器的工作原理

当交流接触器电磁系统中的线圈 6、7 间通入交流电流以后，铁芯 8 被磁化，产生大于反力弹簧 10 弹力的电磁力，将衔铁 9 吸合。一方面，带动了常开（动合）主触点 1、2、3 的闭合，接通主电路；另一方面，常闭（动断）辅助触点（在 4 和 5 处）首先断开，接着，常开（动合）辅助触点（也在 4 和 5 外）闭合。当线圈断电或外加电压太低时，在反力弹簧 10 的作用下衔铁释放，常开（动合）主触点断开，切断主电路；常开（动合）辅助触点首先断开，接着，常闭（动断）触点恢复闭合。图 1-57 中的 11～17 和 21～27 为各触点的接线柱。

③ 交流接触器的类型。

交流接触器按负荷种类一般分为一类、二类、三类和四类，分别记为 AC1、AC2、AC3 和 AC4。一类交流接触器对应的控制对象是无感或微感负荷，如白炽灯、电阻炉等；二类交流接触器用于绕线转子异步电动机的启动和停止；三类交流接触器的典型用途是笼型异步电动机的运转和运行中分断；四类交流接触器用于笼型异步电动机的启动、反接制动、反转和点动。图 1-58 所示为交流接触器实物外形图。

（a）CJ20-(10～40)A　　（b）CJ20-(63～630)A　　（c）CJ40-(10～50)A　　（d）CJ40-(63～1000)A

图 1-58　交流接触器实物外形图

（2）直流接触器。

直流接触器和交流接触器一样，也是由触点系统、电磁机构和灭弧装置等部分组成。图 1 - 59 所示为直流接触器的结构原理图；图 1 - 60 所示为 CZ0 型直流接触器的实物外形图。

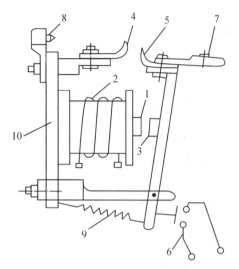

图 1 - 60　CZ0 型直流接触器的实物外形图

1—铁芯；2—线圈；3—衔铁；4—静触点；5—动触点；
6—辅助触点；7、8—接线柱；9—反作用弹簧；10—底板

图 1 - 59　直流接触器的结构原理图

触点系统。直流接触器的触点有主触点和辅助触点。主触点一般做成单极或双极，主触点接通或断开的电流较大，故采用滚动接触的指形触点；辅助触点的通断电流较小，故采用点接触器的双断点桥式触点。

电磁机构。因为线圈中通的是直流电，铁芯中不会产生涡流，所以铁芯可用整块铸铁或铸钢制成，也不需要安装短路环。铁芯中无磁滞和涡流损耗，因而铁芯不发热。线圈的匝数较多，电阻大，线圈本身发热，因此吸引线圈做成长而薄的圆筒状，且不设线圈骨架，使线圈与铁芯直接接触，以便散热。

灭弧装置。由于直流电弧不易熄灭，直流接触器一般采用磁吹式灭弧装置灭弧。

（3）接触器的技术参数。

接触器的主要技术参数如下：

① 额定电压。接触器的额定电压是指主触点的额定电压。常用的额定电压等级分为直流接触器的 110 V、220 V、440 V、660 V，交流接触器的 127 V、220 V、380 V、500 V 及 660 V。

② 额定电流。接触器的额定电流是指主触点的额定电流。常用的额定电流等级分为直流接触器的 5 A、10 A、20 A、40 A、60 A、100 A、150 A、250 A、400 A、600 A，交流接触器的 5 A、10 A、20 A、40 A、60 A、100 A、150 A、250 A、400 A、600 A。

③ 电磁线圈的额定电压。该额定电压是指保证衔铁可靠吸合的线圈工作电压。常用的电压等级分为直流线圈的 24 V、48 V、110 V、220 V 及 440 V 和交流线圈的 36 V、110 V、127 V、220 V 及 380 V。线圈的额定电压可与触点的额定电压相同，也可不同。

④ 额定操作频率。接触器的额定操作频率是指每小时的接通次数。通常交流接触器的额定操作频率为 600 次/h；直流接触器的额定操作频率为 1200 次/h。操作频率直接影响到接

触器的寿命,对交流接触器还影响到线圈的温升。

⑤ 接通和分断能力。接触器的接通和分断能力是指主触点在规定条件下能可靠地接通和分断的电流值(此值远大于额定电流)。在此电流值下,接通时主触点不应发生熔焊,分断时主触点不应发生长时间燃弧。电路中超出此电流值的分断任务则由熔断器、低压断路器等保护电路承担。

⑥ 机械寿命和电气寿命。机械寿命是指接触器在需要修理或更换机构零件前所能承受的无载操作次数;电气寿命则是指在规定的正常工作条件下,接触器不需修理或更换的有载操作次数。

(4) 接触器的选用原则。

接触器型号众多,应根据被控对象的类型和参数合理选用,保证接触器可靠运行。接触器的选用主要是选择型式、主电路参数、控制电路参数和辅助电路参数,以及电寿命、使用类别和工作制。另外,需考虑以下负载条件的影响。

① 型式的确定。型式的确定主要是确定极数和电流种类,电流种类由系统主电流种类确定,交流负载应选用交流接触器,直流负载应选用直流接触器。三相交流系统中一般选用三极接触器;当需要同时控制中性线时,则选用四极交流接触器;单相交流和直流系统中,则常有两极或三极并联的情况。一般场合下,选用空气电磁式接触器;易燃易爆场合应选用防爆型及真空接触器。

② 主电路参数的确定。主电路参数的确定主要是额定工作电压、额定工作电流、额定通断能力和耐受过载电流能力。

额定工作电流和选定的负载电流、电压等级有关。接触器可以在不同的额定工作电压和额定工作电流下工作。但在任何情况下,所选定的额定工作电压都不得高于接触器的额定绝缘电压,所选定的额定工作电流也不得高于接触器在相应工作条件下的额定工作电流。

当接触器控制电阻性负载时,主触点的额定电流应等于负载的工作电流;当接触器控制电动机时,所选接触器的主触点的额定电流应大于负载电流的 1.5 倍。接触器如在频繁启动、制动和频繁正反转的场合下使用,容量应增大一倍以上。

对于电动机负载,接触器主触点额定电流按下式计算:

$$I_N = \frac{P_N \times 10^3}{\sqrt{3} U_N \cos\varphi \cdot \eta} \tag{1-8}$$

式中:P_N 为电动机功率,单位为 kW;U_N 为电动机额定线电压,单位为 V;$\cos\varphi$ 为电动机功率因数,范围为 0.85~0.9;η 为电动机的效率,范围为 0.8~0.9。

在选用接触器时,其额定电流应大于计算值,也可以根据电气设备手册给出的被控电动机的容量和接触器额定电流对应的数据选择。

根据式(1-8),在已知接触器主触点额定电流的情况下,可以计算出所控制电动机的功率。例如,CJ20-63 型交流接触器在 380 V 时的额定工作电流为 63 A,故它在 380 V 时能控制的电动机的功率为

$$P_N = (\sqrt{3} \times 380 \times 63 \times 0.9 \times 10^{-3}) \text{kW} \approx 33 \text{ kW}$$

式中:$\cos\varphi$ 和 η 均取 0.9。

由此可见,在 380 V 的情况下,63 A 的接触器的额定控制功率为 33 kW。

在实际应用中,接触器主触点的额定电流也常常按下面的经验公式计算:

$$I_N = \frac{P_N \times 10^{-3}}{KU_N} \qquad (1-9)$$

式中：K 为经验系数，取 $1\sim1.4$。

额定通断能力应高于通断时电路中实际可能出现的电流值。耐受过载电流能力也应高于电路中可能出现的工作过载电流值。电路中的这些数据可通过不同的使用类别及工作制来反映，当按使用类别和工作制选用接触器时，实际上已考虑了这些因素。

③ 控制电路参数和辅助电路参数的确定。接触器的线圈电压应按选定的控制电路电压确定。控制电路电流种类分为交流和直流两种，一般情况下多用交流 220 V，当操作频繁时则选用直流。

接触器的辅助触头的种类和数量，一般应根据系统控制要求确定所需的辅助触头种类（常开或常闭）、数量和组合形式，同时应注意辅助触头的通断能力和其他额定参数。

（5）接触器的型号意义。

交流接触器的型号含义如图 1-61 所示。

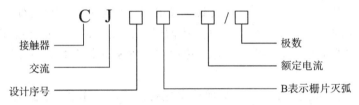

图 1-61 交流接触器的型号含义

如 C12-250/3 为 CJ12 系列交流接触器，额定电流为 250 A，极数为 3。

直流接触器的型号含义如图 1-62 所示。

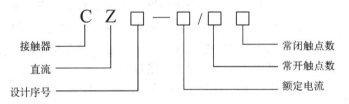

图 1-62 直流接触器的型号含义

（6）接触器的图形符号和文字符号。

接触器的图形符号和文字符号如图 1-63 所示。

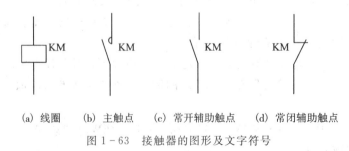

(a) 线圈　(b) 主触点　(c) 常开辅助触点　(d) 常闭辅助触点

图 1-63 接触器的图形及文字符号

2）继电器

继电器是一种根据电气量（如电压、电流等）或非电气量（如温度、速度、压力、转速、时间等)的变化接通或断开控制电路的自动切换电器。继电器与接触器的区别在于：继电器没有主、辅触点之分，主要用在低电压、小电流(5 A 以下)的控制电路中，其控制量可以是电气量，也可以是非电气量；而接触器有主、辅触点之分，其中主触点用在高电压、大电流的主电路中，辅助触点用在低电压、小电流的控制电路中，其控制量仅仅是电气量，即电压控制。

（1）继电器的分类。

继电器的种类和形式很多，主要分类方法如下：

① 继电器按动作原理分为电磁式继电器、感应式继电器、热继电器、机械式继电器、电动式继电器和电子式继电器等。

② 继电器按反应参数分为电流继电器、电压继电器、时间继电器、速度继电器和压力继电器等。

③ 继电器按动作时间分为快速继电器、延时继电器和一般继电器等。

④ 继电器按用途分为控制继电器和保护继电器等。控制继电器包括中间继电器、时间继电器和速度继电器等；保护继电器包括热继电器、电压继电器和电流继电器等。

（2）电磁式继电器。

电磁式继电器的结构及工作原理与接触器大体相同，也是由电磁机构和触点系统等组成，但由于继电器触点容量较小(一般为 5 A 以下)，故无灭弧装置。

电磁式继电器的典型结构如图 1-64 所示，它由线圈、电磁系统、反力系统和触点系统等组成。当线圈通电时，电磁铁芯产生的电磁吸力大于弹簧的反作用力，使衔铁向下发生一段位移，导致常闭触点断开，常开触点闭合；当线圈断电时，衔铁在弹簧反力作用下复位，导致继电器的常开触点复位，回到断开状态，常闭触点复位闭合。

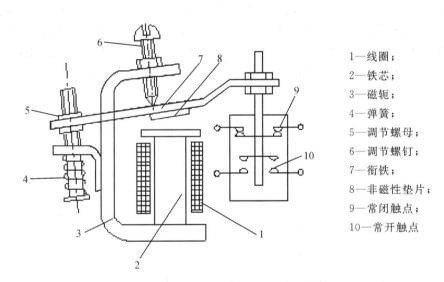

1—线圈；
2—铁芯；
3—磁轭；
4—弹簧；
5—调节螺母；
6—调节螺钉；
7—衔铁；
8—非磁性垫片；
9—常闭触点；
10—常开触点

图 1-64　电磁式继电器的典型结构

装设不同的线圈后可分别制成电流继电器、电压继电器和中间继电器。这种继电器的线圈有交流和直流两种。

① 电流继电器。电流继电器的线圈与被测量电路串联，以反映电路电流的变化，其线圈匝数少，导线粗，线圈阻抗小。这样通过电流时的压降很小，不会影响负载电路的电流，而仍

可获得需要的磁动势。电流继电器又有欠电流和过电流继电器之分。

欠电流继电器的吸引电流为线圈额定电流的 30％～65％，释放电流为额定电流的10％～20％，用于欠电流保护或控制。欠电流继电器在正常工作时，衔铁是吸合的，只有当电流降低到某一整定值时才释放，输出信号。过电流继电器在电路正常工作时不动作，当电流超过某一整定值时才动作，整定范围为 1.1～4.0 倍额定电流。

电流继电器图形符号和文字符号如图 1-65 所示。

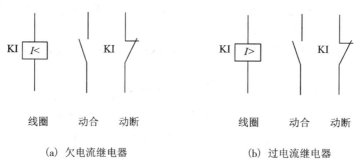

(a) 欠电流继电器   (b) 过电流继电器

图 1-65　电流继电器的图形及文字符号

② 电压继电器。电压继电器的线圈与负载并联，以反映负载电压，其线圈匝数多而导线细。根据动作电压值的不同，电压继电器有过电压、欠电压和零电压继电器之分。

过电压继电器用于线路的过电压保护，其吸合整定值为被保护线路额定电压的 1.05～1.2 倍。当被保护线路的电压正常时，继电器不动作；当被保护线路的电压高于额定值，达到过电压继电器的整定值时，继电器动作，使控制电路失电，控制接触器及时分断被保护电路。欠电压继电器用于线路的欠电压保护，其释放整定值为线路额定电压的 0.1～0.6 倍。当被保护线路电压降至欠电压继电器的释放整定值时，继电器动作，控制接触器及时分断被保护电路；零电压继电器是当电路电压降低到 5％～25％额定电压时动作，对电路实现零电压保护。

电压继电器图形符号和文字符号如图 1-66 所示。

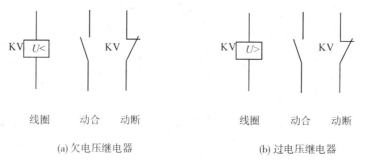

(a) 欠电压继电器   (b) 过电压继电器

图 1-66　电压继电器的图形及文字符号

③ 中间继电器。中间继电器属于电压继电器的一种，用来转换控制信号的中间元件。其触点数量较多，各触点的额定电流相同，一般为 5～10 A，动作灵敏度高。中间继电器通常用来扩展触点的数量或容量，增加控制电路中控制信号的数量，以及作为信号传递、互锁、转换及隔离用。

常用式中间继电器实物外形图如图 1-67 所示；中间继电器图形符号和文字符号如图 1-68 所示。

图 1-67　中间继电器实物外形图

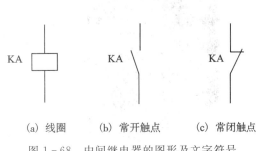

(a) 线圈　　　(b) 常开触点　　　(c) 常闭触点

图 1-68　中间继电器的图形及文字符号

（3）时间继电器。

在生产中，经常需要按一定的时间间隔来对生产机械进行控制。例如：电动机的减压启动需要一定的时间，然后才能加上额定电压；在一条自动生产线中的多台电动机，常需要分批启动，在第一批电动机启动后，需经过一定时间才能启动第二批。这类自动控制称为时间控制。时间控制通常是利用时间继电器来实现的。

时间继电器是一种根据电磁原理或机械动作原理来实现触点系统延时接通或断开的自动切换电器。此处的延时不同于一般电磁式继电器从线圈得到电信号到触点闭合的固有动作时间。

时间继电器的延时方式有通电延时型和断电延时型两种。通电延时型在接受输入信号后延迟一定时间，输出信号才会发生变化，输入信号消失后，输出瞬时复原；断电延时型在接受输入信号时瞬时产生相应的输出信号，输入信号消失后，需经过一定的延时时间输出信号才能复原。

时间继电器的种类很多，按动作原理分为电磁式、空气阻尼式、电动式、数字式和电子式等几种类型。电磁式、电动式和空气阻尼式是传统的时间继电器，在早期的机电系统中普遍采用，但其存在着定时精度低、故障率高等问题。电子式、数字式时间继电器作为新型时间继电器，具有延时范围广、精度高、体积小、耐冲击和耐振动、调节方便、寿命长等优点，发展非常迅速，已逐步取代传统的电磁式、空气阻尼式等时间继电器而被广泛应用。

① 电子式时间继电器。电子式时间继电器又称晶体管式时间继电器或半导体时间继电器，其采用晶体管或集成电路和电子元件等组成。它利用 RC 电路电容充电时，电容电压不能突变，只能按指数规律逐步上升的原理来获得延时。因此，只要改变 RC 充电回路的时间常数（改变电阻值），即可改变延时时间。

电子式时间继电器分为通电延时型、断电延时型和带瞬动触点的通电延时型。

JS20 系列电子式（晶体管式）时间继电器的实物外形图如图 1-69 所示。

② 数字式时间继电器。与电子式时间继电器相比，数字式时间继电器的延时范围可成倍增加，定时精度大幅提高，控制功率和体积更小，适用于各种需要精确延时的场合以及各种自动化控制电路中。这类时间继电器功能特别强，有通电延时、断电延时、定时吸合和循环延时四种延时形式，十几种延时范围可取，延时方法灵活，延时过程可数字显示。JS14P 数字式时间继电器的实物外形图如图 1-70 所示。

图 1-69　电子式时间继电器外形图　　　图 1-70　数字式时间继电器外形图

③ 时间继电器的型号及含义。时间继电器的一种型号表示方法及含义如图 1-71 所示。

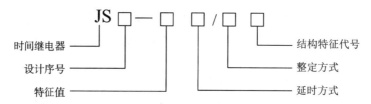

图 1-71　时间继电器的型号及含义

其中延时值的单位为秒(s)。延时方式的含义：D 表示断电延时型，若无则表示通电延时型。整定方式的含义：0 表示无波段开关；1 表示有波段开关。结构特征代号的含义：0 表示装置式；1 表示面板式；2 表示外接式；3 表示装置式带瞬动触点；4 表示面板式带瞬动触点；5 表示外接式带瞬动触点。

④ 时间继电器的选用。根据控制电路对延时方式的要求，选择通电延时型还是断电延时型。

根据延时范围和精度选择继电器类型：当延时精度要求不高和延时时间较短时，可选用价格较低的空气阻尼式时间继电器；当要求延时精度较高和延时较长时，选用电子式或数字式时间继电器。

根据使用场合、工作环境，选择时间继电器的类型。在电源电压波动大的场合，可选用空气阻尼式；环境温度变化大的场合，不宜选用空气阻尼式和电子式时间继电器；电源频率不稳定时，不宜选用电动式时间继电器。

⑤ 时间继电器图形符号和文字符号。时间继电器图形符号和文字符号如图 1-72 所示。

（4）热继电器。

热继电器是利用电流的热效应原理实现电动机过载保护的一种自动电器。电动机过载一般发生在下列情况：三相电路断相，即单相运行；欠电压运行；长期运行电动机负载增大；间歇运行的电动机操作频率过高；经常受启动电流冲击；反接制动以及环境温度过高等。只要电动机温升不超过允许温升，这种过载是允许的。但过载时间过长，绕组温升超过了允许值，将会加剧绕组绝缘老化，严重时甚至使电动机绕组烧毁。因此，长期运行电动机都应设置过载保护。它能在电动机过载时自动切断电源，使电动机停止。

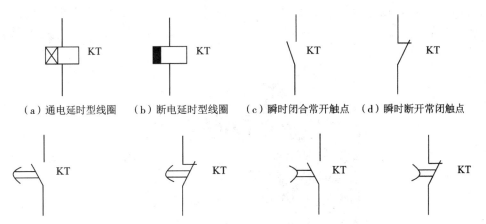

（a）通电延时型线圈　（b）断电延时型线圈　（c）瞬时闭合常开触点　（d）瞬时断开常闭触点

（e）通电延时闭合常开触点　（f）通电延时断开常闭触点　（g）断电延时断开常开触点　（h）断电延时闭合常闭触点

图 1-72　时间继电器图形符号及文字符号

　　① 热继电器的结构与工作原理。热继电器结构示意图如图 1-72A，主要由发热元件、双金属片和触点三部分组成。双金属片是热继电器的感测元件，它是由两种不同热膨胀系数的金属碾压而成，当双金属片受热时，由于两层金属的膨胀系数不同，会使双金属片向膨胀系数小的金属所在侧弯曲，当弯曲达到一定程度时，就会推动连杆动作，实现触点的通断。热继电器的双金属片从升温到发生形变断开常闭（动断）触点有一个时间过程，不可能在短路瞬时迅速分断电路，所以不能作为短路保护，只能作为过载保护。这种特性符合电动机等负载的需要，可以避免电动机启动时短时过电流所造成的不必要的停车。

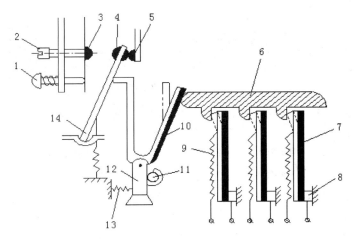

1—复位按钮；2—复位螺钉；3—常开静触点；4—动触点；5—静触点；
6—导板；7—主双金属片；8—推杆；9—加热元件；10—补偿双金属片；
11—调节旋钮；12—支撑杆；13—压簧；14—推杆

图 1-72A　热继电器结构示意图

　　在使用时，一般将热继电器的加热元件串联在电动机定子绕组中，常闭触点串接于电动机的控制电路中，电动机绕组电流即为流过加热元件的电流。当电动机正常运行时，加热元件产生的热量虽能使主金属片弯曲，但还不足以使继电器动作；当电动机过载时，加热元件产生的热量增大，使双金属片弯曲推动导板，并通过补偿双金属片与推杆 14 将动触点和静触点分开，动触点和静触点为热继电器串于接触器线圈电路的常闭触点，断开后使接触器失电，接触器的常开触点将电动机与电源断开，起到保护电动机的作用。JR20 热继电器实物外形如图 1-73 所示。

图 1-73　JR20 热继电器实物外形图

热继电器动作后，要等双金属片冷却后，才能复位。为使热继电器的常闭触点复位，可采用自动复位和手动复位两种方式。自动复位将复位螺钉 2 顺时针方向转动，使它和静触点 5 的距离缩短；当主双金属片冷却、导板退回原位，动触点 4 在弹力作用下，自动恢复与静触点 5 的闭合。手动复位将复位螺钉 2 逆时针方向转动，使它和静触点 5 的距离加大。这样，即使导板 6 退回到原处，动触点 4 也接触不到静触点 5，必须按下复位按钮 1，在外力的帮助下使动触点 4 回到与静触点 5 接触的位置。

热继电器的自动复位时间不大于 5 min；手动复位时，在热继电器动作 2 min 后，按复位按钮使之复位。为使热继电器的动作不受环境温度影响，故设置了环境温度补偿双金属片。温度补偿片受热弯曲的方向与主双金属片受热弯曲方向一致。当受到环境温度影响时，主双金属片和温度补偿片受热弯曲而产生的位置移动是相同的，因此由导板移动而使热继电器动作的位移大小不会改变，这样就达到了温度补偿的目的。采用温度补偿后，当环境温度在 -30℃～40℃ 的范围内变化时，动作特性基本不受环境温度的影响。

调整热继电器动作的电流称为整定电流。为使热继电器能更好地适应各种电动机的需要，故设置了整定电流调节装置。调节旋钮 11 是一个偏心轮，它与支撑杆 12 构成一个杠杆，13 为压簧，转动偏心轮，改变它的半径即可改变补偿双金属片和导板的接触距离，从而达到调节整定动作电流的目的。

② 带断相保护的热继电器。三相电动机的断相运行即其中的一相与电源断开，这是造成电动机烧毁的主要原因之一。如果热继电器所保护的电动机绕组为 Y 连接，当线路发生一相断电时，其余两相的电流会增大，但由于线电流等于相电流，流过电动机绕组的电流与流过热继电器的电流增加比例相同，因此采用普通的两相或三机热继电器即可实现保护。如果电动机绕组为 △ 连接，当发生故障时，由于电动机的相电流与线电流不相等，若线电流达到额定电流，则电动机绕组内部，电流较大的那一相绕组的相电流将超过额定电流，又因加热元件串接在电源进线中(即通过的电流为线电流)，故热继电器不会动作，电动机会因过热而烧毁。因此，对于 △ 连接的电动机需采用带断相保护的热继电器。

带断相保护的热继电器的导板采用的是差动形式，能对三相电流进行比较，其结构原理如图 1-74 所示。差动机构由上导板、下导板和杠杆组成，它们之间都用转轴连接。

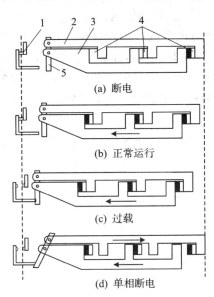

1—常闭触点；2—上导板；3—下导板；4—双金属片；5—杠杆

图 1-74　热继电器差动式断相保护动作原理图

当电流为额定值时，三个热元件均正常发热向左进行微小弯曲，带动下导板向左移动很小距离，此移动距离不会使继电器动作，如图 1-74(b)所示。

当电流过载达到整定值时，三相双金属片的弯曲程度较大，推动下导板向左运动，使触点断开，实现了过载保护，如图 1-74(c)所示。

当单相断路时，该相的热元件温度由正常发热状态下降，使双金属片由弯曲变为伸直，推动上导板向右移动；而另外两相的相电流较大，使双金属片弯曲，推动下导板向左移动。由于上、下导板的移动方向相反，产生差动作用，使继电器的动作速度相对较快，从而实现断相保护，如图 1-74(d)所示。

③ 热继电器的技术参数与选用。热继电器的主要技术参数有额定电压、额定电流、相数、热元件编号及整定电流调节范围等。

热继电器的选择主要以电动机的额定电流为依据，同时也要考虑到电动机的形式、动作特性和工作制等因素。具体选择热继电器应考虑以下几点：

a. 在电动机短时过载和启动的瞬间，热继电器应不受影响(不动作)。因此，在不频繁启动场合，要保证热继电器在电动机的启动过程中不产生误动作。通常，当电动机的启动电流为其额定电流的 6 倍、启动时间不超过 6 s 且很少连续启动时，可按电动机的额定电流选取热继电器。

b. 对于正反转和通断频繁的特殊工作制电动机，不宜采用热继电器作为过载保护装置，而应使用埋入电动机绕组的温度继电器或热敏电阻来保护。

c. 当热继电器用于保护长期工作制或间断长期工作制的电动机时，一般按电动机的额定电流来选用。例如，热继电器的整定值可等于 0.95～1.05 倍的电动机额定电流，然后检验其动作特性。

d. 由于热继电器具有热惯性，大电流出现时不能立即保护，故热继电器不能作为短路保护。

e. 用热继电器保护三相异步电动机时，至少需要有两个热元件的热继电器，从而在电动机不正常的工作状态下，也可对电动机进行过载保护。例如，电动机单相运行时，至少有一个热元件能起作用。最好采用 3 个热元件带断相保护的热继电器。

f. 同一种热继电器有许多规模的热元件，因此在选择热继电器时应采用适当的热元件。

g. 注意热继电器所处的周围环境温度，应保证它与电动机具有相同的散热条件，特别是有温度补偿装置的热继电器。

④ 热继电器图形符号和文字符号。热继电器的图形及文字符号如图 1-75 所示。

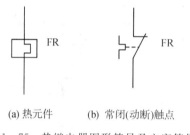

(a) 热元件　　　(b) 常闭(动断)触点

图 1-75　热继电器图形符号及文字符号

（5）速度继电器。

速度继电器是用来反映电动机转速和转向的自动电器，常用于笼型异步电动机反接制动控制，又称为反接制动继电器，它是靠电磁感应原理实现触点动作的。图 1-76 为速度继电器的实物外形图；图 1-77 为速度继电器的结构示意图。

图 1-76　速度继电器实物外形图

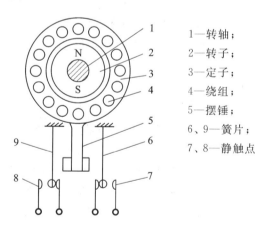

1—转轴；
2—转子；
3—定子；
4—绕组；
5—摆锤；
6、9—簧片；
7、8—静触点

图 1-77　速度继电器结构原理图

从结构上看，速度继电器与交流电动机类似，主要由定子、转子和触点三部分组成。定子的结构和笼型异步电动机相似，是一个笼型空心圆环，由硅钢片冲压而成，并装有笼型绕组。转子是一个圆柱形永久磁铁。

速度继电器转子的轴与被控电动机的轴同轴相连，当电动机转动时，速度继电器的转子随之转动，绕组切割处磁场产生感应电动势和电流，此电流和永久磁铁的磁场作用产生转矩，使定子向轴的转动方向偏转，当偏转到一定角度时，装在定子轴上的摆锤推动簧片(动触片)动作,使常闭触点分断,常开触点闭合。当电动机转速低于 100 r/min 时,定子产生的转矩减小,动触片在簧片作用下复位。

速度继电器根据电动机的额定转速进行选择,有两对常开、常闭触点,分别对应于被控电动机的正、反转运行。一般情况下,速度继电器在转速达到 120 r/min 时能动作,在转速达到 100 r/min 左右时能恢复原位。

速度继电器的图形符号及文字符号如图 1-78 所示。

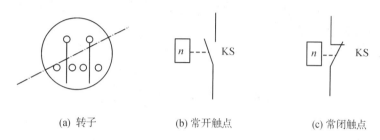

(a) 转子　　　　　　(b) 常开触点　　　　　　(c) 常闭触点

图 1-78　速度继电器的图形符号和文字符号

(6) 固态继电器。

固态继电器(Solid State Relays,SSR)又称为"无触点开关",是由微电子电路、分立电子器件、电力电子功率器件组成的新型无触点开关,它利用电子组件(如开关晶体管、双向晶闸管等半导体组件)的开关特性,达到无触点、无火花却能接通和断开电路的目的。图 1-79 所示为固态继电器的实物外形图。固态继电器的种类很多,按切换负载性质分为直流型固态继电器(DC-SSR)和交流型固态继电器(AC-SSR)两种,其中直流型以晶体管作为开关元件,交流型以晶闸管作为开关元件;按输入与输出之间的隔离方式分为光耦合隔离型、磁隔离型和混合型三种,其中光耦合隔离型较多;按控制信号不同,可分为过零触发型和非过零触发型、有源触发型和无源触发型。

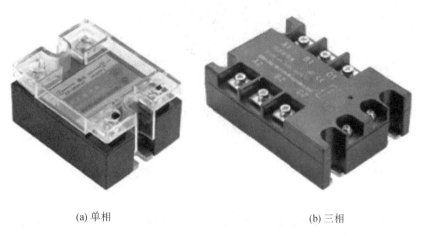

(a) 单相　　　　　　　　　　　　(b) 三相

图 1-79　固态继电器外形图

固态继电器的优点有以下几个方面:

① 高寿命,高可靠。固态继电器没有机械零部件,由固体器件完成触点功能,由于没有运动的零部件,因此能在高冲击和振动的环境下工作。由于组成固态继电器的元器件的固有特性,决定了固态继电器的寿命长,可靠性高。

② 灵敏度高，控制功率小，电磁兼容性好。固态继电器的输入电压范围较宽，驱动功率低，可与大多数逻辑集成电路兼容，不需加缓冲器或驱动器。

③ 快速转换。固态继电器因为采用固体器件，所以切换速度可从几毫秒至几微秒。

④ 电磁干扰小。固态继电器没有输入"线圈"，没有触点燃弧和回跳，因而减少了电磁干扰。

由于固态继电器的诸多优点，目前已广泛应用于计算机外围接口设备，调温、调速、调光、电动机控制、电炉加温控制、医疗器械、金融设备、仪器仪表和交通信号等领域。但与传统的继电器相比，固态继电器仍有不足之处，如漏电流大、接触电压大、触点单一、使用范围窄、过载能力差、价格较高等。

1.3　知识点扩展

1.3.1　热继电器的调整

1. 目的

熟悉热继电器的结构和工作原理，学会热继电器的使用和校验调整方法。

2. 实验设备与器材

(1) 工具：螺钉旋具、电工刀、尖嘴钳、钢丝钳等。

(2) 仪表：万用表。

(3) 器材：JRS1D251 型热继电器（实物外形如图 1-80 所示）。

图 1-80　JRS1D251 型热继电器外形图

3. 步骤

(1) 观察热继电器的结构：将热电器的后绝缘盖板卸下，仔细观察热继电器的结构，指出动作结构、电流整定装置、复位按钮及触头系统的位置，并能叙述它们的作用。

(2) 校验调整：按图 1-81 连接校验电路。

① 将调压器的输出调到零位置，将热继电器置于手动复位状态并将整定值旋钮置于额定值位置。

② 合上电源开关 QS，指示灯 HL 亮。

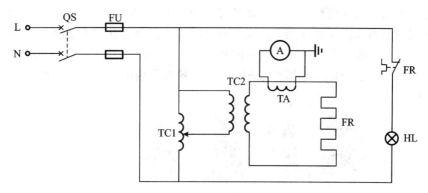

图 1-81　连接校验电路图

③ 将调压器输出电压升高，使热元件通过的电流升至额定值。1 小时内热继电器应不动作，若 1 小时内热继电器动作，则应将调节旋钮向额定值大的方向旋动。

④ 将电流升至 1.2 倍额定电流，热继电器应在 20 min 内动作，否则应将调节旋钮向额定值小的方向旋动。

⑤ 将电流降至零，待热继电器冷却并手动复位后，再调升电流至 1.5 倍额定值。热继电器冷却后应在 2 min 内动作。

⑥ 将电流降至零，快速调升电流至 6 倍额定值，分断 QS 再随即合上，其动作时间应大于 5 s。

（3）复位方式的调整：热继电器出厂时，一般都调在手动复位，如果需要自动复位，可将复位调节螺钉顺时针旋进。自动复位时，热继电器应在动作 5 min 内自动复位；手动复位时，在动作 2 min 后，按下手动复位按钮，热继电器应复位。

4. 注意事项

（1）校验时环境温度应尽量接近工作温度，连接导线截面积应与使用的实际情况相同。

（2）校验时电流变化较大，为使测量结果准确，应注意选择合适的电流表。

（3）通电校验时，必须将热继电器、电源开关固定在校验板上，以确保用电安全。

1.3.2　启动正转延时反转

1. 目的

熟悉接触器、时间继电器、断路器、按钮等元器件在控制电路中的作用和接线方式。

2. 功能

要求交流电机开始正转 5 s 后，自动切换为反转方式，并且可以随时停止。

3. 电路分析

分析上述功能的需求，控制电路大致可以分为：① 随时间切换电机的转向，这可以考虑低压电气中的时间继电器，它可以按一定的时间间隔来对生产机械进行控制；② 考虑到电机的启停是一种能频繁地接通大容量控制电器，则需采用控制继电器中的交流继电器，既能实现远距离控制，又具有欠电压保护功能；③ 为保护交流电机防止电机在工作中过载，还需要添加辅助元件空气开关和断路器，等等。启动正转延时反转实物接线图如图 1-82 所示，将断路器和急停按钮串联在电路中,启动按钮接在交流接触器的辅助触点用以通断控制电路,同时控制时间继电器和交流接触器,交流电机三根动力线接在接触器的主控触点上。当按下绿色的启动按钮后,接触器和时间继电器同时动作,接触器接通交流电机的电源正转;时间继电器开始计数,5s 后时间继电器接通辅助触点,接触器内的磁铁被反向吸合,电机反转。

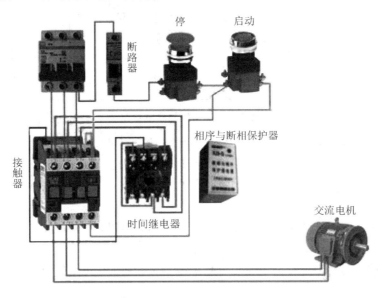

图 1-82　启动正转延时反转实物接线图

1.4　引例解答

引例 FMS 柔性制造系统数控机床中的低压电器是数控机床电气控制系统的重要组成部分,对控制系统的动作实现、功能可靠至关重要。结合本章对常用低压电器结构、工作原理、主要技术参数及选型原则等介绍,现对引例数控机床中所用到的交流接触器、断路器、熔断器的选用进行简要说明。

引例为 VM240 型数控立式铣床,其主轴采用三相异步电动机驱动,电动机额定功率为 1.1 kW,利用变频器进行无级调速;X、Y、Z 三个坐标轴的进给由交流伺服电机驱动滚珠丝杠实现,三台伺服电机型号均为 130ST-M06025-LFB(品牌:武汉华大),额定功率为 1.5 kW,额定电流为 6 A;对应伺服驱动器型号均为 SBF-PL301/3A(品牌:武汉华大,3A 表示 30 A)。

1. 交流接触器的选型

伺服驱动器主回路电压为三相 AC220V,根据伺服驱动器接线要求,驱动器电源进线需由隔离变压器引入并经断路器控制后接入驱动器的 R、S、T 三个端子。为实现驱动器自动上电控制,此处用交流接触器取代断路器功能。三台伺服驱动器经由一台交流接触器自动控制其电源通断。此交流接触器的具体选型要求如下:

① 确定电流种类:三相,交流 220 V。

② 接触器额定电压、主触头额定电流等主参数的确定:额定电压为三相 220 V;主触头额定

电流应大于额定负载电流的 1.5 倍，所以引例中交流接触器的额定电流 $I_e > 1.5 \times 3 \times 6 = 27$ A。

③ 接触器线圈额定电压的确定：根据控制系统控制电压确定，选 AC 110 V。

综上所述，选定交流接触器型号为 CJX2 - 32 型，该交流接触器线圈工作电压为 220 V，主触头额定电流为 32 A，三相，满足应用要求。

2. 塑壳式断路器选型

系统中选用了 DZ108 - 20 塑壳式断路器，用于三相 380 V 电源与变频器之间电源通断的手动控制（此塑壳断路器更重要的功能是作为电动机的负载保护）。

DZ108 系列塑料外壳式断路器适用于交流 50/60Hz、额定电压至 660 V、额定电流为 0.1~63 A 的线路中，作为小容量电动机和线路的过载及短路保护，常见的型号有 DZ108 - 20、DZ108 - 32、DZ108 - 63。其中，DZ 表示为塑壳式断路器；108 为设计序号；20/32/63 代表断路器壳架等级额定电流，分别代表 20 A、32 A、63A。

引例中变频器所控制的三相异步电动机额定功率为 1.1 kW，根据公式 $P = \sqrt{3}UI\cos\varphi$。$U$ 为 380 V，$\cos\varphi$ 取 0.85，可得电动机线电流为 1.97 A，按 $5 \times 1.97 = 9.85$A 可得需选断路器的额定电流值为 10 A，对应上述塑壳式断路器选 DZ108 - 20 型。图 1 - 83 所示中的 QF2 即为塑壳式断路器，三相额定电压为 380 V，额定电流为 10 A。

DZ108 系列塑壳式断路器型号及含义如图 1 - 84。

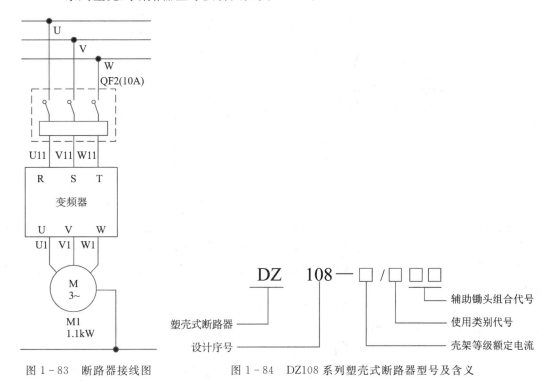

图 1 - 83　断路器接线图　　　　图 1 - 84　DZ108 系列塑壳式断路器型号及含义

在选用塑壳式断路时，除了确定壳架等级额定电流参数外，还应有使用类别选用要求，代号 1 表示使用类型为配电保护型断路器；代号 2 表示使用类型为电动机保护型断路器。在引例中，此断路器主要作为电动机保护用，因此代号应为 2。

辅助触头组合代号由两位数字表示，第一位数字为常开触头数量，第二位数字为常闭触头数量,如 11 则表示辅助氏触头为一常开一常闭。

综上所述,本例选用塑壳式断路器规格型号为 DZ108 - 20/211 10A。

3. 熔断器选型

引例中数控机床控制系统控制回路有 220 V、110 V、24 V 三路。如图 1 - 85 所示,220 V 控制回路接有 CNC 系统模块、开关电源;110 V 控制回路用于控制电路电源的开关、伺服通断、润滑泵及风扇的运行;24 V 控制回路接有电源指示灯、运行状态指示灯等。

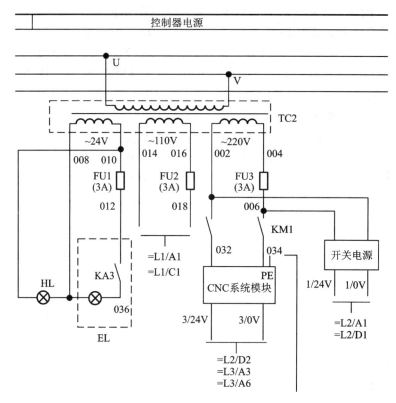

图 1 - 85　熔断器选型接线图

为保证系统可靠工作,每路均需配置相应的熔断器,起短路保护作用。故本控制系统配置了 3 个熔断器,选用了有填料管式熔断器,熔断器座为 RT18 - 32 型,熔断器额定电压为 380 V,额定电流为 32 A,内部允许安装的熔体尺寸为 $\Phi 10.3 \times 38$。熔体的额定电流则根据控制回路各负载电流之和确定,具体如下:

24 V 照明回路和 220 V 数控铣床 CNC 系统模块回路中熔体的额定电流 I_{RN} 应等于或稍大于负载的额定电流 I_{FN},即

$$I_{RN} \geqslant (1.0 \sim 1.1) I_{FN}$$

110 V 用于控制伺服通断、润滑泵及风扇运行的控制回路中,熔体额定电流应等于或大于润滑泵额定电流 $I_{FN\max}$ 的 1.5~2.5 倍,加上风扇的额定电流之和。按照上述原则,3 个控制回路均选定了 3 A 的熔断体。

习　题

一、问答题

1. 什么是低压电器？常用的低压电器有哪些？

2. 简述电磁式低压电器电磁机构的吸力特性和反力特性。两者之间应满足怎样的配合关系？

3. 直流电弧与交流电弧各有什么特点？在低压电器中常用的灭弧方法有哪些？

4. 单相交流电磁系统中短路环的作用是什么？如果短路环断裂或不安装，在工作中会出现什么现象？三相交流电磁机构有无短路环？为什么？

5. 断路器在电路中的作用是什么？具有哪些脱扣装置？试分别说明其功能。

6. 熔断器在电路中的作用是什么？它由哪些主要部件组成？

7. 熔断器的额定电流与熔体的额定电流有何区别？

8. 常见的主令电器有哪些？它们的主要用途是什么？

9. 接近开关与行程开关有何异同？

10. 电动机的启动电流很大，在电动机启动过程中，热继电器会不会动作？为什么？

11. 在电动机的主电路中既然装有熔断器，为什么还要求热继电器？装有热继电器是否就可以不装熔断器？为什么？

12. 在三相式热继电器中装有补偿双金属片的目的是什么？

13. 热继电器的工作原理是什么？如果热继电器触点动作后，能否自动复位？

14. 对于 Y 型联结的三相异步电动机能否用一般三相结构热继电器做断相保护？为什么？对于△型联结的三相异步电动机必须使用三相具有断相保护的热继电器，对吗？

15. 接触器的作用是什么？根据结构特征如何区分交流、直流接触器？

16. 中间继电器的作用是什么？试比较中间继电器与交流接触器有何异同？

17. 接触器的主要参数有哪些？其含义是什么？如何选用接触器？

18. 试说明速度继电器的主要用途及其工作原理。

19. 各常用低压电器的图形符号和文字符号有哪些？

二、判断题

1. 交流接触器通电后如果铁芯吸合受阻，将导致线圈烧毁。（　　）

2. 直流接触器比交流接触器更适用于频繁操作的场合。（　　）

3. 刀开关可以用于分断堵转的电动机。（　　）

4. 行程开关、接近开关、光电开关是同一种开关。（　　）

5. 万能转换开关本身带有各种保护。（　　）

6. 熔断器的保护特性是反时限的。（　　）

7. 低压断路器具有失电压保护功能。（　　）

第 2 章 电气控制系统图

2.1 引例：车床电气控制

车床是主要用车刀对旋转的工件进行车削加工的机床。在车床上还可用钻头、扩孔钻、铰刀、丝锥、板牙和滚花工具等进行相应的加工。车床主要组成部件有：主轴箱、交换齿轮箱、进给箱、溜板箱、刀架、尾架、光杠、丝杠、床身、床脚和冷却装置。

从车床加工工艺出发，对中小车床的拖动及控制有如下要求：

（1）为保证经济、可靠，主拖动电动机一般选用笼型异步电动机。为满足调速范围的要求，一般采用机械变速。

（2）主轴电动机的启动、停止应能实现自动控制。一般中小型车床均采用直接启动，当电动机容量较大时，常用 Y -三角形降压启动，为实现快速停车，一般采用机械或电气制动。

（3）为车削螺纹，要求主轴能正、反转。小型车床主轴正、反转由主拖动电动机正、反转来实现，当主拖动电动机容量较大时，主轴正、反转常用电磁摩擦离合器来实现。

（4）为冷却车削加工时的刀具与工件，应设有一台冷却泵。冷却泵只需单向旋转，且与主轴电动机有着连锁关系。

（5）控制电路应设有必要的安全保护及安全可靠的局部照明。

现以最常见的普通车床 CA6140 为例进行介绍，图 2-1 所示为其外形图和电气控制接线所在位置。为了实现车床的基本功能，CA6140 电气控制用到了断路器、熔断器、交流接触器、热继电器、控制变压器及一些主令电器。其中断路器起接通电源引入、短路及漏电保护作用，三个接触器分别控制主电动机、冷却泵电动机及快速电动机，熔断器实现对冷却泵及快速电动机的短路保护，热继电器实现对主电动机及冷却泵电动机的过载保护。

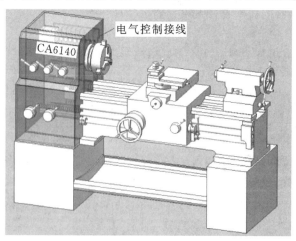

图 2-1 普通车床 CA6140 外形图及电气控制接线

　　为达到上述控制要求，必须要有良好的电气控制实物系统作保障。CA6140 车床电气控制柜电气安装接线实物图如图 2-2 所示。

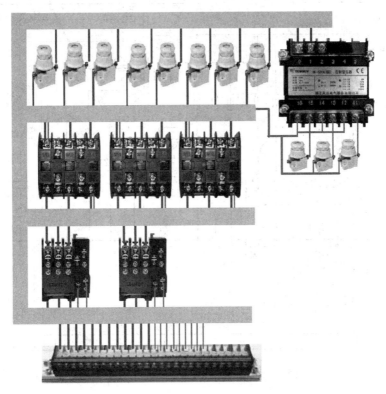

图 2-2　CA6140 车床电气控制柜电气安装接线实物图

　　从该实物图我们无法直接了解该电气的控制原理及各导线之间的连接。为了便于交流，表达生产机械电气控制系统的组成结构、工作原理，同时也为了电气系统的安装、调试、维修等技术要求，通常将电气设备及电气元件按照一定的控制要求连接而成，用统一的工程图来表达，这种工程图就是电气控制系统图。电气控制系统图是一种采用各种电气符号、图线来表示电气系统中各种电气设备、装置元件之间的相互关系、连接关系的图。它表达了电气装置、设备的工作原理、构成及可以用来完成的功能，是电气设计人员、安装人员及操作人员的工程语言，是企业进行技术交流不可缺少的重要手段。常用于生产机械设备的电气控制系统图有电路图（又称电气原理图）、电气元件布置图和电气安装接线图三种，以不同的表达方式反映同一工程问题的不同侧面，其间又有一定的对应关系，一般情况下需要对照起来阅读。电气控制系统图是根据国家电气制图标准，用规定的图形符号、文字符号以及画法绘制而成。

　　原理图一般分为电源电路、主电路、控制电路、信号电路及照明电路。原理图可水平布置，也可垂直布置。水平布置时，电源电路垂直画，其他电路水平画，控制电路中的耗能元件（如接触器和断电器的线圈、信号灯、照明灯等）要画在电路的最右方。垂直布置时，电源电路水平画，其他电路垂直画，控制电路中的耗能元件要画在电路的最下方。图 2-3 所示为普通车床 CA6140 电气原理图。

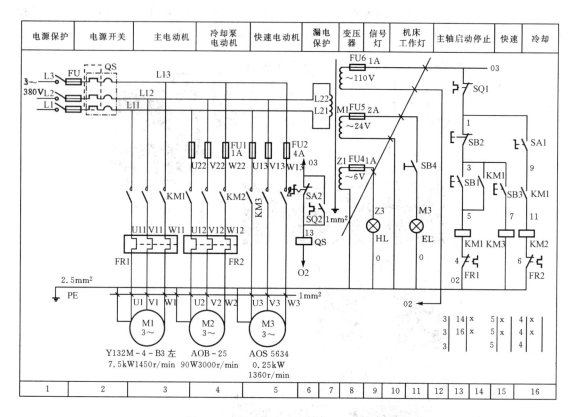

图 2 - 3　普通车床 CA6140 电气原理图

2.2　知识点链接

2.2.1　电气控制系统图基础知识

电气控制系统图是用不同的图形符号表示各种电器元件，用不同的文字符号表示设备及线路功能、状况和特征，各种图纸有其不同的用途和规定的画法。国家标准局参照国际电工委员会(IEC)颁布的有关文件，制定了我国电气设备的有关国家标准，例如：

GB/T　4728—1999～2005《电气简图用图形符号》

GB/T　5226—85《机床电气设备通用技术条件》

GB/T　7159—1987《电气技术中文字符号制定通则》

GB/T　6988—1986《电气制图》

GB　5094—85《电气技术中的项目代号》

电气控制系统图中的图示符号有图形符号、文字符号及接线端子标记等。

1. 图形符号

图形符号通常用于图样或其他文件，以表示一个设备或概念的图形、标记或字符。图形符号分为基本图形符号、一般图形符号和明细符号三种。基本图形符号不代表具体的设备和器件，而是表明某些特征或绕组接线方式。一般图形符号用于代表某一大类设备或器件。明细符号用于代表集体器件或设备。一般图形符号与基本符号或文字符号相结合所派生出的符号，就是明细符号。图形符号含有符号要素、一般符号和限定符号。

1）符号要素

符号要素是一种具有确定意义的简单图形必须同其他图形组合，才构成一个设备或概念的完整符号。如接触器常开主触点的符号就是由接触器触点功能符号和常开触点符号组合而成。

2）一般符号

一般符号是用以表示一类产品和此类产品特征的一种简单的符号。如电动机可用一个圆圈表示。

3）限定符号

限定符号是用于提供附加信息的一种加在其他符号上的符号。

运用图形符号绘制电气控制系统图时应注意以下几个方面：

（1）符号尺寸大小、线条粗细依国家标准可放大与缩小，但在同一张图样中，同一符号的尺寸应保持一致，各符号间及符号本身比例应保持不变。

（2）标准中表示出的符号方位，在不改变符号含义的前提下，可根据图面布置的需要旋转或成镜像位置，但文字和指示方向不得倒置。

（3）大多数符号都可以加上补充说明标记。

（4）有些具体器件的符号由设计者根据国家标准的符号要素、一般符号和限定符号组合而成。

（5）国家标准未规定的图形符号可根据实际需要，按突出特征、结构简单、便于识别原则进行设计，但需要上报国家标准局备案。当采用其他来源的符号或代号时，必须在图解和文件上说明其含义。

表 2.1 给出由限定符号与一般符号组成各种类型开关图形符号的示例。

表 2.1　图形符号组合示例

限 定 符 号		一 般 符 号	
图形符号	说　明	图形符号	说　明
	接触器功能		接触器动合触点
	限位开关、位置开关功能		限位开关动合触点
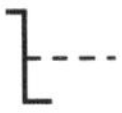	旋转操作	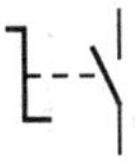	旋转开关
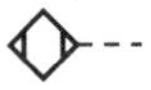	接近效应操作	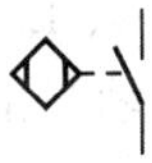	接近开关
	隔离开关功能		隔离开关

2. 文字符号

文字符号适用于电气技术领域中技术文件的编制，用以标明电气设备、装置和元器件的名称及电路的功能、状态和特征。文字符号应按国家标准《电气技术中的文字符号制定原则》(GB 7159—87)的规定进行编制。

文字符号分为基本文字符号、辅助文字符号和补充文字符号三种。

1）基本文字符号

基本文字符号分为单字母符号和双字母符号。

单字母符号是按拉丁字母将各种电气设备、装置和元器件划分为 23 种大类，每大类用一个专用单字母符号表示，如 K 继电器、接触器，F 保护器件，T 变压器等。

双字母符号由一个表示种类的单字母符号与另一个字母组成，其组合形式应以单字母在前，另一个字母在后的次序列出。双字母可以更详细更具体地表述电气设备、装置和元器件等，如 GB 表示蓄电池，KA 表示中间继电器，FR 表示热继电器等。

2）辅助文字符号

辅助文字符号是用以表示电气设备、装置和元器件以及线路功能、状态和特征的，如 SYN 表示同步，RD 表示红色等。辅助文字符号也可以放在表示种类的单字母符号后面组成双字母符号，如 KT 表示时间继电器。为了简化文字符号，辅助文字符号由两个以上字母组成的，允许只采用其第一位字母进行组合，如 MS 表示同步电动机。辅助文字符号还可以单独使用，如 ON 表示闭合。

3）补充文字符号

补充文字符号在基本符号和辅助文字符号不够使用的情况下使用，可按国家标准中文字符号组成规律和原则予以补充。

(1) 在不违背国家标准文字符号编制原则的条件下，可采用国家标准中所规定的电气技术文字符号。

(2) 在优先采用基本和辅助文字符号的前提下，可补充国家标准未列出的双字母符号和辅助文字符号。

(3) 使用文字符号时，应按有关电气名词术语标准或专业标准中规定的英语术语缩写而成，基本文字符号不得超过两位字母，辅助文字符号一般不超过三位字母，且不能单独使用 O、I 作为文字符号使用。

3. 接线端子标记

电气控制系统图中各电器接线端子用字母数字符号标记。按国家 GB 4026—1983《电器接线端子的识别和用字母数字符号标志接线端子的通则》规定。

三相交流电源引入用 L1、L2、L3、N、PE 标记；直流系统的电源正、负、中间线分别用 L+、L-与 M 标记；三相动力电器引出线分别按 U、V、W 顺序标记。

三相异步电动机的绕组首端分别用 U1、V1、W1；绕组尾端用 U2、V2、W2 标记；电动机绕组中间抽头分别用 U3、V3、W3 标记。对于数台电动机，可在字母前面冠以数字来区别。两三相供电系统的导线与三相负载之间有中间单元时，其间相互连接线用字母 U、V、W 后面加数字来表示，且用以从上至下，由小到大的数字来表示。

控制线路各线号采用数字编号，标注方法按"等电位"原则进行，其顺序一般为从左到右、从上到下，凡是被线圈、触点、电阻、电容等元件所隔离的接线端子，都应标不同的线号。

4. 电气图中的阿拉伯数字

在电气图中除了文字符号外，还经常有阿拉伯数字和文字符号组合的符号，如"1KA"、"2KA"、"3KA"等表示电路中第 1 个继电器、第 2 继电器、第 3 继电器。电路图中电气图形符号的连线处经常有阿拉伯数字，这些数字称为线号，线号是区别电路连线的重要标志。电气工人在按照电路接线图接线时，必须将标有线号的套管套在对应电线上，然后再接电气设备、装置(如接线端子)或元器件的接线柱上。

阿拉伯数字与电气图形文字符号组合原则：数字可以放在电气设备、装置或元器件文字符号的前面或后面。

数字与文字符号组合的符号使用说明如下：

(1) 主电路中该用数字与文字符号组合成的符号作为接线的标志号，辅助电路一般只用数字作为接线的标志号。

(2) 在主电路中，同一条走向的接线线号文字符号不变，数字要变。

(3) 在辅助电路中用数字表示接线标志时，主要元器件靠近电源的一侧用偶数，另一侧用奇数。

(4) 电路图中的同一根线两端标相同线号。

5. 图上位置的表示方法

在绘制、阅读和使用电路图时，往往需要确定元件、器件接线等图形符号在图上的对应位置。在供使用、维护的技术文件中，有时需要对某个元件或器件作注释、说明，为了找到图中的相应元件、器件，需要注明这些符号在图上的位置。

图上的位置采用图幅分区法，如图 2-4 所示。图幅分区法是在图的边框处，竖直方向用拉丁字母编号，水平方向用阿拉伯数字编号，编号顺序是从左上角为分区编号的开始位置开始编号。

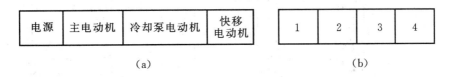

(a)　　　　　　　　　　　　　　　　(b)

图 2-4　图幅分区法

在具体使用时，水平布局的电气原理图只标注列号，竖直布局的电气原理图只标注行号。在图 2-3 所示的电气原理图中，仅仅标注列号。上侧图区"电源"、"主电动机"等字样表明它下方的元件的功能，使读者能清楚地知道部分电路的功能，利于理解全部电路的工作原理。下方的表示列的代号。

在电气原理图中，还需要知道接触器和继电器线圈与触点的从属关系，即图 2-3 中右下方位置。因线圈、主触点、辅助触点所起的作用各不同，为清晰地表明机床原理图，以及在电路中发挥的作用，它给出了触点的文字符号，并在其下面注明相应触点的索引代号，对未使用的触点用"×"表示，如图 2-5 所示。

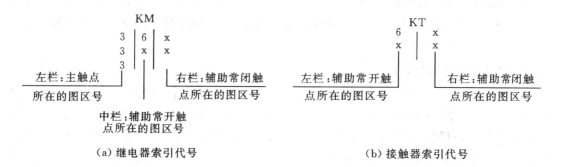

（a）继电器索引代号 （b）接触器索引代号

图 2-5 电磁触点的索引代号

2.2.2 电气原理图

电路图也称电气原理图，是电气控制系统图中最重要的工程图。绘制电路图是为了便于阅读和分析控制线路，根据简单清晰的原则，采用国家统一规定的电器图形符号和文字符号来代表电机、电器及元件并根据生产机械对控制的要求和各电器的动作原理，用线条代表导线连接起来，表示它们之间的联系，而不考虑电路各电器的实际安装位置和安装连线，也不反映电气元件的大小。

[**实例**] 某车床电气控制原理图如图 2-6 所示。

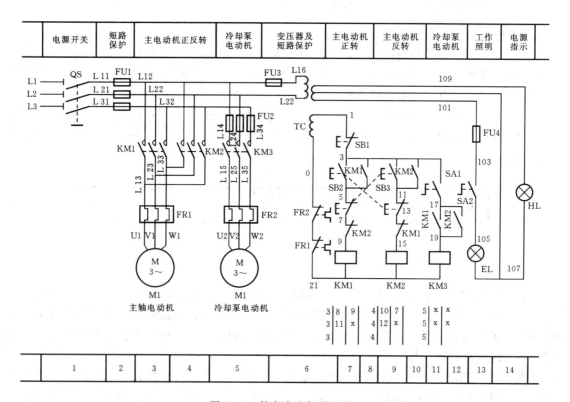

图 2-6 某车床电气原理图

上述实例中的电气控制系统电路图一般分为主电路和辅助电路两个部分。主电路是电气控制电路中强电流通过的部分，是设备的驱动电路，在控制电路的控制下，根据控制要求由电源向用电设备供电。辅助电路包括控制电路、照明电路、信号电路及保护电路，辅助电路中通过的电流较小。其中控制电路由接触器和继电器线圈，各种电器的动合、动断触点组合构成控制逻辑，实现控制功能。在电气控制系统的电路图中，主电路图与辅助电路图是相辅相成的，其控制作用实际上是由辅助电路控制主电路。通过电路图，可详细地了解电路、设备电气控制系统的组成和工作原理，并可在测试和故障寻找时提供足够的信息，同时电路图也是编制接线图的重要依据。

下面结合该车床电气控制原理图，说明电路图绘制原则和特点。

1. 电路绘制

电气原理图一般画出主电路和辅助电路两部分。图 2-6 中 1 区到 5 区为主电路，主要是两台电动机的电源引入电路。图中 6 区到 14 区为辅助电路，包括两台电动机的控制电路、信号照明电路及相应的保护电路。电气原理图可以水平布置或者垂直布置。水平布置时，电源线垂直画，其他电路水平画，控制电路中的耗能元件画在电路的最右端；垂直布置时，电源水平画，其他电路垂直画，控制电路中的耗能元件画在电路的最下端。主电路用粗实线画出，画在图纸的左边或上面；控制电路及其他电路用细实线画出，画在图纸的右边或下面。

图 2-6 所示采用的是垂直布置，当电路垂直（或水平）布置时，电源电路一般画成水平（或垂直）线，三相交流电源相序 L1、L2、L3 由上到下（或由左到右）依次排列画出，中线 N 和保护地线 PE 画在相线之下（或之右）。直流电源则按正端在上（或在左）、负端在下（或在右）画出。电源开关要水平（或垂直）画出。

无论是主电路还是辅助电路，均应按照功能布置，各电气元件一般应按照生产设备动作的先后顺序从上到下或从左到右依次排列，可水平布置或垂直布置。看图时，要掌握控制电路编排上的特点，也要一列列或一行行地进行分析。

2. 元器件绘制和器件状态

为了表达控制系统的设计意图，便于分析系统工作原理，在绘制控制电路图时所有电器元件不画实际外形，而采用国家标准规定的图形符号和文字符号表示；同一电器的各个部件可根据需要画在不同的地方，但必须用相同的文字符号标注。对于几个同类电气元件，在表示名称的文字符号后面加上一个数字序号，以示区别，如图 2-6 所示中接触器 KM 和热继电器 FR1、FR2，按钮 SB1、SB2、SB3、熔断器 FU1、FU2、FU3 等。

电路图中的所有电器元件的可动部分均按原始状态画出，其中常见的器件状态有：继电器、接触器的触点应按线圈不通电状态画出；短路器和隔离开关在断开位置；零位操作的手动控制开关位置在零位状态，不带零位操作的手动控制开关位置在图中规定的位置；机械操作开关和按钮在非工作状态或不受力状态；保护类元件处在设备正常的工作状态，特殊情况则在图样上说明。

3. 图区和触点位置索引

工程图样通常采用分区的方式建立坐标，以便于阅读查找。在电路图的下方（或右方）沿横坐标（或纵坐标）方向划分图区，并用数字 1、2、3…（或字母 A、B、C…）标明，同时在图的上方（或左方）沿横坐标（或纵坐标）方向划分图区，分别用文字标明该图区电路的功能和作用，使读者能清楚地知道某电气元件或某部分电路的功能，以便于理解整个电路的工作原理。如图 2-6 所示，1 区对应的为"电源开关 QS"。

在较复杂的电路图中，对元件的相关位置都采用符号位置的索引，索引代号的组成如图 2-7 所示。

图 2-7　索引代号的组成

电路图中的继电器和接触器的线圈与受其控制的触点的从属关系采用附图的方式表示，附图可在电路图中相应线圈的下方，标出各个触点所在位置。图 2-6 所示中接触器 KM2 线圈下方画两条竖直线，分成左、中、右三栏：左栏中 3 个 4 表示接触器 KM2 的 3 个主触点在 4 号区内；中栏中的 10 和 12 表示接触器 KM2 的两个常开触点分别在 10 号区和 12 号区；右栏中的 7 和×表示接触器 KM2 的一个常闭触点在 7 号区，另一个常闭触点没有用到。

4. 电路图中技术数据的表注

电路图中元器件的数据和型号，一般在元件明细表中标明外，还可以用小号字体标注在电器代号的下面或旁边，如电动机的用途、型号、额定功率、额定电压、额定电流和额定转速等。

2.2.3　电气元件布置图

图 2-8 所示是 CA6140 车床电气元件布置图。电气元件布置图也称为电器位置图，主要用来表明各种电器设备在机械设备上和电气柜中的实际安装位置，为机械电气控制设备的制造、电气元件之间的配线、安装和检修电气故障等提供必要的资料。各电器元件的安装位置是由机床的结构和工作要求决定，按照复杂程度可集中绘制在一张图上，也可分别绘制，但图中各电器的文字符号应与电路图中的电器元件的文字符号相同。在电器位置图中，机械设

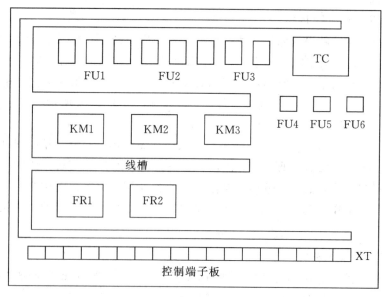

图 2-8　CA6140 车床电气元件布置图

备的轮廓线用细实线或点画线表示,所有可见的和需要表达清楚的电气元件、设备用粗实线绘出其简单的外形轮廓。电气元件布置图应注意以下几点:

(1) 体积大和较重的电气元件应安装在电器板的下面,而发热元件应安装在电器板的上面。

(2) 强电、弱电分开并注意弱电信号的屏蔽,防止干扰。

(3) 需要经常维护、检修和调整的电气元件的安装位置,不宜过高或过低,要保证日常维护的方便性。

(4) 电气元件的布置应考虑整齐、美观和对称。外形尺寸与结构类似的电器安放在一起,以利于加工、安装和配线。

(5) 电气元件的布置不宜过密,要留有一定的间距,若采用板前走线槽配线方式,应适当加大各排电器间距,以利于布线和维护。

由于电器位置图本质上反映了电器安装板的工作图特征,是设计和加工电器安装板的重要依据,所以每个电器元件的安装尺寸及其公差范围,应按照有关国家标准和电器安装说明书确定,各电器之间要设计有足够的间距,以保证各电器的顺利安装。每个电器的代号应与电路图一致。在电器位置图设计中,还要根据进出线的数量和导线的规格,选择进出线方式,并选用适当的接线端子板或接线插件,按一定顺序标上进出线的线号。

2.2.4　电气安装接线图

图 2-9 是 CA6140 车床电气安装接线图。电气安装接线图是用规定的图形符号和文字符号,按电器的实际相对位置画出的实际接线图,它是进行配线、实际安装、接线及检查维修的依据和准则。为表明电气设备各单元之间的接线关系,要标出所需的数据,如接线端子号,连接导线参数等,以便于安装接线、电路检查、电路维修和故障处理。安装接线图与电路图在绘制上有很大区别。电气控制电路图以表明电气设备、装置和控制元件之间的相互控制关系为出发点,以便使人能明确分析出电路工作过程为目标。电气安装接线图以表明电气设备、装置和控制元件的具体接线为出发点,以接线方便、布线合理为目标。

电气安装接线图常与电气控制电路图、电器位置图配合使用,具有以下特点:

(1) 图中表示的电气元件、部件、组件和成套装置都尽量用简单外形轮廓表示(如圆形、方形等),必要时可用图形符号表示,各电气元件位置应与电器位置图中基本一致。在电气安装接线图中,电气设备、装置和电气元件都是按照国家规定的电气图形符号绘出,而不考虑其实际结构。各电气元件的图形符号、文字符号等均与电气控制电路图一致。

(2) 电气安装接线图必须表明每条线所接的具体位置,每条线都有具体明确的线号。

(3) 每个电气设备、装置和电气元件都有明确的位置,并应与实际安装位置一致,而且将每个电气元件的不同部件都画在一起,并用虚线框起来,如一个接触器是将其线圈、主触点、辅助触点都绘制在一起,并用虚线框起来。有的电气元件用实线框图表示出来,其内部结构全部略去,只画出外部接线,如半导体集成电路在电路图中只画出集成块的外部接线,在实线框内只标出电气元件的型号。

(4) 不在同一控制箱和同一配电板上的各电气元件的连接是经接线端子板连接,电气互联关系以线束表示,连接导线应标明导线参数(型号、规格、数量、截面积和颜色等),一般不标注实际走线途经。各电气元件的文字符号及端子板编号应与电气控制电路图一致,并按电气控制电路图和穿线管尺寸的接线进行连接。在同一控制箱或同一块配电板的各电气元件之

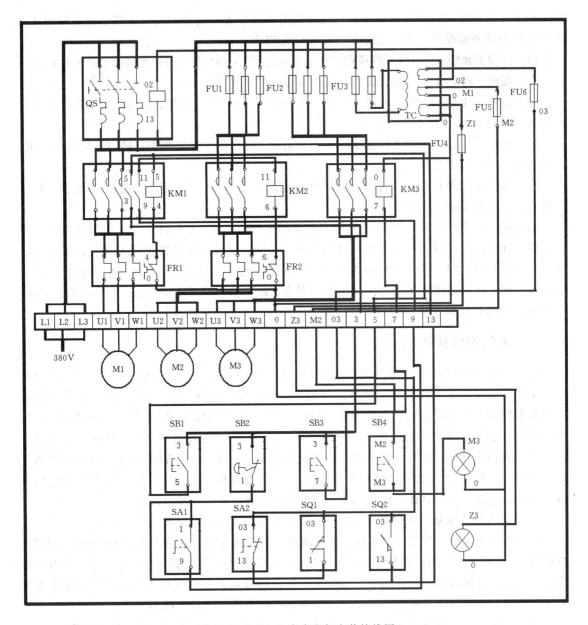

图 2-9　CA6140 车床电气安装接线图

间的导线可直接连接。

（5）走线相同的多根导线可用单线表示。

（6）用连续的实线表示端子之间实际存在的导线。当穿越图面的连接线较长时，可将其中断，并在中断处加注相应的标记。

（7）电气接线图一律采用细线条，走线方式有板前走线和板后走线两种，一般采用板前走线。对于简单电气控制部件，电气元件数量较少，接线关系不复杂，可直接画出元件间的连线。但对于复杂部件，电气元件数量多，接线较为复杂，一般是采用走线槽方式连线，只需在各电气元件上标出接线号，不必画出各元件间的连线。

（8）部件的进出线除大截面导线外，都应经过接线板，不得直接进出。

电气安装接线图又可分为单元接线图、互连接图和端子接线图等。

2.3　引例解答

通过以上知识链接部分的学习，已经画出了 CA6140 的电气元件布置图和电气安装接线图，在引例解答中再将引例图 2-3 所示中的电气原理图绘制作简单说明。为了方便说明，将图 2-3 所示重画于如图 2-10 所示，用以上介绍的方法将主电路和辅助电路两部分分别画出。图 2-10 中 1 区到 5 区为主电路，主要是主电动机、冷却泵电动机及快速电动机的电源引入电路。6 区到 16 区为辅助电路，包括三台电动机的控制电路、信号照明电路及相应的保护电路。为了阅读方便，图 2-10 采用的是垂直布置，当电路垂直布置时，电源电路一般画成水平线，三相交流电源相序 L1、L2、L3 由上到下依次排列画出，中线 N 和保护地线 PE 画在相线之下。直流电源则按正端在上、负端在下画出，电源开关水平画出。这里的主电路和辅助电路按照 CA6140 机床的功能布置，如机床工作灯依据垂直布置的原则集中布置在 10、11 区，各电气元件按照生产设备动作的先后顺序从上到下或从左到右依次排列。

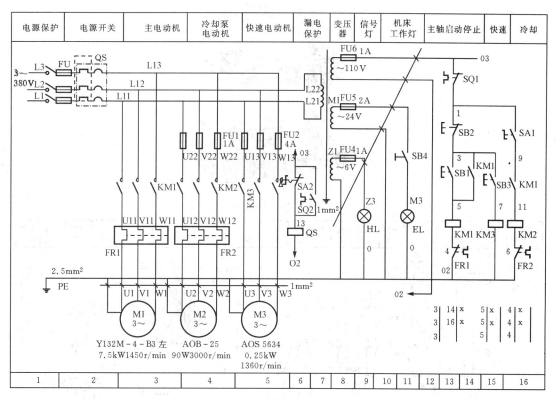

图 2-10　CA6140 普通车床电气原理图

图 2-10 中为了控制和保护三台电机分别使用了接触器 KM1、KM2、KM3 和热继电器 FR1、FR2，熔断器 FU1、FU2 等，电路图中的所有电器元件的可动部分均按原始状态画出。

在电路图下方沿横坐标方向划分了图区，并用数字 1~16 标明，同时在图的上方沿横坐标方向分别用文字标明了该图区电路的功能和作用，如图 2-10 所示，2 区对应的为"电源开关 QS"。

　　电路图中的继电器和接触器的线圈与受其控制的触点的从属关系采用了附图表示方式，图 2-10 所示中的接触器 KM1 线圈下方画两条竖直线，分成左、中、右三栏，左栏中 3 个 3 表示接触器 KM1 的 3 个主触点在 3 号区内，中栏中的 14 和 16 表示接触器 KM1 的两个常开触点分别在 14 号区和 16 号区，右栏中的×表示接触器 KM1 的常闭触点没有用到。最后在电气原理图下方还标注了电动机型号、额定功率、额定电压、额定电流和额定转速等参数。

2.4　知识点扩展

　　摇臂钻床也称为摇臂钻，其外观如图 2-11 所示。摇臂钻是一种孔加工设备，它有主轴的旋转运动、主轴的纵向进给、摇臂沿外立柱垂直移动、主轴箱沿摇臂长度方向的移动及摇臂与外立柱一起绕内立柱回转等运动。图 2-12 所示为 Z35 型摇臂钻床电气控制线路原理图。

图 2-11　摇臂钻床外观图

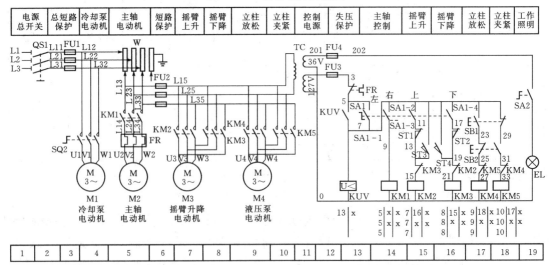

图 2-12　Z35 型摇臂钻床电气控制线路原理图

2.4.1　Z35 型摇臂钻床主电路

1. Z35 型立式摇臂钻床主电路划分

在图 2 - 12 所示的 Z35 型摇臂钻床电气控制线路原理图中，1～10 区为 Z35 型摇臂钻床电气控制线路的主电路。其中，1 区、2 区、3 区、6 区为电源总开关及短路保护；4 区为冷却泵电动机 M1 主电路；5 区为主轴电动机 M2 主电路；7 区和 8 区为摇臂升降电动机 M3 主电路；9 区和 10 区为液压泵电动机 M4 主电路。

2. Z35 型摇臂钻床主电路分析

（1）电源总开关及短路保护。三相电源从 L1、L2、L3 引入。2 区中 QS1 为机床的电源总开关；3 区中熔断器 FU1 既为机床电路的总短路保护，又为冷却泵电动机 M1、主轴电动机 M2 的短路保护；6 区中熔断器 FU2 为摇臂升降电动机 M3 及液压泵电动机 M4 的短路保护；5 区中 W 为汇流排，由电刷和集电环构成，它作为主轴电动机 M2、摇臂升降电动机 M3、液压泵电动机 M4 及后继电路电源的引入元件。

（2）冷却泵电动机 M1 主电路。冷却泵电动机 M1 主电路很简单，由转换开关 QS2 控制其电源的通断。将 QS2 扳到接通位置，冷却泵电动机 M1 则通电启动运转；将 QS2 扳到断开位置，冷却泵电动机 M1 则断电停转。

（3）主轴电动机 M2 主电路。主轴电动机 M2 主电路位处 5 区，它为一个"单向运转型主电路"，由接触器 KM1 控制主轴电动机 M2 电源的通断；热继电器 FR 的热元件为主轴电动机 M2 的过载保护元件。

（4）摇臂升降电动机 M3 主电路。摇臂升降电动机 M3 主电路位处 7 区和 8 区，它是一个"正、反转型单元电路"，由接触器 KM2 控制其正转电源的通断，接触器 KM3 控制其反转电源的通断。

（5）液压泵电动机 M4 主电路。液压泵电动机 M4 主电路位处 9 区和 10 区，它也是一个"正、反转型单元电路"，由接触器 KM4 控制液压泵电动机 M4 正转电源的通断，接触器 KM5 控制液压泵电动机 M4 反转电源的通断。

2.4.2　Z35 型摇臂钻床控制电路分析

Z35 型摇臂钻床控制电路位处 11～18 区。合上电源总开关 QS1，380 V 交流电压经过电源总开关 QS1、熔断器 FU1、汇流排 W、熔断器 FU2 加在变压器 TC 一次绕组上，经降压后输出 127 V 交流电压作为控制电路中的电源，输出 36 V 交流电压作为机床的照明电源。在 Z35 型立式摇臂钻床控制电路中，SA1 为十字转换开关，它有四对触头：SA1 - 1、SA1 - 2、SA1 - 3、SA1 - 4。控制电路电源的接通、主轴电动机 M2 的启动、摇臂的上升和下降控制都是由十字转换开关 SA1 控制的，它分"左"、"右"、"上"、"下"、"中间"五个挡。当 SA1 扳至"左"挡时，SA1 在 13 区中 5 号线与 7 号线间的触头 SA1 - 1 接通，其他触头断开；当 SA1 扳至"右"挡时，SA1 在 14 区中 7 号线与 9 号线间的触头 SA1 - 2 接通，其他触头断开；当 SA1 扳至"上"挡时，SA1 在 15 区中 7 号线与 11 号线间的触头 SA1 - 3 接通，其他触头断开；当 SA1 扳至"下"挡时，SA1 在 16 区中 7 号线与 17 号线间的触头 SA1 - 4 接通，其他触头断开；当 SA1 扳至"中间"挡时，SA1 的所有触头全部断开。也就是说，在同一时刻十字转换开关

SA1 只能一对触头闭合，这样就保证了机床在主轴电动机 M2 的运转时，摇臂不能上升或下降；而当摇臂在上升或下降时，主轴电动机 M2 不能启动运转。

(1) 欠电压保护电路。欠电压保护电路由 13 区中的电路元件构成，它的主要作用是当机床在运行过程中如果突然停电或因某种原因致使电源电压降低，机床不能正常运行时，切断机床控制电路的电源，从而起到保护机床电路的目的。

具体控制如下：将十字转换开关 SA1 扳到"左"挡，十字开关 SA1 在 5 号线与 13 号线间的触头 SA1-1 闭合，其他触头断开，接通欠电压继电器 KUV 线圈的电源，欠电压继电器 KUV 通电闭合，欠电压继电器 KUV 在 5 号线与 7 号线间的触头闭合，接通控制电路的电源并自锁，此时控制电路方可启动运行。

在欠电压保护电路中，如果将十字开关 SA1 扳至"左"挡，欠电压继电器 KUV 线圈未得电闭合（此时所有电动机都不能启动运转），则应考虑熔断器 FU3 是否断路，热继电器 FR 在 13 区中 3 号线与 5 号线间的常闭触头是否接触不良等。

(2) 主轴电动机 M2 控制电路。主轴电动机 M2 带动主轴对工件进行钻孔加工，主轴电动机 M2 的控制电路很简单。当将十字转换开关 SA1 扳到"左"挡，欠电压继电器 KUV 通电闭合接通控制电路的电源后，再将十字开关 SA1 扳至"右"挡，十字开关 SA1 在 14 区中 7 号线与 9 号线间的触头 SA1-2 闭合，其他触头断开，接通接触器 KM1 线圈电源，接触器 KM1 线圈得电，这时在 5 区中的主触头闭合，接通主轴电动机 M2 的电源，主轴电动机 M2 启动运转。将十字开关 SA1 扳至"中间"位置时，接触器 KM1 线圈断电释放，主轴电动机 M2 停转。

(3) 摇臂升降电动机 M3 控制电路。摇臂升降电动机 M3 可正、反转，它带动摇臂的上升及下降，摇臂升降电动机 M3 的控制电路位处 15 区和 16 区。在 15 区和 16 区中，行程开关 ST1 在 11 号线与 13 号线间的常闭触头为摇臂上升时的上限位行程开关；行程开关 ST4 在 7 号线与 19 号线间的常开触头为摇臂上升完毕后的夹紧行程开关；行程开关 ST2 在 17 号线与 19 号线间的常闭触头为摇臂下降时的下限位行程开关；行程开关 ST3 在 7 号线与 13 号线间的常开触头为摇臂下降完毕后的夹紧行程开关；接触器 KM2 在 19 号线与 21 号线间的常闭触头及接触器 KM3 在 13 号线与 15 号线间的常闭触头为摇臂升降电动机 M3 的正、反转联锁触头。

如需要摇臂上升时，当欠电压继电器 KUV 通电闭合接通控制电路的电源后，将十字开关 SA1 扳至"上"挡，十字开关 SA1 在 15 区中 7 号线与 11 号线间的触头 SA1-3 闭合，接通接触器 KM2 线圈的电源，接触器 KM2 得电并且主触头闭合，摇臂升降电动机 M3 启动正向运转，接触器 KM2 在 16 区中 19 号线与 21 号线间的辅助常闭触头断开，使接触器 KM3 在摇臂升降电动机正转运行时不能得电，实现接触器 KM2 与接触器 KM3 的正、反转联锁控制。但由于机械构造方面的原因，摇臂升降电动机 M3 暂时不能立即带动摇臂上升，而是先将夹紧的摇臂松开。在松开摇臂的同时，又将机械装置按下行程开关 ST4，使行程开关 ST4 在 7 号线与 19 号线间的常开触头闭合，为摇臂上升完毕后摇臂升降电动机 M3 反转夹紧摇臂做好准备。摇臂夹紧装置放松后，又通过机械齿轮装置的啮合，摇臂升降电动机 M3 带动摇臂开始上升。当上升到一定高度时，将十字转换开关 SA1 扳至"中间"挡位置，接触器 KM2 线圈断电释放，其在 7 区的主触头断开，切断摇臂升降电动机 M3 的正转电源，摇臂升降电动机 M3 停止正转。同时，16 区中接触器 KM2 在 19 号线与 21 号线间的辅助常闭触头复位闭合，由于行程开关 ST4 此时是闭合的，所以接触器 KM3 线圈得电，接触器 KM3 在 8 区中的主触头闭合接通摇臂升降电动机 M3 的反转电源，摇臂升降电动机 M3 方向启动运转，带动机械装置对摇臂进行夹紧。当摇臂夹紧后，机械装置松开按下的行程开关 ST4，使行程开关 ST4 在 7 号线与 19 号线间的常开触头复位断开，切断接触器 KM3 线圈的电源，于是接触器 KM3 断电释放，摇臂升降电动机 M3 停止反转，完成摇臂的上升控制过程。

摇臂如果在上升过程中上升高度超过上限位的行程，就会撞击行程开关 ST1，行程开关 ST1 在 11 号线与 13 号线间的常闭触头断开，切断接触器 KM2 线圈的电源，接触器 KM2 断电释放，其在 7 区的主触头断开，切断摇臂升降电动机 M3 的正转电源，摇臂停止上升。

当需要摇臂下降时，将十字转换开关 SA1 扳至"下"挡位置，其控制过程与摇臂上升过程相同。

在摇臂升降电动机 M3 的控制电路中，如果将十字开关 SA1 扳至"上"挡位置，摇臂不能上升，除了考虑摇臂电动机 M3 故障因素外，应重点考虑 15 区行程开关 ST1 在 11 号线与 13 号线间的常闭触头闭合是否良好，接触器 KM3 在 13 号线与 15 号线间的常闭触头闭合是否良好。如果将十字开关 SA1 扳至"下"挡位置，摇臂不能下降，应重点考虑 16 区行程开关 ST2 在 17 号线与 19 号线间的常闭触头闭合是否良好，接触器 KM2 在 19 号线与 21 号线间的常闭触头闭合是否良好。如果摇臂在上升到位后不能夹紧，则重点考虑行程开关 ST4 在摇臂松开压下时是否闭合良好；如果摇臂在下降到位后不能夹紧，则重点考虑行程开关 ST3 在摇臂松开压下时是否闭合良好。

（4）液压泵电动机 M4 控制电路。液压泵电动机 M4 主要担任机床立柱与外筒的夹紧与放松的任务。机床在工作过程中，立柱是夹紧在外筒上的，而机床在加工过程中，需要作水平的横向移动，必须先松开立柱，然后移动摇臂，再夹紧立柱。立柱的夹紧与放松是通过液压泵电动机 M4 的正、反向运转向夹紧放松装置提供正反向液压油实现的。

液压泵电动机 M4 的控制电路位处图中 17 区与 18 区，其中 17 区中的电路为液压泵电动机 M4 的正转控制电路，也就是立柱夹紧控制电路；18 区中的电路为液压泵电动机 M4 的反转控制电路，也就是立柱放松控制电路。在 17 区与 18 区的电路中，其中按钮 SB1 为立柱放松按钮，按钮 SB2 为立柱夹紧按钮。接触器 KM4 在 31 号线与 33 号线间的常闭触头及接触器 KM5 在 25 号线与 27 号线间的常闭触头为液压泵电动机 M4 的正、反转联锁触头。

具体控制为：当需要立柱放松时，按下立柱放松按钮 SB1，接触器 KM4 通电闭合，其在 9 区的主触头接通液压泵电动机 M4 的正转电源，于是液压泵电动机 M4 正向转动，带动液压泵供给机床正向液压油。正向液压油通过液压阀进入机械放松夹紧驱动液压缸，使机械装置动作，对立柱进行放松。松开立柱放松按钮 SB1，接触器 KM4 断电释放，其主触头切断液压泵电动机 M4 的正转电源，液压泵电动机 M4 停止正转，完成立柱放松控制过程。调整摇臂位置后，按下立柱夹紧按钮 SB2，接触器 KM5 通电闭合，其在 10 区的主触头接通液压泵电动机 M4 的反转电源，于是液压泵电动机 M4 反向转动，带动液压泵供给机床反向液压油。方向液压油通过液压阀进入机械放松夹紧驱动液压缸，使机械装置动作，对立柱进行夹紧。松开立柱夹紧按钮 SB2，接触器 KM5 断电释放，其主触头切断液压泵电动机 M4 的反转电源，液压泵电动机 M4 停止反转，完成立柱的夹紧控制过程。

在液压泵电动机 M4 的控制电路中，如果液压泵电动机 M4 不能正向启动运转，则重点考虑 17 区中按钮 SB2 在 23 号线与 25 号线间常闭触头是否接触不良，接触器 KM5 在 25 号线与 27 号线间的常闭触头是否接触不良。如果液压泵电动机 M4 不能反向启动运转，则重点考虑 18 区中按钮 SB1 在 7 号线与 29 号线间常闭触头是否接触不良，接触器 KM4 在 31 号线与 33 号线间的常闭触头是否接触不良等。

（5）冷却泵电动机 M1 的控制。冷却泵电动机 M1 由 4 区的转换开关 QS2 控制其电源的通断。

（6）Z35 型摇臂钻床照明电路。从变压器 TC 输出的 36 V 交流电压，经过熔断器 FU4 及单极开关 SA2 加在机床工作照明灯 EL 上。单极开关 SA2 为机床工作照明灯 EL 的电源开关。

习　　题

1. 画出下列电气原理图的接线图及元件布置图。

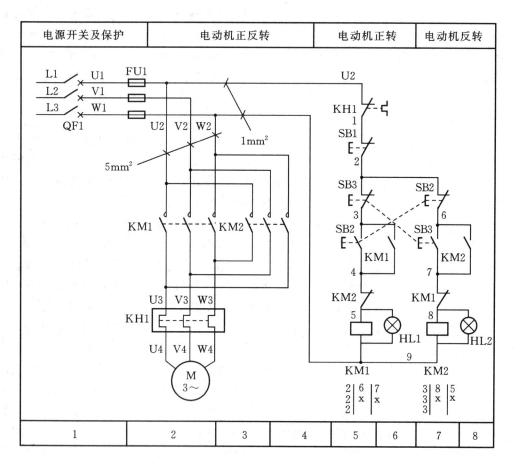

2. 绘制电气原理图时应注意哪些问题？

3. 简述阅读电气原理图的一般步骤。

4. 电气元件布置时应注意哪些事项？

第 3 章　基本控制线路

3.1　引例：CA6140 电气原理图

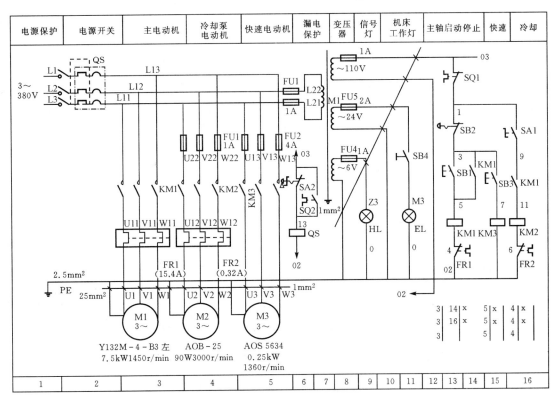

图 3-1　普通车床 CA6140 电气原理图

继电器-接触器控制线路由继电器、接触器、按钮、行程开关和保护元件等器件，用导线按一定的次序和组合方式连接组成，可实现对电动机的启动、调速、反转和制动等运行性能的控制及对电力拖动系统的保护，从而实现生产加工自动化。各种生产机械的加工对象和工艺过程要求不同，控制线路就不同，在第 2 章我们学会了如何去识读、绘制电气控制原理图，本章我们将重点讨论电气原理图的基本控制电路。对于初学者来说，刚拿到一张图纸可能感觉无从入手，但无论是简单的还是复杂的控制线路，都是由一些基本控制线路按照需要组合而成。因此，掌握这些基本控制线路的控制原理及其特点，具有重要的实际意义和应用价值。

上图引例中主电动机是利用自锁环节实现长动连续运行控制，冷却泵电动机则是利用转换开关实现连续运行控制，而快速电动机则是点动控制，三台电动机的控制电路是完全不一样的，因而实现的控制功能也不一样。

3.2 知识点链接

电气控制线路可分为连锁控制电路和变化参量控制电路。

（1）连锁控制电路。凡是生产线上某些环节或一台设备的某些部件之间具有互相制约或互相配合的控制，均称为连锁控制。实现连锁控制的基本方法是采用反映某一运动的连锁触点控制另一运动的相应电气元件，从而达到连锁工作的要求。连锁控制的关键是正确选择连锁触点，常见的电路有自锁控制电路、互锁控制电路、顺序控制电路等。

（2）变化参量控制电路。任何一个生产过程的进行，总伴随着一系列的参数变化，如机械位移、温度、速度、电流等。原则上说，只要能检测出这些物理量，便可用它来对生产过程进行自动控制。对电气控制来说，只要选定某些能反映生产过程中的参数变化的电气元件，如各种继电器和行程开关等，由它们来控制接触器或其他执行元件，实现电路的转换或机械动作，就能对生产过程进行控制，此即按控制过程中变化参量进行控制。常见的有按时间变化、转速变化和位置变化参量进行控制的电路，分别称为时间、速度和位置原则的自动控制电路。这些控制电路一般要使用具有相应功能的电气元件才能实现，如按时间变化进行控制一般要使用时间继电器。本节先学习一些典型控制电路，再学习其他常用控制电路。

3.2.1 典型基本控制线路

1. 点动与长动

所谓点动，即按下启动按钮时电动机转动，松开按钮时电动机立即停止工作。而按下启动按钮电动机启动，松开按钮电动机能保持原有的工作状态持续工作，则称为长动。长动与点动的区别在于，控制电路中启动按钮两端是否有自锁环节，有即为长动，没有即为点动。在实际生产中，有些机械设备常要求既有长动控制，又有用于调整、试车或控制移动部件快速移动的点动控制。具有点动与长动控制功能的电路如图 3-2 所示。

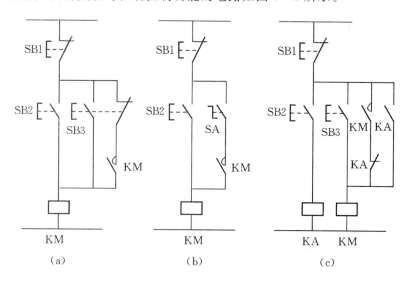

图 3-2 具有点动与长动控制功能的电路

图 3-2(a)所示是用复合按钮 SB3 实现点动控制，SB2 实现长动控制，这样可实现点动与长动的直接切换。图 3-2(b)所示是用转换开关 SA 来选择点动或长动控制，当需要点动时，将转换开关 SA 打开，按下启动按钮 SB2，即可实现点动控制；当需长动时，将转换开关 SA 闭合，按下启动按钮 SB2，即可实现长动控制，图中转换开关 SA 应在停机状态下进行切换。图 3-2(c)所示采用中间继电器来实现点动或长动控制，按下按钮 SB2 实现点动控制，按下按钮 SB3 实现长动控制。

例：图 3-3 所示为三相笼型异步电动机接触器控制连续与点动混合正转控制线路。它是一个既可以连续运行又可点动运行的控制线路。

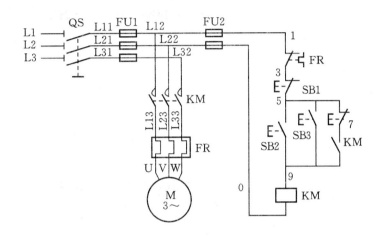

图 3-3　接触器控制连续与点动混合正转控制线路

该图主电路由刀开关 QS、熔断器 FU1、接触器 KM 的主触点、热继电器 FR 的热元件和电动机 M 构成。控制线路由热继电器 FR 的常闭触点、停止按钮 SB1、连续运行启动按钮 SB2、点动启动按钮 SB3、接触器 KM 常开触点以及它的线圈组成。这是电动机控制中最基本的控制线路。

启动时，合上刀开关 QS，主电路引入三相电源。按下点动启动按钮（复合按钮）SB3，其常闭触点断开，常开触点闭合，接触器 KM 线圈通电，其常开主触点闭合，电动机接通电源开始全压启动运行，同时接触器 KM 的辅助常开触点闭合，但由于 SB3 的常闭触点已断开，因此接触器 KM 辅助常开闭合不起作用，电源只能经过 SB3 的常开触点使接触器 KM 线圈维持通电。当松开按钮 SB3 时，SB3 复位，其常开触点断开，接触器 KM 线圈断电，KM 主触点复位断开，电动机断电停止运行，电动机的运行状态为点动运行状态。当按下连续启动按钮 SB2，接触器 KM 线圈通电，其常开主触点闭合，电动机接通电源开始全压启动运行，同时接触器 KM 的辅助常开触点闭合，使接触器 KM 线圈有两条通电路径。这样当松开启动按钮 SB2 后，接触器 KM 线圈仍能通过其辅助触点通电并保持吸合状态，电动机的运行状态为连续运行状态。这种依靠接触器本身辅助触点使其线圈保持通电的现象称为自锁。起自锁作用的触点称为自锁触点。

要使电动机停止运转，按停止按钮 SB1，接触器 KM 线圈失电，则其主触点断开。切断电动机三相电源，电动机 M 自动停止，同时接触器 KM 自锁触点也断开，控制回路解除自锁。松开停止按钮 SB1，控制电路又回到启动前的状态。

2. 自锁与互锁

在控制电气线路中若要保证电气长久工作，则需要加入自锁电路。如图 3-4 电路所示，图中 KM 接触器依靠自身辅助常开触点的闭合使其线圈保持连续得电，从而使电动机连续运行。

在电气控制线路中若要可靠保证两个或两个以上的接触器不能同时工作，则需要在控制电路中加入互锁电路。

（1）正反转控制电路。

由电动机原理可知，三相异步电动机的三相电源进线中任意两相对调，电动机即可反向运转。因此可借助正、反向接触器改变定子绕组相序来实现正、反向工作，其线路如图 3-4 所示。

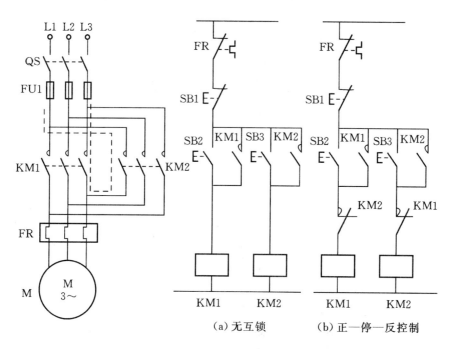

图 3-4　正反向工作的控制线路

采用图 3-4(a)所示线路，当同时按下正、反向启动按钮 SB2 和 SB3 时，KM1、KM2 同时得电，将造成短路故障，如图中主电路虚线所示，因此正、反向间需要有一种联锁关系，确保两个接触器不能同时得电，这种联锁关系称为互锁。通常采用图 3-4(b)所示的电路，将其中一个接触器的常闭触点串入到另一个接触器线圈得电支路中，若任何一个接触器线圈先得电后，即使按下相反方向的启动按钮，另一接触器也无法得电，即两者之间存在相互制约的关系。图 3-4(b)所示的电路要实现反转运行，必须先停止正转运行，再按反向启动按钮才行，反之亦然。这种利用接触器辅助常闭触点实现的互锁电路也称电气互锁，这种电路称为"正—停—反"控制线路。

（2）优先控制电路。

优先控制电路也是一种互锁控制电路，通常分为先动作优先和后动作优先。

先动作优先控制电路的工作状态是：无论哪一台设备先动作，其他设备则不能动作，即先动作优先。如图 3-5(a)所示,若首先按下 SB1,KM1 线圈得电并自锁,KM1 的动合触点闭合,使中间继电器 KA 线圈得电,KA 的动断触点断开 KM2、KM3 的线圈电路,因而在 KM1 未断电之前,KM2、KM3 的接触器都不能工作。先动作优先控制是通过切断的启动电路实现的。

后动作优先控制电路的工作状态是:多台设备中的任一台工作,前面所有已动作的设备自动停止工作,即后动作优先。如图 3-5(b)所示,若先按下 SB1,KM1 线圈得电并自锁;若再按下 SB2,则 KM2 线圈得电并自锁,KM2 的动断触点断开,使 KM1 断电。

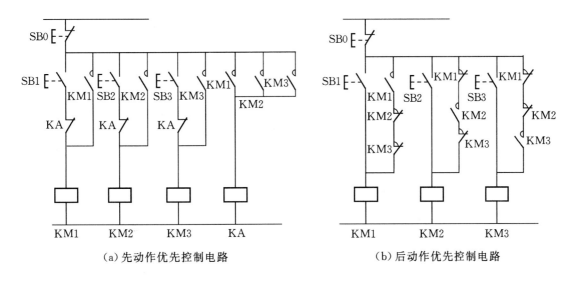

（a）先动作优先控制电路　　　　　　　（b）后动作优先控制电路

图 3-5　优先控制电路

[实例 1]　电动机双重联锁控制电路。

(1)任务描述。生产机械常常要求具有上下、左右、前后等相反方向的运动,如普通车床主轴的正转与反转、铣床工作台的前进与后退、摇臂钻床摇臂的上升与下降,都要求提供动力的电动机能够实现正反转运行控制,并具有良好的互锁要求,有的机械设备为了进行调试或运动位置的局部调整,则还需要点动控制要求。

(2)电路分析。图 3-6 所示电路是具有单向点动、可逆控制、双重联锁、后启动优先功能的控制电路。这种利用启动按钮的常闭触头来实现的互锁称为机械互锁,利用接触器的常闭触点实现的互锁称为电气互锁。该控制电路中既有电气互锁又有机械互锁,因此该电路称为双重联锁控制电路。

图中 SB1 为停止按钮;SB2 为正转启动按钮;SB3 为反转启动按钮;SB4 为正转点动按钮;KM1 为电动机正转接触器;KM2 为反转接触器;FR 为电动机过载保护热继电器。按下按钮 SB4,其常开触点闭合,使接触器 KM1 线圈得电,主触点闭合,电动机运行,同时其常闭触点断开,切断 KM1 的自锁支路松开按钮 SB4,电动机断电停止,电动机实现点动,机械设备可作点动调整。按下按钮 SB2,使接触器 KM1 线圈得电,主触点闭合,电动机运行,同时 KM1 辅助常开触点闭合,实现自锁,电动机连续运转;当其需要停止时只要按下停止按钮 SB1 即可。若电路需要反转,只需要按下按钮 SB3,其常闭触点断开,切断 KM1 线圈支路,

KM1 断电，同时 SB3 的常开触点闭合，使 KM2 线圈得电，电动机实现反转。因此该电路可以实现不按停止按钮，直接按反向按钮就能使电动机反向工作。电动机不管在正转还是在反转过程中，只要发生过载现象，热继电器 FR 则会动作，其常闭触点断开，切断控制回路电源，使接触器线圈断电，接触器主触点复位；断开电动机三相电源，使电动机停止运行，保护电动机不在过载下运行。

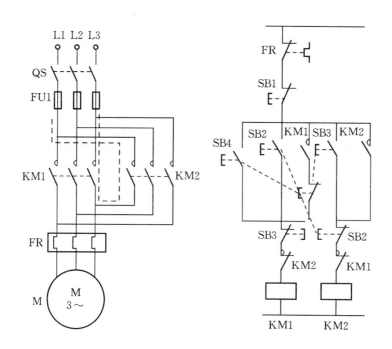

图 3-6　电动机双重联锁控制电路

3. 顺序控制

为满足工艺流程的要求，保证设备运行的可靠与安全，在一个控制系统中多台设备要按一定的顺序工作，这种控制电路称为顺序控制电路。例如，铣床的主轴旋转后工作台方可移动，某些机床主轴运转必须在液压泵工作后才能工作，等等。

图 3-7 所示是三台设备顺序工作的控制电路，图中 KM1、KM2、KM3 分别为控制三台设备电动机 M1、M2、M3 启动用接触器。按下 SB2，KM1 得电，M1 启动；接着按下 SB4，KM2 才能得电，M2 才能启动；最后按下 SB6，KM3 最后得电，M3 最后启动。M1、M2、M3 的工作顺序不能颠倒。

图 3-7(a)所示是利用辅助触点进行顺序控制，KM1 的辅助动合触点作为控制条件串联在 KM2 的线圈电路中，只有当 KM1 线圈得电后，该辅助动合触点闭合，KM2 线圈方可允许得电。同样，只有当 KM1 线圈、KM2 线圈都得电后，KM3 线圈方可允许得电。

图 3-7(b)所示是利用电源进行顺序控制，KM2 线圈电路在 KM1 线圈电路启、停控制环节之后接出，当按下按钮 SB2，KM1 线圈得电，其辅助动合触点闭合自锁，使 KM2 线圈电源接入，按下 SB4、SB3 方可控制 KM2 线圈的通电、断电。同样，在 KM2 得电后，按下 SB6、SB5 方可控制 KM3 线圈的通电、断电。

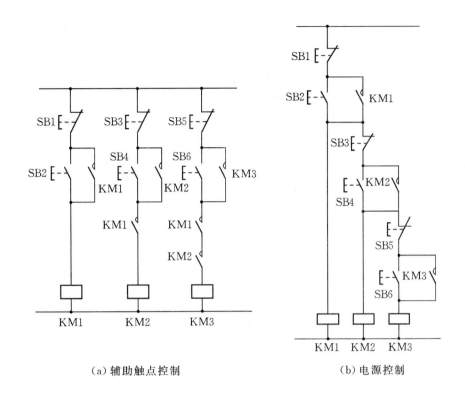

（a）辅助触点控制　　　　　　　（b）电源控制

图 3-7　顺序控制电路

3.2.2　位置控制

在生产实践中，有些生产机械的工作台需要自动往复运动，如龙门刨床、导轨磨床等。图 3-8 所示为最基本的自动往复循环控制线路，它是利用行程开关实现往复运动控制的，通常称为位置控制或行程控制。限位开关 SQ1 放在左端需要反向的位置，而 SQ2 放在右端需要反向的位置，机械挡铁要装在运动部件上。启动时利用正向或反向启动按钮，如按下正转按钮 SB2，KM1 通电吸合并自锁，电动机作正向旋转并带动工作台左移；当工作台移至左端并碰到 SQ1 时，将 SQ1 按下，其常闭触点断开，切断 KM1 接触器线圈电路；同时，使其常开触点闭合，接通反转接触器 KM2 线圈电路。此时电动机由正向旋转变为反向旋转，带动工作台向右移动，直到按下 SQ2 限位开关，电动机由反转变为正转，工作台向左移动。因此工作台实现自动的往复循环运动。

由上述控制情况可以看出，运动部件每经过一个自动往复循环，电动机要进行两次反接制动，则会出现较大的反接制动电流和机械冲击。因此，这种电路只适用于电动机容量较小、循环周期较长、电动机转轴具有足够的刚性的拖动系统中。另外，在选择接触器容量时应比一般情况下选择的容量大一些。

除了利用限位开关实现往复循环之外，还可以做位保护，图 3-7 所示的 SQ3、SQ4 分别为左、右超限位保护用的行程开关。机械式的行程开关容易损坏，现在多用接近开关或光电开关来取代行程开关实现行程控制。

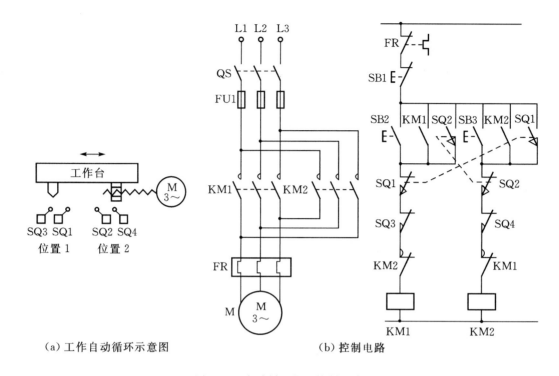

（a）工作自动循环示意图　　　　　　　　（b）控制电路

图 3-8　自动循环往返控制电路

3.2.3　时间控制

在电气控制电路中有时需要通过时间继电器来进行对电路的切换，如降压启动控制电路、能耗制动控制电路。

1. 降压启动控制电路

较大容量的笼型异步电动机(大于 10 kW)直接启动时，电流为其标称额定电流的 4～8 倍，启动电流较大，会对电网产生巨大冲击，所以一般都采用降压方式来启动。即启动时降低加在电动机定子绕组上的电压，启动后再将电压恢复到额定值，使之在正常电压下运行。因电枢电流和电压成正比，所以降低电压可以减小启动电流，防止在电路中产生过大的电压降，以减少对线路电压的影响。

降压启动方式有定子电路串电阻(或电抗)、星形-三角形、自耦变压器、延边三角形和使用软启动器等多种。这里介绍星形-三角形和自耦变压器降压启动原理。

［实例 2］　星形-三角形降压启动控制线路。

(1) 任务描述。正常运行时定子绕组接成三角形的笼型异步电动机，在轻载或空载下启动时，可采用星形-三角形降压启动来限制启动电流。启动时将电动机定子绕组接成星形，加到电动机的每相绕组上的电压为额定值的 $1/\sqrt{3}$，从而减小了启动电流对电网的影响。当转速接近额定转速时，定子绕组改接成三角形，使电动机在额定电压下正常运转。图 3-9(a)所示为星形-三角形转换绕组连接图。

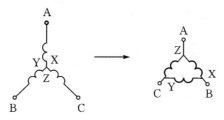

（a）星形-三角形转换绕组连接图

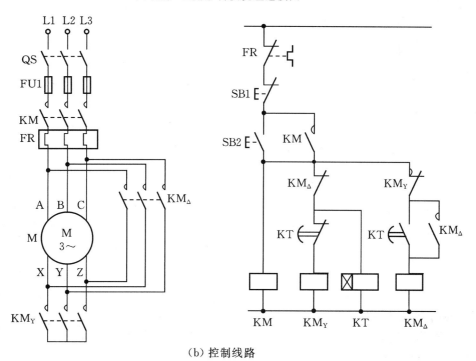

（b）控制线路

图 3-9　星形-三角形启动控制线路

　　（2）电路分析。图 3-9(b)所示为星形-三角形降压启动控制线路。这一线路的设计思想是按时间原则控制启动过程，待启动结束后按预先整定的时间换接成三角形接法。

　　当启动电动机时，合上刀闸开关 QS，按下启动按钮 SB2，接触器 KM、KM_Y 与时间继电器 KT 的线圈同时得电，接触器 KM_Y 的主触点将电动机接成星形并经过 KM 的主触点接至电源，电动机降压启动。当 KT 的延时时间一到，KM_Y 线圈失电，$KM_\triangle$ 线圈得电，电动机主回路接成三角形接法，电动机投入正常运转。

　　星形-三角形启动的优点是：星形启动电流只是原来三角形接法直接启动时的 $1/\sqrt{3}$，启动电流约为电动机额定电流的 2 倍左右，启动电流特性好、结构简单、价格低。缺点是：启动转矩也相应下降为原来三角形的直接启动时的 1/3，转矩特性差。因而本线路适用于电动机空载或轻载启动的场合。

　　工程上通常还可采用星形-三角形启动器来替代上述电路，其启动与上述原理相同，如 TE 公司的 LO-D 系列产品。

[实例 3] 自耦变压器降压启动控制线路。

(1)任务描述。自耦变压器降压启动控制，电动机启动电流的限制是靠自耦变压器降压来实现，线路的设计采用时间继电器完成电动机由启动到正常运行的自动切换。即启动时串入自耦变压器，启动结束时自动将其切除。

(2)电路分析。定子串自耦变压器降压启动的控制线路如图 3-10 所示。

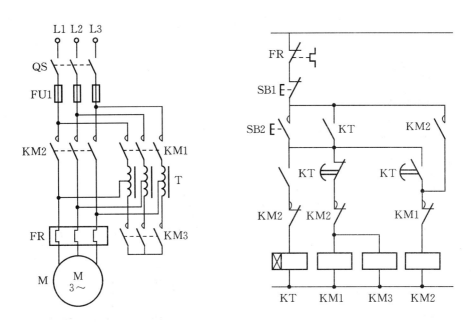

图 3-10 定子串自耦变压器降压启动控制线路

当启动电动机时，合上刀开关 QS，按下启动按钮 SB2，接触器 KM1、KM3 与时间继电器 KT 的线圈同时得电，KM1、KM3 主触点闭合，电动机定子绕组经自耦变压器接至电源降压启动。当时间继电器 KT 延时时间一到，一方面其常闭的延时触点打开，KM1、KM3 线圈失电，KM1、KM3 主触点断开，将自耦变压器切除；同时，KT 的常开延时触点闭合，接触器线圈 KM2 得电，KM2 主触点闭合，电动机投入正常运转。

串联自耦变压器启动的优点是：启动时对电网的电流冲击小，功率损耗小。缺点是：自耦变压器相对结构复杂，价格较高。这种方式主要用于较大容量的电动机，以减小启动电流对电网的影响。

2. 能耗制动控制线路

所谓能耗制动，就是在电动机脱离三相交流电源之后，定子绕组上加一个直流电压，即通入直流电流，利用转子感应电流与静止磁场的作用以达到制动的目的。根据能耗制动的时间控制原则，可用时间继电器进行控制。

(1)电动机单向能耗制动控制电路。

电动机单向能耗制动控制电路如图 3-11 所示。图中合上组合开关 QS，按下按钮 SB2，接触器 KM1 线圈得电，其主触点闭合，三相电源通过 KM1 主触点接到电动机绕组上，电动机启动，同时 KM1 的辅助常闭触点断开，切断接触器 KM2 线圈之路，实现互锁；KM1 辅助常开触点闭合，实现自锁，保证电动机连续运行。当电动机需要停止时，按下按钮 SB1，首先其常闭触点断开，切断接触器 KM1 的得电之路，使 KM1 线圈失电，则 KM1 接触器的所有触点复位，主触点断开切断三相电源。同时 SB1 的常开触点闭合，时间继电器 KT 线圈得电，开始延时，KM1 辅助常闭触点复位闭合，使接触器 KM2 线圈得电，则 KM2 主触点闭合，接通制动回路电源，给电动机绕组提供直流电源，KT、KM2 的辅助常开触点闭合，形成自锁回路，保证连续制动。当 KT 延时时间一到，其通电延时断开常闭触点，切断 KM2 线圈之路，KM2 失电，其触点复位，能耗制动结束。图中 KT 的瞬时常开触点的作用是为了当出现 KT 线圈断线或机械卡住故障时，电动机在按下按钮 SB1 后仍能迅速制动，两相定子绕组不会长期接入能耗制动的直流电流。所以，在 KT 发生故障后，该线路具有手动控制能耗制动的能力，即只要使停止按钮处于按下的状态，电动机就能实现能耗制动。

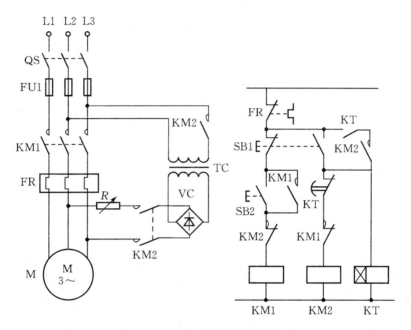

图 3-11　电动机单向能耗制动电路

（2）电动机可逆运行能耗制动控制线路。

[实例 4]　电动机可逆运行能耗制动控制线路。

① 任务描述。电动机的可逆运行能耗制动是指电动机不管是正转还是反转，在停止时都需要有能耗制动过程，且制动时间的长短由时间继电器的延时时间决定。

② 电路分析。图 3-12 所示为电动机按时间原则控制的可逆运行的能耗制动控制线路。在其正常的正向运转过程中，需要停止时，可按下停止按钮 SB1，使 KM1 断电 KM3 和 KT 线圈通电并自锁。KM3 常闭触点断开，起着锁住电动机启动电路的作用；KM3 常开触点闭合，使直流电压加至定子绕组，电动机进行正向能耗制动。电动机正向转速迅速下降，当其接近于零时，时间继电器延时打开的常闭触点 KT 断开接触器 KM3 线圈电源。由于 KM3 常开辅助触点的复位，时间继电器 KT 线圈也随之失电，电动机正向能耗制动结束。反向启动与反向能耗制动其过程与上述正向情况相同。

按时间原则控制的能耗制动，其制动效果与时间继电器的延时时间有很大的关系，故一般适用于负载转速比较稳定的生产机械上。对于那些能够通过传动系统来实现负载速度变换或者加工零件经常变动的生产机械来说，采用速度原则控制的能耗制动则较为合适。

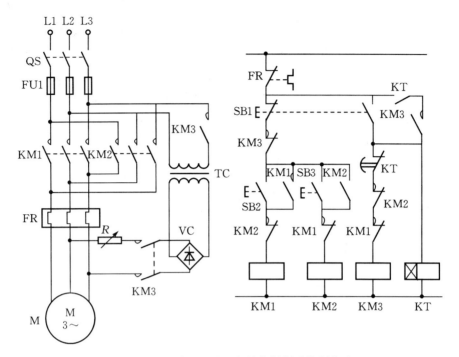

图 3-12 电动机可逆运行的能耗制动控制线路

3.2.4 速度控制

反接制动是利用改变电动机电源的相序，使定子绕组产生相反方向的旋转磁场，因而产生制动转矩的一种制动方法。

由于反接制动时，转子与旋转磁场的相对速度接近于两倍的同步转速，所以定子绕组流过的反接制动电流相当于全电压直接启动时电流的两倍，因此反接制动特点之一是制动迅速、效果好，但冲击大，通常仅适用于 10 kW 以下的小容量电动机。为了减小冲击电流，通常要求串接一定的电阻以限制反接制动电流，这个电阻称为反接制动电阻。反接制动电阻的接线方法有对称和不对称两种接法，显然采用对称电阻接法可以在限制制动转矩的同时，也限制了制动电流，而采用不对称电阻的接法，只限制了制动转矩，未加制动电阻的那一相，仍具有较大的电流，因此一般采用对称接法。反接制动的另一要求是在电动机转速接近于零时，要及时切断反相序的电源，以防止电动机反向再启动。

（1）电动机单向运行反接制动控制线路。反接制动的关键在于电动机电源相序的改变，且当转速下降到接近于零时，能自动将电源切断，为此采用速度继电器来检测电动机的速度变化。在 120～3000 r/min 范围内速度继电器触点动作，当转速低于 100 r/min 时，其触点恢复原位。

图 3-13 所示为带制动电阻的单向反接制动的控制线路。启动时，按下启动按钮 SB2，接触器 KM1 线圈通电并自锁，电动机 M 通电旋转。在电动机正常运转时，速度继电器 KS 的常开触点闭合，为反接制动做好了准备。停车时，按下停止按钮 SB1，其常闭触点断开，接触器 KM1 线圈断电，电动机 M 脱离电源。由于此时电动机的惯性转速还很高，KS 的常开触

点仍然处于闭合状态,所以当 SB1 常开触点闭合时,反接制动接触器 KM2 线圈通电并自锁,其主触点闭合,使电动机定子绕组得到与正常运转相序相反的三相交流电源,电动机进入反接制动状态,于是电动机转速迅速下降。当电动机转速低于速度继电器动作值时,速度继电器常开触点复位,接触器 KM2 线圈电路被切断,反接制动结束。

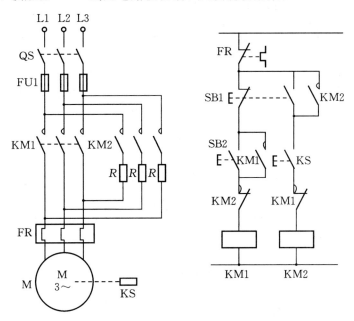

图 3 - 13　单向反接制动控制线路

(2)具有反接制动电阻的可逆运行反接制动控制线路。

[**实例 5**]　具有反接制动电阻的可逆运行反接制动控制线路。

① 任务描述。电动机的可逆运行反接制动是指电动机不管是正转还是反转,在停止时都需要有反接制动过程,且制动时间的长短由电动机的转速变化来决定。

② 电路分析。图 3 - 14 所示为具有反接制动电阻的可逆运行反接制动的控制线路。图中电阻 R 是反接制动电阻,同时也具有限制启动电流的作用。KS_1 和 KS_2 分别为速度继电器 KS 的正转和反转常开触点。该电路工作原理为:按下正转启动按钮 SB2,使中间继电器 KA3 线圈通电并自锁,其常闭触点打开,互锁中间继电器 KA4 线圈电路及 KA3 常开触点闭合,使接触器 KM1 线圈通电,KM1 主触点闭合使定子绕组经电阻 R 接通正序三相电源,电动机 M 开始降压启动。当电动机转速上升到一定值时,速度继电器的正转使常开触点 KS_1 闭合,使中间继电器 KA1 通电并自锁。这时由于 KA1、KA3 的常开触点闭合,接触器 KM3 线圈通电,于是电阻 R 被短接,定子绕组直接加以额定电压,则电动机转速上升到稳定工作转速。在电动机正常运转过程中,若按下停止按钮 SB1,则 KA3、KM1、KM3 三只线圈相继断电。由于此时电动机转子的惯性转速仍然很高,使速度继电器的正转常开触点 KS_1 尚未复原,中间继电器 KA1 仍处于工作状态,所以在接触器 KM1 常闭触点复位后,接触器 KM2 线圈便通电,其常开触点闭合,使定子绕组经电阻 R 获得反相序三相交流电源,对电动机进行反接制动,于是电动机转速迅速下降。当电动机转速低于速度继电器动作值时,速度继电器常开触点复位 KA1 线圈断电,接触器 KM2 释放,反接制动过程结束。

电动机反向启动和制动停止过程与正转时相同,故此处不再复述。

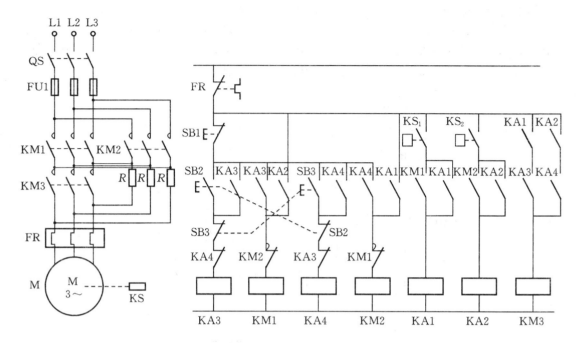

图 3-14　具有反接制动电阻的可逆运行反接制动的控制线路

3.2.5　控制电路的保护环节

1. 短路保护

当控制线路发生短路故障时,控制线路应能迅速切断电源,熔断器 FU1 是作为主电路短路保护用的,但它达不到过载保护的目的。这是因熔断器的规格是根据电动机的启动电流大小作适当选择的;另一方面熔断器的保护特性分散性很大,即使是同一种规格的熔断器,其特性曲线也往往很不相同。熔断器 FU2 为控制线路的短路保护。

2. 过载保护

过载保护由热继电器 FR 完成。一般来说,热继电器发热元件的额定电流按电动机额定电流来选取。由于热继电器热惯性很大,即使热元件流过几倍的额定电流,热继电器也不会立即动作,因此在电动机启动时间不长的情况下,热继电器是不会动作的。只有过载时间比较长时,热继电器才会动作,这时常闭触点 FR 断开,接触器 KM 线圈失电,主触点 KM 也断开主电路,电动机停止运转,实现了电动机的过载保护。

3. 欠压和失压保护

在电动机正常运行时,如果因为电源电压的消失而使电动机停转,那么在电源电压恢复时电动机就可能自行启动,而电动机的自启动可能会造成人身事故或设备事故。防止电源电压恢复时电动机自启动的保护也叫零电压保护。

在电动机正常运行时,电源电压过分降低会引起电动机转速下降和转矩降低,若负载转矩不变,使电流过大,则会造成电动机停转和损坏电机。由于电源电压过分降低可能会引起一些电器释放,造成电路不正常工作,可能会产生事故。因此需要在电源电压下降达到最小允许的电压值时将电动机电源切断,这样的保护称为欠电压保护。

图 3-1 所示电路中,依靠接触器本身实现欠压和失压保护。当电源电压低到一定程度或失电时,接触器 KM 的电磁吸力小于弹簧的反作用力,电磁机构会释放,主触点把主电源断开,则电动机停止运转。这时如果电源恢复,由于控制电路失去自锁,电动机不会自行启动。只有操作人员再次按下启动按钮 SB2,电动机才会重新启动。

3.3　引例解答

CA6140 型车床的电气原理图如图 3-1 所示,结构如图 3-15 所示。图 3-1 所示的 M1 为主轴及进给电动机,能拖动主轴和工件旋转,并通过进给机构实现车床的进给运动;M2 为冷却泵电动机,能拖动冷却泵输出冷却液;M3 为溜板快速移动电动机,能拖动溜板实现快速移动。

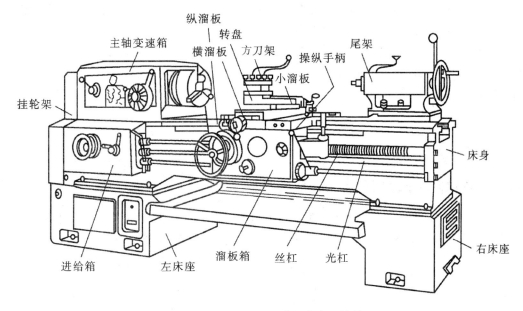

图 3-15　CA6140P 型普通车床的结构

1. 主轴及进给电动机 M1 的控制

由启动按钮 SB1、停止按钮 SB2 和接触器 KM1 构成电动机单向连续运转启动—停止电路。按下 SB1 线圈通电并自锁 M1 单向全压启动,通过摩擦离合器及传动机构拖动主轴正转或反转,以及刀架的直线进给。停止时,按下 SB2,KM1 断电 M1 自动停止。

2. 冷却泵电动机 M2 的控制

M2 的控制由 KM2 电路实现。主轴电动机启动之后,KM1 辅助触点(9-11)闭合,此时合上开关 SA1,于是 KM2 线圈通电,M2 全压启动。停止时,断开 SA1 或使主轴电动机 M1 停止,则 KM2 断电,使 M2 自由停止。

3. 快速移动电动机 M3 的控制

由按钮 SB3 来控制接触器 KM3,进而实现 M3 的点动。操作时,先将快、慢速进给手柄扳到所需移动方向，即可接通相关的传动机构，再按下 SB3，即可实现该方向的快速移动。

4. 保护环节

（1）电路电源开关是带有开关锁 SA2 的断路器 QS。机床接通电源时需用钥匙开关操作，再合上 QS，增加了安全性。当需合上电源时，先用开关钥匙插入 SA2 开关锁中并右旋，使 QS 线圈断电，再扳动断路器 QS 将其合上，则机床电源接通。若将开关锁 SA2 左旋，则触头 SA2(03-13)闭合，QS 线圈通电，断路器跳开，则机床断电。

（2）打开机床控制配电盘壁龛门，自动切除机床电源的保护。在配电盘壁龛门上装有安全行程开关 SQ，当打开配电盘壁龛门时，安全开关的触头 SQ2(03-13)闭合，使断路器线圈通电而自动跳闸，断开电源，以确保人身安全。

（3）机床床头皮带罩处设有安全开关 SQ1，当打开皮带罩时，安全开关触头 SQ1(03-1)断开，将接触器 KM1、KM2、KM3 线圈电路切断，电动机将全部停止旋转，确保了人身安全。

（4）为满足打开机床控制配电盘壁龛门进行带电检修的需要，可将 SQ2 安全开关传动杆拉出，使触头 SQ2 断开，此时 QS 线圈断电，QS 开关仍可合上。带电检修完毕，关上壁龛门后，将 SQ2 开关传动杆复位，SQ2 保护作用照常起作用。

（5）电动机 M1、M2 由 FU 热继电器 FR1、FR2 实现电动机长期过载保护；断路器 QS 实现电路的过流、欠压保护；熔断器 FU、FU1～FU6 实现各部分电路的短路保护。此外，还设有 EL 机床照明灯和 HL 信号灯进行刻度照明。

3.4　知 识 点 扩 展

3.4.1　M7130 型平面磨床电气控制线路

M7130 型平面磨床适应于加工各类机械零件的平面，且操作方便，磨削精度及光洁度较高。M7130 型平面磨床外形图如图 3-16 所示，电气控制线路原理图如图 3-17 所示。

图 3-16　平面磨床外形图

1. M7130 型平面磨床主电路

（1）M7130 型平面磨床主电路的划分。

从图 3-17 所示中很容易看出，电路图中 1～5 区为 M7130 型平面磨床主电路部分。其中，1、2 区为电源开关及保护电路；3 区为砂轮电动机 M1 主电路；4 区为冷却泵电动机 M2

主电路；5 区为液压泵电动机 M3 主电路。

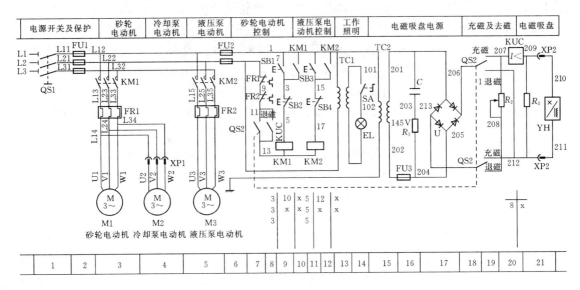

图 3-17　M7130 型平面磨床电气控制线路原理图

（2）M7130 型平面磨床主电路分析。

① 砂轮电动机 M1 主电路。砂轮电动机 M1 主电路位处 3 区，它是一个典型的"单向运转单元主电路"，由接触器 KM1 主触头控制砂轮电动机 M1 电源的通断，热继电器 FR1 为它的过载保护。

② 冷却泵电动机 M2 主电路。冷却泵电动机 M2 主电路位处 4 区，实际上它是受控于接触器 KM1 的主触头，所以只有当接触器 KM1 闭合，砂轮电动机 M1 启动运转后，冷却泵电动机 M2 才能启动运转。XP1 为冷却泵电动机 M2 的接插件，当砂轮电动机 M1 启动运转后，将接插件 XP1 接通，冷却泵电动机 M2 即可运转；拔掉 XP1，冷却泵电动机 M2 即可停止。

③ 液压泵电动机 M3 的控制主电路。液压泵电动机 M3 的控制主电路位处 5 区，它也是一个典型的"单向运转单元主电路"，由接触器 KM2 主触头控制液压泵电动机 M3 电源的通断，热继电器 FR2 为它的过载保护。

2. M7130 型平面磨床控制电路分析

合上电源总开关 QS1，380 V 交流电源经过熔断器 FU1\FU2 加在控制电路的控制元件上。其中，8 区中欠电流继电器 KUC 在 11 号线与 13 号线间的常开触头在合上电源总开关 QS1 时立即闭合。

（1）砂轮电动机 M1 的控制电路。

① 砂轮电动机 M1 的控制电路划分。砂轮电动机 M1 电源的通断由接触器 KM1 的主触头控制，故其控制电路是由 9 区和 10 区中各电器元件组成的电路及 7 区和 8 区中各元件组成的电路。其中，7 区和 8 区中各元件组成的电路为砂轮电动机 M1 控制电路和液压泵电动机 M2 控制电路的公共部分。

② 砂轮电动机 M1 控制电路分析。从 9 区和 10 区的电路来看，砂轮电动机 M1 的控制电路是一个典型的"单向运转单元控制电路"。其中，按钮 SB1 为砂轮电动机 M1 的启动按钮；按钮 SB2 为砂轮电动机 M1 的停止按钮。合上电源总开关 QS1，21 区中电磁吸盘 YH 充磁，

20 区欠电流继电器 KUC 线圈流过正常吸合电流而处于吸合状态，欠电流继电器 KUC 在 8 区中 11 号线与 13 号线间的常开触头闭合。当需要砂轮电动机 M1 启动运转时，按下启动按钮 SB1，接触器 KM1 线圈通过以下路径得电：熔断器 FU2→1 号线→按钮 SB1 常开触头→3 号线→按钮 SB2 常闭触头→5 号线→接触器 KM1 线圈→13 号线→欠电流继电器 KUC 常开触头→11 号线→热继电器 FR2 常闭触头→9 号线→热继电器 FR1 常闭触头→7 号线→熔断器 FU2。接触器 KM1 通电闭合，其在 3 区中的主触头闭合，接通砂轮电动机 M1 的电源，则砂轮电动机 M1 启动运转。此时，如果需要冷却泵电动机 M2 启动运转，只需将接插件 XP1 插好，冷却泵电动机 M2 即可启动运转。拔下接插件 XP1，则冷却泵电动机 M2 停转；按下砂轮电动机 M1 的停止按钮 SB2，则砂轮电动机 M1 及冷却泵电动机 M2 均停止。

（2）液压泵电动机 M3 控制电路。

① 液压泵电动机 M3 控制电路的划分。同理，液压泵电动机 M3 的控制电路是由 11 区和 12 区电路中元件组成的电路及 7 区和 8 区中电路元件组成的电路。

② 液压泵电动机 M3 控制电路的分析。在 11 区和 12 区的电路中，液压泵电动机 M3 的控制电路也是一个典型的"单向运转单元控制电路"。其中，按钮 SB3 为液压泵电动机 M3 的启动按钮；按钮 SB4 为液压泵电动机 M4 的停止按钮。其他的分析与砂轮电动机 M1 的控制电路相同。

3. M7130 型平面磨床其他电路分析

M7130 型平面磨床其他电路包括电磁吸盘充、退磁电路，机床工作照明电路。

（1）电磁吸盘充、退磁电路。

① 电磁吸盘充、退磁电路的划分。在图 3-15 所示中，电磁吸盘充、退磁电路位处 15~21 区。

② 电磁吸盘充、退磁电路分析。在电磁吸盘充、退磁电路中，15 区变压器 TC2 为电磁吸盘充、退磁电路的电源变压器。17 区中的整流器 U 为供给电磁吸盘直流电源的整流器。18 区中的转换开关 QS2 为电磁吸盘的充、退磁状态转换开关，当 QS2 扳到"充磁"位置时，电磁吸盘 YH 线圈正向充磁；当 QS2 扳到"退磁"位置时，电磁吸盘 YH 线圈则反向充磁。20 区欠电流继电器 KUC 线圈为机床运行时电磁吸盘欠电流的保护元件，只要合上电源总开关 QS1，它就会通电闭合，使 8 区中的常开触头闭合，接通机床拖动电动机控制电路的电源通路，机床才能启动运行；机床在运行过程中是依靠电磁吸盘将工件吸住，否则会在加工过程中砂轮的离心力将工件抛出而造成人身伤亡或设备事故。在加工过程中，若 17 区中整流器 U 损坏或有断臂现象及电磁吸盘 YH 线圈有断路故障等，则流过 20 区欠电流继电器 KUC 线圈中的电流将会大大减少，欠电流继电器 KUC 由于欠电流不能吸合，8 区中的常开触头要断开，所以机床不能启动运行，或正在运行的也会因 8 区中欠电流继电器 KUC 常开触头的断开而停止，从而起到电磁吸盘 YH 欠电流的保护作用。21 区中 YH 为电磁吸盘，它的作用是在机床进行加工过程中将工件牢固吸合。16 区中的电容器 C 和电阻 R1 为整流器 U 的过电压保护元件，当合上电源总开关或断开电源总开关 QS1 的瞬间，变压器 TC 会在二次绕组两端产生一个很高的自感电动势，电容器 C 和电阻 R_1 为吸收这个很高自感电动势的元件，以保证整流器 U 不受这个很高的自感电动势的冲击而损坏。19 区和 20 区中的电阻 R_2、R_3 为电磁吸盘 YH 充、退磁时电磁吸盘线圈自感电动势的吸收元件，以保护电磁吸盘线圈 YH 不受自感电动势的冲击而损坏。

机床正常工作时，220 V 交流电压经过熔断器 FU2 加在变压器 TC 一次绕组的两端，经过降压变压器 TC2 降压后在二次绕组中输出约 145 V 的交流电压，经过整流器 U 整流输出约 130 V 的直流电压作为电磁吸盘 YH 线圈的电源。当需要对加工工件进行磨削加工时，将充、退磁转换开关 QS2 扳到"充磁"位置挡，电磁吸盘 YH 线圈通过以下途径通电将工件牢牢吸合：整流器 U→206 号线→充、退磁转换开关 QS2→207 号线→欠电流继电器 KUC 线圈→209 号线→接插件 XP2→210 号线→电磁吸盘 YH 线圈→211 号线→接插件 XP2→212 号线→充、退磁转换开关 QS2→213 号线→回到整流器 U，电磁吸盘正向充磁，此时机床可进行正常的磨削加工。当工件加工完毕需将工件取下时，将电磁吸盘充、退磁转换开关 QS2 扳到"退磁"位置，此时电磁吸盘反向充磁，经过一定的时间后，即可将工件取下。

在电磁吸盘充、退磁电路中，如果电磁吸盘吸力不足，则应考虑 15 区中变压器 TC2 是否损坏、17 区中整流器 U 是否有断臂现象（即有一个整流二极管断路）、21 区中接插件 XP2 是否松动、电磁吸盘 YH 线圈是否短路等；如果电磁吸盘出现无吸力则应考虑熔断器 16 区中 FU3 是否断路、电磁吸盘 YH 线圈是否断路等。

（2）机床工作照明电路。

机床工作照明电路位处 13、14 区，有变压器 TC1、工作照明灯 EL 及照明开关 SA 组成。其中，变压器 TC1 一次电压为 380 V，二次电压为 36 V。

3.4.2　X62W 型卧式万能铣床电气控制线路

铣床主要是用于加工零件的平面、斜面、沟槽等型面的机床。铣床装上分度头，可以加工直齿轮或螺旋面；装上回转圆工作台则可以加工凸轮和弧形槽。铣床的种类很多，有卧铣、立铣、龙门铣、仿形铣以及各种专用铣床。X62W 型卧式万能铣床是应用最广泛的铣床之一，其结构如图 3-18 所示。

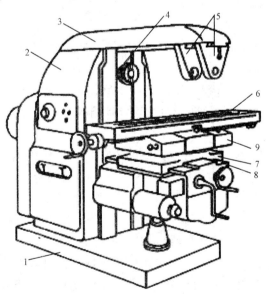

1—底座；2—立柱；3—悬梁；4—主轴；5—刀杆支架；
6—工作台；7—床鞍；8—升降台；9—回转台
图 3-18　X62W 型万能铣床结构

1. 电力拖动和控制要求

（1）主运动和进给运动之间没有一定的速度比例要求，而是分别由单独的电动机拖动。

（2）主轴电动机空载时可直接启动，并要求有正反转以实现顺铣和逆铣。根据铣刀的种类提前预选方向，加工中不变换旋转方向。因此，可用电源相序转换开关实现主轴电动机的正反转。由于主轴变速机构惯性大，主轴电动机应有制动装置。

（3）根据工艺要求，主轴旋转与工作台进给应有先后顺序控制。加工开始前，先开动主轴，才能进行工作台的进给运动；加工结束时，必须在铣刀停止转动前，停止进给运动。

（4）进给电动机拖动工作台完成纵向、横向和垂直方向的进给运动。方向选择通过操作手柄，改变传动链实现，每种方向要求电动机有正反转运动。任一时刻，工作台只能向一个方向移动，故各方向间要有必要的联锁控制。

（5）为提高生产率，缩短调整运动的时间，工作台需快速移动。

2. X62W 型万能铣床电气控制线路分析

X62W 型万能铣床控制线路如图 3-19 所示，包括主电路、控制电路和信号照明电路三部分。

1）主电路分析

铣床共有 3 台电动机拖动。M1 为主轴电动机，用接触器 KM1 直接启动，用倒顺开关 SA5 实现正反转控制，用制动接触器 KM2 串联不对称电阻 R 实现反接制动。M2 为进给电动机，其正、反转由接触器 KM3、KM4 实现。快速移动由接触器 KM5 控制电磁铁 YA 实现。

冷却泵电动机 M3 由接触器 KM6 控制。3 台电动机都用热继电器实现过载保护，熔断器 FU2 实现 M2 和 M3 的短路保护，FU1 实现 M1 的短路保护。

2）控制电路

控制变压器将 380 V 降为 127 V 作为控制电源，降为 36 V 作为机床照明的电源。

（1）主轴电动机的控制。

① 主轴电动机的启动。先将转换开关 SA5 扳到预选方向位置，闭合 QS，按下启动按钮 SB1（或 SB2），KM1 得电并自锁，M1 直接启动（M1 升速后，速度继电器的触点动作，为反接制动做准备）。

② 主轴电动机的制动。按下停止按钮 SB3（或 SB4），KM1 失电，KM2 得电，进行反接制动。当 M1 的转速下降至一定值时，KS-1、KS-2 的触点自动断开，M1 失电，制动过程结束。

（2）进给电动机的控制。

工作台进给方向有左右（纵向）、前后（横向）、上下（垂直）运动。这 6 个方向的运动是通过两个手柄（十字形手柄和纵向手柄）操纵 4 个限位开关（SQ1~SQ4）来完成机械挂挡，接通 KM3 或 KM4，实现 M2 的正反转而拖动工作台按预选方向进给。十字形手柄和纵向手柄各有两套，分别设在铣床工作台的正面和侧面。SA1 是圆工作台选择开关，设有接通和断开两个位置，3 对触点的通断情况见表 3.1。当不需要圆工作台工作时，将 SA1 置于断开位置；否则，置于接通位置。

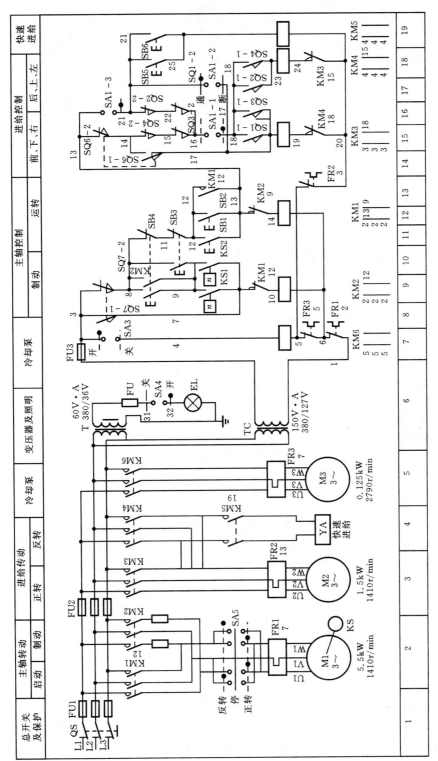

图 3-19　X62W 型万能铣床电气控制线路

表 3.1 圆工作台选择开关 SA1 触点状态

触点＼位置	接 通	断 开
SA1 - 1	－	＋
SA1 - 2	＋	－
SA1 - 3	－	＋

注：表中"＋"表示开关接通，"－"表示开关断开。

① 工作台左右进给运动的控制。左右进给运动由纵向操纵手柄控制，该手柄有左、中、右三个位置，各位置对应的限位开关 SQ1、SQ2 的工作状态见表 3.2。向右运动：主轴启动后，将纵向操作手柄扳向右，挂上纵向离合器，同时压行程开关 SQ1，SQ1 - 1 闭合，接触器 KM3 得电，进给电动机 M2 正转，拖动工作台向右运动。停止时，将手柄扳回中间位置，纵向进给离合器脱开，SQ1 复位，KM3 断电，M2 停转，工作台停止运动。向左运动：将纵向操作手柄扳向左，挂上纵向离合器，压行程开关 SQ2，SQ2 - 1 闭合，接触器 KM4 得电，M2 反转，拖动工作台向左运动。停止时，将手柄扳回中间位置，纵向进给离合器脱开，同时 SQ2 复位，KM4 断电，M2 停转，工作台停止运动。工作台的左右两端安装有限位撞块，当工作台运行到达终点位置时，撞块撞击手柄，使其回到中间位置，实现工作台的终点停车。

表 3.2 左右进给限位开关触点状态

触点＼位置	向左	中间(停)	向右
SQ1 - 1	－	－	＋
SQ1 - 2	＋	＋	－
SQ2 - 1	＋	－	－
SQ2 - 2	－	＋	＋

② 工作台前后和上下运动的控制。工作台前后和上下运动由十字形手柄控制，该手柄有上、下、中、前、后五个位置，各位置对应的行程开关 SQ3、SQ4 的工作状态见表 3.3。

向前运动：将十字形手柄扳向前，挂上横向离合器，同时压行程开关 SQ3，SQ3 - 1 闭合，接触器 KM3 得电，进给电动机 M2 正转，拖动工作台向前运动。

表 3.3 升降、横向限位开关触点状态

触点＼位置	向前向下	中间(停)	向后向上	触点＼位置	向前向下	中间(停)	向后向上
SQ3 - 1	＋	－	－	SQ4 - 1	－	－	＋
SQ3 - 2	－	＋	＋	SQ4 - 2	＋	＋	－

向下运动：将十字形手柄扳向下，挂上垂直离合器，同时压行程开关 SQ3，SQ3 - 1 闭合，接触器 KM3 得电，进给电动机 M2 正转，拖动工作台向下运动。

向后运动：将十字形手柄扳向后，挂上横向离合器，同时压行程开关 SQ4，SQ4 - 1 闭合，接触器 KM4 得电，进给电动机 M2 反转，拖动工作台向后运动。

向上运动：将十字形手柄扳向上，挂上垂直离合器，同时压行程开关 SQ4，SQ4 - 1 闭合，接触器 KM4 得电，进给电动机 M2 反转，拖动工作台向上运动。

停止时，将十字形手柄扳向中间位置，离合器脱开，行程开关 SQ3(或 SQ4)复位，接触器 KM3(或 KM4)断电，进给电动机 M2 停转，工作台停止运动。

工作台的上、下、前、后运动都有极限保护，当工作台运动到极限位置时，撞块撞击十字手柄，使其回到中间位置，实现工作台的终点停车。

③ 工作台的快速移动。工作台的纵向、横向和垂直方向的快速移动由进给电动机 M2 拖动。工作台工作时，按下启动按钮 SB5(或 SB6)，接触器 KM5 得电，快速移动电磁铁 YA 通电，工作台快速移动；松开 SB5(或 SB6)时，快速移动停止，工作台仍按原方向继续运动。

若要求在主轴不转的情况下进行工作台快速移动，可将主轴换向开关 SA5 扳到"停止"位置，按下 SB1(或 SB2)，使 KM1 通电并自锁。操作进给手柄，使进给电动机 M2 转动，再按下 SB5(或 SB6)，接触器 KM5 得电，快速移动电磁铁 YA 通电，则工作台快速移动。

④ 进给变速时的运动控制。为使变速时齿轮易于啮合，进给速度的变换与主轴变速一样，有瞬时运动环节。进给变速运动由进给变速手柄，配合行程开关 SQ6 实现。先将变速手柄向外拉，选择相应转速；再把手柄用力向外拉至极限位置，并立即推回原位。在手柄拉到极限位置的瞬间，瞬时压合行程开关 SQ6，使 SQ6 - 2 断开，SQ6 - 1 闭合，则接触器 KM3 瞬时得电，电动机 M2 短时运转。瞬时接通的电路经 SQ2 - 2、SQ1 - 2、SQ3 - 2、SQ4 - 2 四个常闭触点，因此只有当纵向进给以及垂直和横向操纵手柄都置于中间位置时，才能实现变速时的瞬时点动，防止了变速时工作台沿进给方向运动的可能。当齿轮啮合后，手柄推回原位时，SQ6 复位，切断瞬时点动电路，进给变速完成。

⑤ 圆工作台控制。为了扩大机床加工能力，可在工作台上安装圆工作台。在使用圆工作台时，应将工作台纵向和十字形手柄都置于中间位置，并将转换开关 SA1 扳到"接通"位置。使 SA1 - 2 接通，SA1 - 1、SA1 - 3 断开。按下按钮 SB1(SB2)，主轴电动机启动，同时 KM3 得电，使 M2 启动，带动圆工作台单方向回转，其旋转速度也可通过蘑菇形变速手柄进行调节。KM3 的通电路径为：点 21→KM4 常闭触点→KM3 线圈→SA1 - 2→SQ2 - 2→SQ1 - 2→SQ3 - 2→SQ4 - 2→SQ6 - 2→点 12。

(3) 冷却泵电动机的控制和照明电路。

由转换开关 SA3 控制接触器 KM6 以实现冷却泵电动机 M3 的启动和停止。机床的局部照明由变压器 T 输出 36 V 安全电压，由开关 SA4 控制照明灯 EL。

(4) 控制电路的联锁。

X62W 铣床的运动较多，控制电路较复杂，为安全可靠地工作，必须具有必要的联锁。

① 主运动和进给运动的顺序联锁。进给运动的控制电路接在接触器 KM1 自锁触点之后，在保证 M1 启动后(若不需要 M1 启动，将 SA5 扳至中间位置)才可启动 M2。而主轴停止时，进给立即停止。

② 工作台左、右、上、下、前、后 6 个运动方向间的联锁。6 个运动方向采用机械和电气双重联锁。工作台的左、右用一个手柄控制，手柄本身就能起到左、右运动的联锁。工作台的横向和垂直运动间的联锁，由十字形手柄实现。工作台的纵向与横向垂直运动间的联锁，则利用电气方法实现。行程开关 SQ1、SQ2 和 SQ3、SQ4 的常闭触点分别串联后，再并联形成

两条通路供给 KM3 和 KM4 线圈。若一个手柄扳动后再去扳动另一个手柄,将使两条电路断开,接触器线圈就会断电,工作台会停止运动,从而实现运动间的联锁。

③ 圆工作台和工作台间的联锁。圆工作台工作时,不允许机床工作台在纵、横、垂直方向上有任何移动。圆工作台转换开关 SA1 扳到接通位置时,SA1-1、SA1-3 切断了机床工作台的进给控制回路,使机床工作台不能在纵、横、垂直方向上作进给运动。圆工作台的控制电路中串联了 SQ1-2、SQ2-2、SQ3-2、SQ4-2 常闭触点,所以扳动工作台任一方向的进给手柄都将使圆工作台停止转动,从而实现了圆工作台和机床工作台纵向、横向及垂直方向运动的联锁控制。

习　题

1. 试叙述"自锁"、"互锁"的含义,并举例说明各自的作用。

2. 试设计两台笼型电动机 M1 和 M2 的顺序启动、停止的控制电路。具体要求如下:

(1) M1、M2 能顺序启动,并能同时或分别停止。

(2) M1 启动后 M2 启动,M1 可点动,M2 可单独停止。

(3) M1 先启动,经 10 s 后 M2 自行启动。

(4) M1 启动后 M2 才能启动,停止时,M2 停止后 M1 才能停止。

3. 试画出某机床主电动机控制电路图。具体要求如下:

(1) 可正反转。

(2) 可点动、两处启停。

(3) 可反接制动。

(4) 有短路和过载保护。

(5) 有安全工作照明及电源信号灯。

第 4 章　三菱 PLC 硬件配置与性能指标

4.1　引例：三菱 PLC 在注塑机中的应用

在汽车、家电、日用品和电子设备等行业中，塑料制品的应用非常广泛。注射成型是塑料制品生产的一种重要手段，而注塑机则是注塑成型重要设备之一。图 4-1 所示为一种注塑机结构简图。

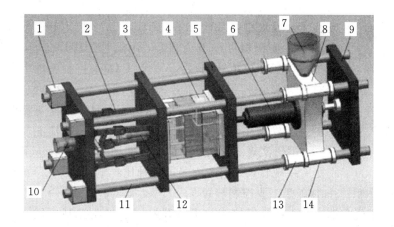

1—调模装置；2—曲轴连杆；3—动模板；4—模具；5—定模板；6—塑化部件；7—料筒；
8—注射座；9—推力座；10—合模油缸；11—格林柱；12—顶出油缸；13—座移油缸；14—注射油缸
图 4-1　一种注塑机结构简图

注塑机主要由注塑系统、合模机构、液压系统、控制系统、安全系统及辅助系统组成。注塑系统是将塑料均匀塑化，并以一定的压力和速度将一定量的熔体注入模具中。合模机构主要作用是保证模具可靠的闭合、开启及顶出制品。合模机构工作时，动模板 3 以四根格林柱 11 为导向柱作启闭运动。而液压系统的工作质量，如工作稳定性、重复精度、节能性、可靠性、灵敏性及低噪声性能等，则将直接影响注塑机的成型质量、成型周期、尺寸精度以及生产成本。此外，对注塑机而言，注塑温度的控制尤其重要。因此，要保证一台注塑机可以实现安全、可靠、高质量的运行，控制系统的重要性不言而喻。

前面章节讲解的传统继电器控制技术仅能实现"与"、"或"、"非"等逻辑指令，而对温度、电流、电压、压力等模拟量信号无能为力，可编程逻辑控制器（PLC）技术可以有效地实现这两种信号的处理。为精确控制产品的外观尺寸和内部缺陷，需要利用温度传感器采集料筒 7 的温度，再将采集到的温度与设定在可编程逻辑控制器（PLC）数据寄存器中的数值比较，根据比较后的结果实现不同的动作。若大于设定温度，则将加热段的电源切断；若等于设定温度，则驱动推力座 9 向下压铸模型；若小于设定温度，则继续加热。从上述的一系列的动作中可以看出，编程逻辑控制器（PLC）不仅代替传统继电器的"与"、"或"、"非"等逻辑指令，也能实现温度、电流、电压、压力等模拟量的采集，从而对模拟量的控制功能大大提高，拓宽了 PLC 的应用领域。

本章主要介绍 PLC 的产生、定义、特点、组成、工作原理以及三菱 FX3U 系列 PLC 的命名规则、硬件配置、技术特点及性能指标等。

4.2　知识点链接

4.2.1　初识 PLC

1. PLC 的产生

PLC 技术是在继电器控制技术、计算机技术和现代通信技术的基础上逐步发展起来的一项先进的控制技术。在现代工业发展中，PLC 技术、CAD/CAM 技术和机器人技术并称为现代工业自动化的三大支柱。它主要以微处理器为核心，用编写的程序进行逻辑控制、定时、计数和算术运算等，并通过数字量和模拟量的输入/输出（I/O）来控制各种生产过程。

在 PLC 问世之前，继电器-接触器控制在工业控制领域占有主导地位。这种以继电器、接触器为核心元件的自动控制系统根据特定的控制要求进行设计，若控制要求或生产工艺流程发生变化，则控制柜中的元器件和接线必须做相应改变，因为系统功能局限性大、适应性差；此外，由于系统利用布线逻辑实现各种控制，需大量使用机械触点，从而系统体积大、功耗高、可靠性差。为了改变这一现状，人们希望寻求一种比继电器控制更可靠、功能更齐全、响应速度更快、体积更小的新型工业控制装置。

20 世纪 60 年代末期，尽管计算机控制技术已开始用于工业控制领域，但由于计算机本身的复杂性以及当时的各种条件限制，其控制技术并未得到广泛应用。1968 年，美国最大的汽车制造商——通用汽车公司（GM 公司）为适应汽车型号不断更新的需要，以求在激烈竞争的汽车工业中占有优势，提出研制一种新型的工业控制装置来取代继电器控制装置。为此，特拟定了 10 项公开招标的技术要求，此即著名的"GM 十条"：

（1）编程简单方便，可在现场修改程序。

（2）硬件维护方便，采用插件式结构。

（3）可靠性高于继电控制装置。

（4）体积小于继电器、接触器装置。

（5）可将程序直接送入管理计算机。

（6）成本上可与继电控制装置竞争。

（7）输入可以使用交流 115 V（注：美国电网电压为 110 V）。

（8）输出为交流 115 V、2 A 以上，可直接驱动电磁阀。

（9）扩展时，原有系统只需做很小的改动。

（10）用户程序存储器的容量至少可以扩展到 4 KB。

这些要求实际上是将继电器-接触器的简单易懂、使用方便和价格低的优点，与计算机的功能完善、通用性和灵活性好的优点结合起来，将继电器-接触器控制的硬接线逻辑变为计算机操控的软件逻辑编程，并简化计算机的编程方法和程序输入方式。这是从接线逻辑向存储逻辑进步的重要标志，是由接线程序控制向存储程序控制的转变。"GM 十条"是可编程控制器产生的技术要求基础，也是 PLC 最基本的功能。

1969 年，美国数字设备公司（DEC）根据招标要求研制出第一台 PLC（PDP‐14），并在 GM 公司汽车自动装配生产线上试用成功，取得了满意的效果。PLC 由此诞生，开创了工业控制新时期。

1971 年，日本从美国引进这项新技术，很快成功研制出日本第一台可编程控制器 DSC‐8；1973 年，西欧等国家也研制出他们的第一台可编程控制器；我国从 1974 年开始研制，1977 年开始应用于工业中。到现在，世界各国的一些著名电器厂家几乎都在生产 PLC，PLC 已经作为一个独立的工业设备进行生产，并成为当代电气控制装置的主导。

2. PLC 的定义

在 20 世纪 70 年代初期和中期，可编程控制器虽然引入了计算机的优点，但实际上只能完成顺序控制，仅有逻辑运算、定时、计数等功能。所以，人们将可编程序控制器称为 PLC（Programmable Logic Controller）。

随着微处理器技术的发展，20 世纪 70 年代末至 80 年代初，可编程控制器的处理速度大大提高，增加了许多特殊功能，使可编程控制器不仅可以进行逻辑控制，而且可以对模拟量进行控制。因此，美国电器制造协会（NEMA）将可编程序控制器命名为 PC（Programmable Controller），但人们习惯上还是称之为 PLC，以便区别于个人计算机（Personal Computer，PC）。80 年代以来，随着大规模和超大规模集成电路技术的迅猛发展，以 16 位和 32 位微处理器为核心的 PLC 得到迅猛发展，这时的 PLC 具有了高速计数、中断、PID 调节和数据通信等功能，PLC 的应用范围和领域不断扩大。

为规范这一新兴工业控制装置的生产和发展，1985 年，国际电工委员会（International Electrotechnical Commission，IEC）在其标准中将 PLC 定义为：可编程序控制器（PLC）是一种数字运算操作电子系统，专为在工业环境下应用而设计。它采用可编程程序的存储器，用于其内部存储程序，执行逻辑运算、顺序控制、定时、计数和算术运行等面向用户的指令，并通过数字式或模拟式输入和输出控制各种类型的机械或生产过程。可编程序控制器及其有关外部设备都应按易于与工业控制系统联成一个整体，易于扩充其功能的原则设计。

3. PLC 的特点

PLC 技术的高速发展，除了得益于工业自动化的客观需求外，主要是由于它具有许多独特的优点。

1）可编程

以 PLC 为核心构成的控制系统，其中控制逻辑的改变不取决于硬件电路，而是取决于软件程序，即控制系统硬件柔性化。其柔性化的结果使控制系统可靠性提高，系统便于维护、节点利用率提高，计算器、定时器、继电器等器件在 PLC 之中融为一体，使系统配置灵活方便。

2）高可靠性，抗干扰能力强

高可靠性是电气控制设备的关键性能。PLC 由于采用现代大规模集成电路技术，并采用严格生产工艺制造，而且内部电路采取了先进的抗干扰技术，以及相应的软件措施，因此具有很高的可靠性。例如，三菱公司生产的 F 系列 PLC 平均无故障时间高达 30 万小时（34 年）。

（1）硬件（Hardware）。

① 输入/输出（I/O）通道采用光电隔离，提高抗干扰能力。

② 采用电磁屏蔽，防辐射措施。

③ I/O 线路考虑硬件滤波。

④ 电源考虑抗干扰，系统合理配置地线（PLC 控制系统中有数字地、模拟地、信号地、交流地、直流地、屏蔽地等）。

⑤ 与软件配合有自诊断电路（诊断 PLC 本身、I/O 口、RAM、传感器、执行器等）。

⑥ 模块式结构，易修复。

⑦ 采用了电源后备和冗余技术。

⑧ 选择工业级或军用级电子器件以提高安全和可靠性。

（2）软件（Software）。

① 设置 Watchdog 警戒时钟，防止程序"跑飞"。

② 对程序、重要参数进行检查和校验（求和或求偶校验）。

③ 对程序及动态数据进行电池后备。

④ 有自诊断、报警、数字滤波功能，最新技术可做到对传感器、执行器进行在线诊断。

⑤ 采用了具有抗干扰功能的扫描工作方式。

3）配套齐全，功能完善，适用性强

PLC 发展到现在，已经形成了大、中、小各种规模的系列化产品，可以用于各种规模的工业控制场合。除了逻辑功能外，现代 PLC 大多具有完善的数据运算能力，可用于各种数字控制领域。近年来，PLC 的功能单元大量涌现，使 PLC 渗透到位置控制、温度控制、CNC 等各种工业控制中。加上 PLC 通信能力的增强及人机界面技术的发展，使用 PLC 组成各种控制系统变得非常容易。

4）易学易用，编程方便

PLC 作为通用工业控制计算机，是面向工矿企业的工控设备。它接口容易，编程语言易于工程技术人员接受。例如，梯形图语言的图形符号及表达方式和继电器电路图相当接近，只用 PLC 的少量开关量逻辑控制指令就可以方便地实现继电器电路功能，为不熟悉电子电路、不懂计算机原理和高级编程语言的人使用计算机从事工业控制打开了方便之门。

5）系统的设计、建造工作量小，维护方便，容易改造

PLC 用存储逻辑代替接线逻辑，用软件功能取代了继电-接触器控制系统中大量的中间继电器、时间继电器、计数器等器件，大大减少了控制设备的硬接线，使控制系统设计及建造周期大大缩短，同时维护也变得容易起来。更重要的是，使同一设备经过改变程序而改变生产过程成为可能，非常适合多品种、小批量的生产场合。

6）体积小，重量轻，能耗低

PLC 内部电路主要采用微电子技术设计，因此具有体积小、重量轻、能耗低的特点。以超小型 PLC 为例，新近出产的品种底部尺寸小于 100 mm，重量小于 150 g，功耗仅数瓦；由于体积小，很容易装入机械内部，是实现机电一体化的理想控制设备。

4. PLC 的组成

PLC 专为工业场合设计，采用了典型的计算机（实质上是工业计算机）结构，是计算机技术与传统继电-接触器控制技术相结合的产物，只不过比一般的计算机具有更强的与工业过

程相连接的接口和更直接地适用于控制要求的编程语言。

从硬件结构上看，PLC 主要由中央处理单元(CPU)、存储器(ROM/RAM)、输入/输出部件(I/O 部件)、通信接口、电源和编程器等外设组成。对于整体式 PLC，所有部件都装在同一机壳内，其结构示意图如图 4-2。对于模块式 PLC，各部件独立封装成模块，各模块通过总线连接，安装在机架或导轨上，其基本结构图如图 4-3 所示。无论哪种结构类型的PLC，都可根据用户需要进行配置与组合。

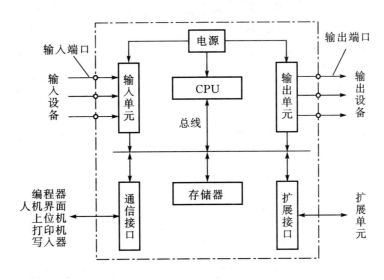

图 4-2　PLC 的硬件结构示意图

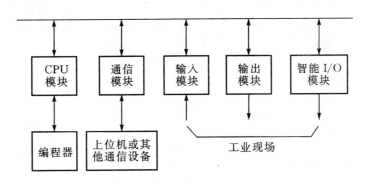

图 4-3　模块式 PLC 基本结构图

尽管整体式 PLC 与模块式 PLC 的结构不太一样，但各部分的功能作用是相同的，下面对 PLC 各主要组成部分进行简单介绍。

1) CPU 模块

CPU 是 PLC 的核心，起神经中枢的作用，每台 PLC 至少有一个 CPU，它按 PLC 的系统程序赋予的功能接收并存储用户程序和数据，用扫描的方式采集由现场输入送来的状态或数据，并存入规定的寄存器中。同时，诊断电源和 PLC 内部电路的工作状态和编程过程中的语法错误等。运行后，从用户程序存储器中逐条读指令，经分析后再按指令规定的任务产生相应的控制信号，去指挥有关的控制电路。与通用计算机一样，CPU 主要由运算器、控制器、寄存器及实现它们之间联系的数据、控制及状态总线构成，CPU 单元还包括外围芯片、总线接口及有关电路。内存主要用于存储程序和数据，是 PLC 不可缺少的组成单元。

对使用者而言，不必详细分析 CPU 的内部电路，但对各部分的工作机制还是应有足够的理解。CPU 的控制器控制 CPU 的工作，由它读取指令、解释指令及执行指令，但工作节奏由振荡信号控制。运算器用于进行数字或逻辑运算，在控制器指挥下工作。寄存器参与运算，并存储运算的中间结果，它也是在控制器指挥下工作。

PLC 大多采用 8 位和 16 位微处理器或单片机作为主控芯片。不同型号的 PLC 其 CPU 芯片是不同的，有的采用通用 CPU 芯片，有的采用厂家自行设计的专用 CPU 芯片。一般来说，PLC 的档次越高，CPU 的位数也越多，运算速度也就越快，指令功能就越强。所以，CPU 速度和内存容量是 PLC 的重要参数，它们决定着 PLC 的工作速度、I/O 点数量和软件容量等，因此限制着控制规模。目前，小型 PLC 为单 CPU 系统，而大、中型 PLC 则大多为双 CPU 系统，甚至有些 PLC 中多达 8 个 CPU。对于双 CPU，一般一个为字处理器，采用 8 位或 16 位处理器，为主处理器；另一个为位处理器，采用由各厂家设计制造的专用芯片。

2) 存储器（ROM 和 RAM）

存储器是 PLC 存放系统程序、用户程序和运行数据的单元。PLC 的存储器包括系统存储器和用户存储器两部分，如图 4-4 所示。

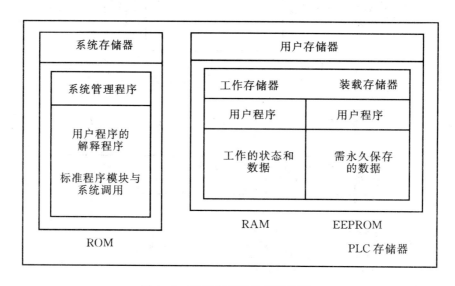

图 4-4　PLC 存储器总体结构图

系统存储器一般存放系统程序。系统程序具有开机自检、工作方式选择，键盘输入处理、信息传递和对用户程序的翻译解释等功能。系统程序关系到 PLC 的性能，由制造厂家用微机的机器语言编写并在出厂时已固化在 ROM、EPROM（紫外线可擦除 ROM）或 EEPROM（电擦写 ROM）芯片中，这部分程序用户不能访问。

用户程序存储器是为用户程序提供存储的区域，主要用于存放用户程序、逻辑变量和其他一些信息。用户程序存储器容量的大小决定了可存放用户程序的大小和复杂程度，从而决定了用户程序所能完成的功能和任务的大小，是反映 PLC 性能的重要指标之一。用户存储器容量一般以字节为单位。PLC 产品资料中所指的存储器形式和存储方式及容量，是对用户程序而言。

3）输入/输出单元

输入/输出单元通常也称为 I/O 单元或 I/O 模块，是 PLC 与工业生产现场输入设备（如限位开关、操作按钮、选择开关、行程开关、主令开关等）、输出设备（如接触器、电动机等执行机构）或其他外部设备之间的连接部件。PLC 通过输入接口可以检测所需的过程信息，也可将处理后的结果通过输出接口传送给外部设备，驱动各种执行机构，以实现生产过程的控制。

由于外部输入设备和输出设备所需的信号电平是多种多样的，而 PLC 内部 CPU 处理的信息只能是标准电平，因此需要通过 I/O 接口实现这种信号的转换。I/O 接口一般都具有光电隔离和滤波功能，以提高 PLC 的抗干扰能力。另外，I/O 接口上通常还有状态指示，工作状况直观，便于维护。

PLC 提供了多种操作电平和具有驱动能力的 I/O 接口，有各种各样功能的 I/O 接口供用户使用。I/O 接口的主要类型有数字量（开关量）输入、数字量（开关量）输出、模拟量输入、模拟量输出等。下面介绍常见的开关量输入/输出接口电路。

（1）开关量输入接口电路。

常用的开关量输入接口，按其使用电源的不同分为三种类型：直流输入接口、交流输入接口和交/直流输入接口。其基本原理电路分别如图 4-5、图 4-6、图 4-7 所示。

① 直流输入接口。直流输入接口的电路如图 4-5 所示，图中点画线框内是 PLC 内部的输入电路，图中只画出对应于一个输入点的输入电路，各个输入点所对应的输入电路均相同。

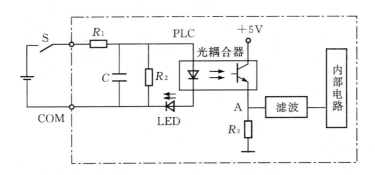

图 4-5　直流输入接口电路

图 4-5 中，R_1 为限流电阻，R_2 和 C 构成滤波电路，可滤除输入信号中的高频干扰。LED 显示输入点的状态。其工作过程为：当 S 闭合时，光耦合器导通，LED 灯点亮，表示输入开关 S 处于接通状态。此时 A 点为高电平，该电平经过滤波器送到内部电路中。当 CPU 访问该路信号时，将该输入点对应的输入映像寄存器状态置 1。当 S 断开时，光耦合器不导通，LED 不亮，表示输入开关 S 处于断开状态。此时 A 点为低电平，当 CPU 访问该路信号时，将该输入点对应的输入映像寄存器状态置 0。

② 交流输入接口。交流输入接口单元与直流输入接口单元结构类似，工作原理基本相同，其电路如图 4-6 所示。图 4-6 中，只画出对应于一个输入点的输入电路，各个输入点所对应的输入电路相同。

图 4-6 中，电容 C 为隔直电容，对交流相当短路；R_1 和 R_2 构成分压电路。光耦合器中有两个反向并联的发光二极管，任何一个导通都可以使光敏晶体管导通，显示用的两个发光二极管也是反向并联的。所以，这个电路可以接收外部的交流输入电压。

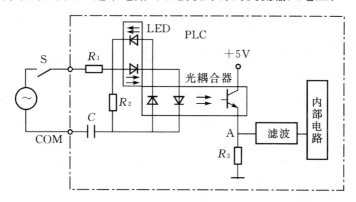

图 4-6 交流输入接口电路

③ 交、直流输入单元。图 4-7 所示为交、直流输入接口电路。其内部电路结构与直流输入接口电路基本相同，所不同的是外接电源除直流电源外，还可以用 12～24 V 的交流电源。

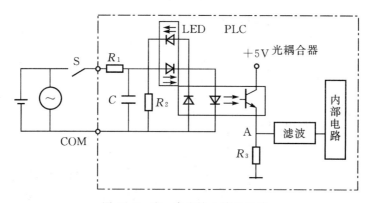

图 4-7 交、直流输入接口电路

（2）开关量输出接口电路。

PLC 的开关量输出接口按输出开关器件不同分为三种类型：继电器型输出、晶体管型输出和双向晶闸管型输出。其基本原理电路如图 4-8 所示。

① 图 4-8(a)所示为继电器型输出接口电路。内部电路使继电器的线圈通电，常开触点闭合，从而使外部负载得电工作。继电器同时起隔离和功率放大作用，每一路只给用户提供一个常开触点，每个输出点带载能力一般为 2A 以下。与触点并联的 RC 电路和压敏电阻用来消除触点断开时产生的电弧，以减轻对 CPU 的干扰。继电器型输出接口电路的滞后时间一般为 10 ms 左右，动作频率低，可驱动直流或交流负载。

② 图 4-8(b)所示为晶体管型输出接口电路。该输出接口电路一般采用晶体管进行驱动放大，外加直流负载，每个输出点带载能力一般为 1A 左右。晶体管开关量输出接口为无触点输出，使用寿命长，滞后延迟时间小于 1 ms，动作频率高，只可驱动直流负载。

③ 图 4-8(c)所示为晶闸管型输出接口电路。它采用的开关及驱动放大器件为光控双向晶闸管，该接口电路外加交流负载电源，每个输出点带载能力一般为 1A 左右。双向晶闸管

开关量输出接口为无触点输出，使用寿命长，响应时间介于晶体管型与继电器型之间，用于交流负载。

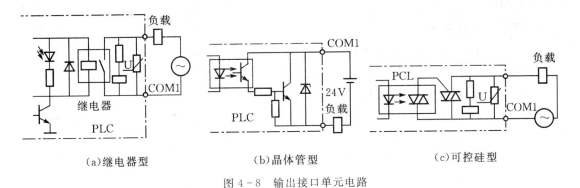

（a）继电器型　　　　　　（b）晶体管型　　　　　　（c）可控硅型

图 4-8　输出接口单元电路

　　PLC 的 I/O 接口所能接收的输入信号个数和驱动的输出信号个数称为 PLC 的输入/输出（I/O）点数。I/O 点数是选择 PLC 的重要依据之一。当系统的 I/O 点数不够时，可通过 PLC 的 I/O 扩展单元对系统进行扩展，但 I/O 最大数受 CPU 所能管理的基本配置的能力限制。

　　4）电源模块

　　PLC 电源单元包括系统的电源及备用电池，电源单元的作用是将外部电源转换成内部工作电压。PLC 外部输入电源有交流电源（220 V 或 110 V）和直流电源（24 V），PLC 内部有一个高性能的稳压电源，内部稳压电源有些是与 CPU 模块合二为一，有些是分开的，其主要用途是为 PLC 的各模块的集成电路提供工作电源，并备有锂电池（备用电池），保证外部电源故障时内部重要数据不致丢失。同时，有的 PLC 能向外部提供 24 V 的直流电源。

　　5）通信接口

　　通信接口主要用于 PLC 与 PLC 之间、PLC 与上位计算机以及其他智能设备之间的信息交换，形成一个统一整体，实现程序下载/上传、分散/集中控制、远程监控、人机界面等功能。PLC 一般都带有多种类型的接口，也可根据需要进行扩展。

　　6）编程器

　　编程器是 PLC 开发应用、监测运行、检查维护不可缺少的器件，用于编程、对系统做一些设定、在线监控 PLC 及 PLC 所控制系统的工作状况，但它不直接参与现场控制运行。通常，编程器有专用编程器和通用计算机两种，专用编程器只能对指定厂家的几种 PLC 进行编程，使用范围有限，价格较高。同时，由于 PLC 产品不断更新换代，所以专用编程器的生命周期十分有限。因此，现在普遍使用以个人计算机为基础的编程装置，用户只要安装 PLC 厂家提供的编程软件和相应的硬件接口装置，便可得到高性能的 PLC 程序开发系统。

4.2.2　PLC 的工作原理

　　PLC 源于用计算机控制来取代继电器、接触器，所以 PLC 的工作原理与计算机工作原理基本上是一致的，可以简单地表述为在系统程序的管理下，通过运行应用程序，对控制要求进行判断处理，完成用户所规定的任务。但个人计算机与 PLC 的工作方式有所不同，计算机一般采用等待命令的工作方式，当键盘按下或 I/O 口有信号时则中断转入相应的子程序。因此，当控制软件故障时，会一直等待键盘或 I/O 命令，可能会发生死机现象。而 PLC 作为工业专用控制机,采用循环扫描用户程序的工作方式,即系统工作任务管理及用户程序执行全部都是以循环扫描方式完成。当软件发生故障时,可以定时执行下一轮扫描,避免了死机现象,因此可靠性更高。

1. 建立 I/O 映像区

在 PLC 存储器内开辟了 I/O 映像区。对于系统的每一个输入点总有输入映像区的某一位与之相对应。对于系统的每一个输出点都有输出映像区的每一位与之相对应。系统的输入、输出点的编址号与 I/O 映像区的映像寄存器地址号相对应。PLC 工作时,将采集到的输入信号状态存放在输入映像区对应的位上,将运算得出的输出信号的状态结果存放到输出映像区对应的位上。PLC 在执行用户程序时所需"输入继电器"、"输出继电器"的数据取自 I/O 映像区,而不直接与外部设备发生联系。

I/O 映像区的建立,使 PLC 工作时只与和内存有关的地址单元所存储的信息状态发生联系,而系统输出也只给内存某一地址单元设定一个状态,这样不仅加快了程序执行速度,而且还使控制系统与外界隔开,提高了系统的抗干扰能力,同时控制系统也远离实际控制对象,为硬件标准化生产创造了条件。

2. 循环扫描工作方式

PLC 运行时,通过执行反映控制要求的用户程序来完成控制任务,需要执行众多的操作,但 CPU 不能同时执行多个操作,只能按分时操作(串行工作)的方式进行。对每一个程序,CPU 从第一条指令开始,每一次执行一个操作,如果无跳转指令,则按顺序逐条执行,直至遇到结束符又返回第一条指令,如此周而复始不断循环。由于 CPU 执行的速度很快,所以宏观上看,PLC 外部出现的结果似乎是同时(并行)完成的。这种串行工作过程称为 PLC 的循环扫描工作方式。

1) PLC 的工作状态

PLC 有两种工作状态,即运行(RUN)状态与停止(STOP)状态。PLC 的工作过程与工作状态有关,RUN 状态下执行用户程序,而 STOP 状态下不执行用户程序,通常用于程序的编写与修改。图 4-9 给出了 RUN 和 STOP 状态下 PLC 不同的扫描过程。由图可知,在两种不同的工作状态下,CPU 扫描过程所完成的任务是不相同的。

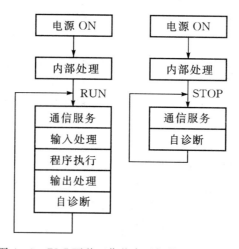

图 4-9 PLC 两种工作状态下扫描过程框图

PLC 上电后对系统进行一次初始化工作（内部处理），包括硬件初始化、I/O 模块配置检查，停电保持范围设定及其他初始化处理等。上电处理完成以后进入扫描工作过程。先完成与其他外部设备的通信处理，当 CPU 处于 STOP 方式时，转入执行自诊断检查；当 CPU 处于 RUN 方式时，则要完成输入处理、用户程序的执行和输出处理，再转入执行自诊断检查。PLC 每扫描一次，执行一次自诊断检查，确定 PLC 自身的动作是否正常，如 CPU、电池电压、程序存储器、I/O、通信等是否异常或出错，如检查出异常时，CPU 面板上的 LED 及异常继电器会接通，在特殊寄存器中会存入出错代码；当出现致命错误时，CPU 被强制为 STOP 方式，所有的扫描停止。

2）用户程序的扫描过程

用户程序的扫描过程可分为输入采样、程序执行和输出刷新三个阶段，如图 4-10 所示。

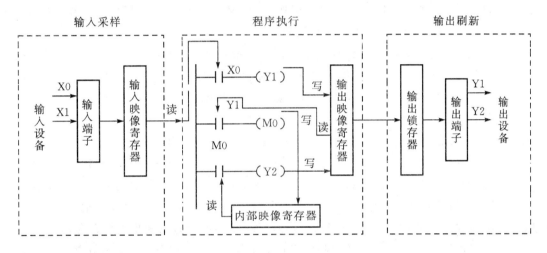

图 4-10 PLC 循环工作过程

（1）输入采样阶段。在输入采样阶段，PLC 用扫描方式将所有输入端的外部输入信号的通/断（ON/OFF）状态一次写入到输入映像寄存器中，输入映像寄存器被刷新。这种状态保持到下一次的输入采样，即在程序执行阶段或输出阶段，输入映像寄存器与外界隔离，即便外部输入信号的状态发生了变化，输入映像寄存器的内容也不会随之改变，而输入信号变化了的状态，只有在下一个扫描周期的输入采样阶段才能被读入。

（2）程序执行阶段。在程序执行阶段，PLC 按先左后右、先上后下的顺序对每条指令进行扫描。当指令涉及输入、输出状态时，PLC 从输入映像寄存器中"读入"上一阶段采样的对应输入端子状态，从输出映像寄存器"读出"对应元件映像寄存器的当前状态，然后进行相应的运算，将运算结果再存入元件映像寄存器或输出映像寄存器中。对于元件映像寄存器来说，每一个元件（输出"软继电器"的状态）会随着程序执行过程而变化。

（3）输出刷新阶段。在所有指令执行完毕后，输出映像寄存器中所有输出继电器的状态（接通/断开）在输出刷新阶段转存到输出锁存器中，通过一定方式输出，驱动外部负载。

输入采样、程序执行、输出刷新三个阶段构成 PLC 一个工作周期，由此循环往复，因此称为循环扫描工作方式。PLC 重复上述三个阶段，每重复一次的时间即为一个扫描周期，其典型值为 0.5～100 ms。PLC 运行正常时，扫描周期的长短取决于以下几个因素：CPU 运算速度、执行每条指令占用的时间、用户程序指令的种类及指令条数的多少等。

PLC 在一次扫描周期内，对输入状态的采样只在输入采样阶段进行，这种方式称为"集中采样"；在程序执行过程中如果对输出继电器多次赋值，则最后一次有效，即在一次扫描周期内，只在输出刷新阶段才将输出状态从输出映像寄存器中输出，进而对输出接口进行刷新，这种方式称为"集中输出"。

PLC 采用的这种"集中采样、集中输出"的工作方式，在执行程序时，利用输入/输出映像区对输入、输出进行处理，其优点如下：

① 使 PLC 工作时大多数时间与外部输入/输出设备隔离，从根本上提高了系统的抗干扰能力，增强了系统的可靠性。

② 访问映像寄存器的速度比直接访问 I/O 点要快，有利于程序快速运行。

③ I/O 点是位实体，只能按位或字节来访问，而映像寄存器可以按位、字节、字或双字的形式来访问。也就是说，使用映像寄存器更为灵活。

下面通过图 4-10 所示的例子进一步说明 PLC 的循环工作过程。

梯形图中 X0 是输入变量，与输入映像寄存器位 X0 对应；Y1、Y2 为输出变量，与输出映像寄存器的位 Y1、Y2 对应；M0 是中间变量，与内部映像寄存器位 M0 对应。

在输入采样阶段，CPU 将输入端子 X0 的状态读入到对应的输入映像寄存器，外部触点接通时存入 1，反之存入 0。

执行第 1 条指令时，从输入映像寄存器的位 X0 读出状态，并根据 X0 的状态将 Y1 的状态写入到输出映像寄存器的位 Y1；执行第 2 条指令时，从输出映像寄存器的位 Y1 读出状态，并根据 Y1 的状态将 M0 的状态写到内部元件映像寄存器。执行第 3 条指令时，从内部映像寄存器的位 M0 读出状态并根据其状态确定 Y2 的值并写入到输出映像寄存器位 Y2。

在输出刷新阶段，CPU 将各输出映像寄存器中的 Y1、Y2 位状态通过输出锁存器传送给输出端子，并将数据锁存起来，以驱动输出设备。

3. PLC 对输入/输出的处理规则

PLC 在程序执行过程中，当前实际输入/输出值的处理遵循以下五点规则。

（1）输入映像寄存器中存储的数据取决于输入端子当前扫描周期被读入刷新器件的 ON/OFF 状态。

（2）程序如何执行及执行结果取决于用户程序、输入、输出、内部元件的状态。

（3）输出映像寄存器的内容取决于输出继电器的执行结果。

（4）输出锁存器中数据由上次输出刷新期间输出映像寄存器中的数据决定。

（5）输出端子(ON/OFF)状态由输出锁存器中的数据决定。

4. PLC 输入/输出滞后时间

PLC 的响应时间是指从 PLC 外部输入信号发生变化的时刻起至由它控制的有关外部输出信号发生变化的时刻之间的间隔，也叫做滞后时间(通常滞后时间为几十毫秒)。它由输入电路的时间常数、输出电路的时间常数、用户语句的安排和指令的使用、PLC 的循环扫描方式以及 PLC 对 I/O 的刷新方式等部分组成。这种现象称为 I/O 延迟响应或滞后现象。

（1）输入滤波时间。输入模块的 RC 滤波电路用来滤除由输入端引入的干扰噪声，消除因外接输入设备触点动作时产生的抖动引起的不良影响；滤波电路的时间常数决定了输入滤波时间的长短，其典型值为 10 ms。

（2）输出模块的滞后时间。输出模块的滞后时间与模块的类型有关，继电器型输出模块的滞后时间由触点的机械运动产生，一般在 10 ms 左右；晶体管型输出模块的滞后时间一般在 1 ms 以下；双向晶闸管输出模块在负载通电时的滞后时间约为 1 ms。

（3）因扫描工作方式产生的输入/输出滞后时间。除了 PLC 的扫描工作方式会引起输入/输出时间滞后，用户程序编制的不合理也会加重输入/输出时间滞后，最多可达两个多扫描周期。

4.2.3　PLC 等效电路

由 PLC 控制系统与继电器–接触器电气控制系统比较可知，PLC 控制系统是采用用户程序（软件）代替了继电器控制电路（硬件）。因此，对使用者来说，可以将 PLC 等效成各种各样的"软继电器"和"软接线"的集合，而用户程序就是用"软接线"将"软继电器"及其"触点"按一定要求连接起来的"控制电路"。

为了更好地理解这种等效关系，下面通过一个例子来说明。图 4-11 所示为三相异步电动机单向启动运行的电气控制系统，即第 2 章所说的"启、保、停"控制。其中，由输入设备（按钮）SB1、SB2、FR（热继电器）触点构成系统的输入部分，由输出设备 KM 构成系统的输出部分。

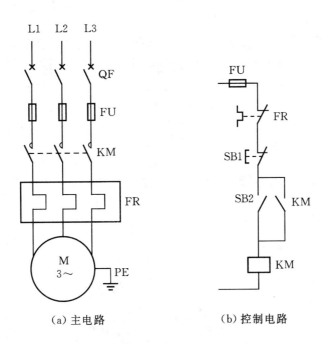

（a）主电路　　　　　（b）控制电路

图 4-11　三相异步电动机单向启动控制电路

如果用 PLC 控制这台三相异步电动机，组成一个 PLC 控制系统，根据上述分析可知，系统主电路不变，只要将输入设备 SB1、SB2、FR 的触点与 PLC 的输入端连接，输出设备 KM 线圈与 PLC 的输出端连接，就构成 PLC 控制系统的输入、输出硬件电路。而控制部分的功能则由 PLC 的用户程序来实现，其等效电路如图 4-12 所示。

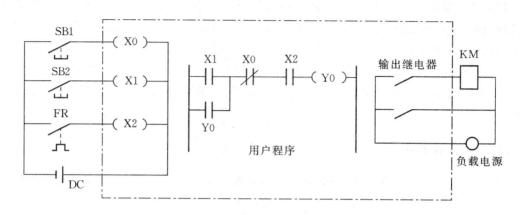

图 4-12　PLC 等效电路

图 4-12 所示中，输入设备 SB1、SB2、FR 与 PLC 内部的"软继电器"X0、X1、X2 的"线圈"对应，由输入设备控制相对应的"软继电器"的状态，即通过这些"软继电器"将外部输入设备状态变成 PLC 内部的状态，这类"软继电器"称为输入继电器。同理，输出设备 KM 与 PLC 内部的"软继电器"Y0 对应，由"软继电器"Y0 状态控制对应的输出设备 KM 的状态，即通过这些"软继电器"将 PLC 内部状态输出，以控制外部输出设备，这类"软继电器"称为输出继电器。

因此，PLC 用户程序要实现的是如何用输入继电器 X0、X1、X2 来控制输出继电器 Y0。当控制要求复杂时，程序中还要采用 PLC 内部的其他类型的"软继电器"，如辅助继电器、定时器、计数器等，以达到控制要求。

需要注意的是，PLC 等效电路中的继电器并不是实际的物理继电器，它实质上是存储器单元的状态。单元状态为"1"，相当于继电器接通；单元状态为"0"，则相当于继电器断开。这样的继电器被称为"软继电器"。

4.2.4　PLC 与微机及继电器-接触器控制系统的区别

1. PLC 与微型计算机的区别

（1）使用环境。PLC 适用于工程现场的环境，微机对环境要求较高，一般要在干扰小、具有一定的温度要求的机房内使用。所以，PLC 是用于工业自动化控制的专用微机控制系统。在工控系统中，微机一般作为上位机，向 PLC 发出命令，与 PLC 交换数据；而 PLC 作为下位机，接受上位机的命令，在现场直接控制设备运行。

（2）系统功能。微机系统有功能强大的操作系统，还可以安装许多应用软件；PLC 只有简单的监控程序，可完成自检、用户程序的执行与监视等功能。

（3）程序设计。微机具有丰富的程序语言，要求使用者必须具备一定水平的计算机硬件和软件知识；而 PLC 提供给用户的编程语句数量少，逻辑简单，易于学习和掌握。

（4）运算速度和存储容量。微机运算速度快，存储容量大；而 PLC 软件少，工业控制程序简单，存储容量小。

通过以上比较可以看出，PLC 是专为工业控制而产生的。

2. PLC 与继电-接触器控制系统的比较

如果从功能上比较，PLC 的功能已远远超出了最初的开关量控制，远非继电器可比。下面仅从逻辑控制方面对两者作一比较。

（1）控制方式。继电器的控制是采用硬件接线实现的，是利用继电器机械触点的串联或并联及延时继电器的滞后动作等组合形成控制逻辑，只能完成既定的逻辑控制，如系统构成后，想改变功能则很困难。PLC 采用存储逻辑，其控制逻辑是以程序方式存储在内存中，要改变控制逻辑，只需改变程序即可，也称软接线。另外，使用继电器设计控制电路时，必须考虑选用继电器的触点个数，因为每个继电器的触点个数是有限的，大约为 4～8 个，而 PLC 通过程序指令提供的触点可以无限次的使用（和实际继电器的触点功能一样）。

（2）控制速度。继电器控制逻辑是依靠触点的机械动作来实现控制的，工作频率低，触点的通断动作时间为毫秒级，机械触点有抖动现象；PLC 是由程序指令控制半导体电路来实现控制的，速度快，触点通断动作时间为微秒级，严格同步，无抖动。

（3）定时控制。继电器-接触器控制系统是靠时间继电器来实现延时控制的。时间继电器定时精度不高，定时范围有限，定时效果受环境影响大，调整时间困难。PLC 用半导体集成电路作定时器，时钟脉冲由晶体振荡器产生，精度高，调整时间只需修改程序，定时方便，定时范围不受限制，且不受环境影响。

（4）可靠性。传统的继电器-接触器控制系统中使用了大量的中间继电器、时间继电器，由于触点接触不良，容易出现故障。PLC 用软件代替大量的中间继电器和时间继电器，仅剩下与输入和输出有关的少量硬件，接线可减少至继电器-接触器控制系统的 1/10～1/100，因触点接触不良所造成的故障就会大为减少。PLC 采取了一系列硬件和软件抗干扰措施，具有很强的抗干扰能力，平均无故障时间达到数万小时以上，可以直接用于有强烈干扰的工业生产现场，PLC 是公认的最可靠的工业控制设备之一。

（5）维护性。传统的继电器-接触器控制系统中电路复杂，一旦有故障发生，查找修复均较困难。PLC 的故障率很低，且有完善的自诊断和显示功能。PLC 或外部的输入装置和执行机构发生故障时，可以根据 PLC 面板上的状态显示信息较为迅速地查明故障原因。

3. 继电器能否被 PLC 取代

PLC 有很多优点，但是目前继电器控制技术仍被广泛应用。首先，虽然 PLC 在某种程度上优于继电器，但考虑成本因素，对于一个简单的控制系统，低成本的继电器控制无疑是首选。而且继电器从来没有停止过进一步的发展，因为包括西门子公司在内从来没有承诺普通 PLC 是完全安全的，所以设备的安全控制（停电、重启、人身防护）等都是由专门的安全继电器来保证。至今，欧洲还有许多专门的生产厂商在生产、研发继电器。因此在很多生产领域，PLC 与继电-接触器控制系统将相辅相成，特别是在一个大型的控制系统中只有 PLC 控制是不够的，有继电器的补充作用将使系统功能更完善。

4.2.5　国内外主要 PLC 产品介绍

1. 目前 PLC 的主流产品

世界上 PLC 产品可按地域分成三大流派：美国产品、欧洲产品和日本产品。美国和欧洲的 PLC 技术是在相互隔离情况下独立研究开发的，因此美国和欧洲的 PLC 产品有明显的差异性。而日本的 PLC 技术是由美国引进的，对美国的 PLC 产品有一定的继承性。美国和欧洲以大中型 PLC 而闻名，而日本则以小型 PLC 著称。

(1) 美国 PLC 产品。美国是 PLC 生产大国，有 100 多家 PLC 厂商，著名的有 A - B 公司、通用电气(GE)公司、莫迪康(MODICON)公司、德州仪器(TI)公司、西屋公司等。其中，A - B 公司是美国最大的 PLC 制造商，其产品约占美国 PLC 市场的一半。

A - B 公司产品规格齐全、种类丰富，其主推的大、中型 PLC 产品是 PLC - 5 系列。该系列为模块式结构，当 CPU 模块为 PLC - 5/10、PLC - 5/12、PLC - 5/15、PLC - 5/25 时，属于中型的 PLC，I/O 点配置范围为 256～1024 点；当 CPU 模块为 PLC - 5/11、PLC - 5/20、PLC - 5/30、PLC - 5/40、PLC - 5/60、PLC - 5/40L、PLC - 5/60L 时，属于大型的 PLC，I/O 点最多可配置到 3072 点。该系列中，PLC - 5/250 功能最强，最多可配置到 4096 个 I/O 点，具有强大的控制和信息管理功能。A - B 公司的小型 PLC 产品有 SLC500 系列等。

德州仪器(TI)公司的小型 PLC 产品有 510、520 和 TI100 等，中型 PLC 产品有 TI300、5TI 等，大型 PLC 产品有 PM550、530、560、565 等系列。除 TI100 和 TI300 无联网功能外，其他 PLC 都可实现通信，构成分布式控制系统。

莫迪康(MODICON)公司有 M84 系列 PLC。其中，M84 是小型机，具有模拟量控制、与上位机通信功能，最多可配置 112 个 I/O 点；M484 是中型机，其运算功能较强，可与上位机通信，也可与多台联网，最多可配置 512 个 I/O 点；M584 是大型机，其容量大、数据处理和网络能力强，最多可配置 8192 个 I/O 点；M884 是增强型中型机，它具有小型机的结构、大型机的控制功能，主机模块配置两个 RS - 232C 接口，可方便地进行联网通信。

(2) 欧洲 PLC 产品。德国的西门子(SIEMENS)公司、AEG 公司、法国的 TE 公司是欧洲著名的 PLC 制造商。西门子公司的电子产品以性能精良而久负盛名。在大、中型 PLC 产品领域与 A - B 公司齐名。

西门子 PLC 主要产品是 S7 系列，其中 S7 - 200 PLC 为小型机，采用整体式结构，内置最大 I/O 点数为 40DI/DO，具有较强的通信功能，提供许多专用的特殊功能模块，可扩展 2～7 个模块，适用于机电一体化设备的控制或小规模的控制系统；S7 - 300 PLC 为中型机，采用模块式结构，各种单独的模块之间可进行组合，最多可扩展 32 个模块，常用于大型机电一体化设备的控制，能满足中等性能要求的应用；S7 - 400 PLC 为大型机，采用模块式结构，具有较强的网络通信功能，配有多种通用功能的模块，最多可扩展 300 个模块，可组合成不同的专用系统，用于大型自动化生产过程、分布式控制系统等。

(3) 日本 PLC 产品。日本的小型 PLC 最具特色，在小型机领域中颇负盛名，某些用欧美的中型机或大型机才能实现的控制，日本的小型机就可以解决。在开发较复杂的控制系统方面明显优于欧美的小型机，所以格外受用户欢迎。日本有许多 PLC 制造商，如三菱、欧姆龙、松下、富士、日立、东芝等，在世界小型 PLC 市场上，日本产品约占有 70% 的份额。

三菱 PLC 是较早进入中国市场的产品，其小型机 F1/F2 系列是 F 系列的升级产品，早期在我国的销量也不小。继 F1/F2 系列之后，20 世纪 80 年代末，三菱公司又推出 FX 系列，在容量、速度、特殊功能和网络功能等方面都有了全面的加强。FX2 系列是在 20 世纪 90 年代开发的整体式高功能小型机，它配有各种通信适配器和特殊功能单元。FX_{2N} 是高功能整体式小型机，是 FX2 的换代产品，各种功能都有了全面的提升。现在，三菱公司新推出了第三代微型可编程控制器 FX_{3U}、FX_{3G} 系列产品，其中 FX_{3U} 为 FX_{2N} 系列的升级替换产品，FX_{3G} 为 FX_{1N} 的升级产品。三菱公司还不断推出满足不同要求的微型 PLC，如 FX_{0S}、FX_{1S}、FX_{0N}、FX_{1N} 等系列产品。三菱公司的大中型 PLC 产品有 A 系列、QnAS 系列、Q 系列，具有丰富的网络功能，I/O 点数可达 8192 点。其中，Q 系列采用模块化结构，具有丰富的机型、灵活的安装方式、双 CPU 协同处理、多存储器和远程口令等特点，是三菱公司现有最高性能的 PLC。

日本欧姆龙（OMRON）电机株式会社是世界上生产 PLC 的著名厂商之一。OMRON C 系列 PLC 产品以其良好的性价比被广泛应用于化学工业、食品加工、材料处理和工业控制等领域，其产品销量在日本仅次于三菱，在我国也有非常广泛的应用。

欧姆龙（OMRON）PLC 产品种类齐全、功能强，适用面广，大致可分为微型、小型、中型和大型。微型机有 P 系列、H 系列、CPM1A 系列、CPM2A 系列等，P 型机现已被性价比更高的 CPM1A 系列所代替，CQM1 为小型机，这几个系列 PLC 均为整体式结构。CPM2A/2C、CQM1 系列内置 RS-232C 接口和实时时钟，并具有软 PID 功能，CQM1H 是 CQM1 的升级产品。CJ1 系列是最为典型的模块化总线式结构的小型 PLC 系列，它以体积小、速度快为特点，具有与 CS 系列相似的先进控制功能，易于联网，适用于高频计数与高频脉冲输出的系统。中型机有 C2000H、C200HS、C200HX、C200HG、C200HE 和 CS1 系列。C2000H 是前些年畅销的高性能中型机，C200HS 是 C2000H 的升级产品，指令系统更丰富、网络功能更强。C200HX/HG/HE 是 C200HS 的升级产品，有 1148 个 I/O 点，其容量是 C200HS 的 2 倍，速度是 C200HS 的 3.75 倍，有品种齐全的通信模块，是适应信息化的 PLC 产品。CS1 系列具有中型机的规模、大型机的功能，是一种极具推广价值的新机型。大型机有 C1000H、C2000H、CＶ（CＶ500/CＶ1000/CＶ2000/CＶM1）等。C1000H、C2000H 可单机或双机热备份运行，安装带电插拔模块，C2000H 可在线更换 I/O 模块；CＶ系列中除 CＶM1 外，均可采用结构化编程，易读、易调试，并具有更强大的通信功能。

松下公司的 PLC 产品中，FP0 为微型机，FP1 为整体式小型机，FP3 为中型机，FP5/FP10、FP10S（FP10 的改进型）FP20 为大型机，其中 FP20 是最新产品。松下公司近几年 PLC 产品的主要特点是：指令系统功能强；有的机型还提供可以用 FP-BASIC 语言编程的 CPU 及多种智能模块，为复杂系统的开发提供了软件手段；FP 系列各种 PLC 都配置通信机制，由于它们使用的应用层通信协议具有一致性，这给构成多级 PLC 网络和开发 PLC 网络应用程序带来了方便。

2. PLC 的发展趋势

近年来，PLC 的发展更为迅速，更新换代的周期缩短为三年左右。不同的应用领域，不同的控制需求，决定了 PLC 发展的侧重点不同，其发展趋势主要体现在大型化、微型化、多功能化、标准化、模块智能化和网络化等几个方面。

（1）大型化、高速度、大存储容量趋势。为拓宽 PLC 的应用领域，逐步具备工业控制计算机、集散控制系统所具有的先进功能，尤其是在实时处理方面，同时为提升自身 PLC 品牌的竞争力，PLC 朝着大型化、高速度、大容量的趋势发展成为必然。通过采用 32 位甚至 64 位高性能 CPU、多 CPU 并行处理技术，发展智能模块实现分级处理等方法增强 PLC 处理能力，提高响应速度。控制系统的控制规模增大，用户程序也必然会增大，因此 PLC 大型化也包含了存储容量的增加。

（2）微型化、多功能趋势。大型化是为了拓展 PLC 的应用领域，而在 PLC 的强项——小型设备的控制上，则需要在提高速度、改善结构、微型化、多功能化方面做出努力，以使控制系统体积减小，成本降低，结构趋于模块化，配置灵活，易于改造。例如，三菱的 FX - IS 系列 PLC 最小的机种，体积仅为 $60 \times 90 \times 75$ mm，相当于一个继电器，但却具有高速计数、斜坡、交替输出 16 位四则运算等功能。

（3）标准化趋势。PLC 的功能在不断增强，生产过程自动化要求（如生产调度、综合管理等）也在不断提高，过去那种封闭的、不开放的、自成一体的结构显然已不合适，越来越需要不同品牌的 PLC 在通信协议、总线结构、编程语言等方面能够遵循一个统一的标准，以提高兼容性。国际电工委员会（EC）为此制定了国际标准 IEC61131。该标准由总则、设备性能和测试、编程语言、用户手册、通信、模糊控制的编程、可编程控制器的应用和实施指导等八部分和两个技术报告组成。其中，IEC61131 - 3 是 PLC 编程语言标准。几乎所有的 PLC 生产厂家都表示支持 IEC 61131，并开始向该标准靠拢。

（4）模块智能化趋势。目前，大、中、小型 PLC 都有自己相应的智能 I/O 模块，如 PID 控制、运动控制（步进、伺服、凸轮控制），高速计数、中断输入、热电偶输入、热电阻输入、通信等智能模块。有了这些模块，PLC 的 CPU 处理复杂的控制任务（如运动控制）如同控制继电器触点通断一样方便。

（5）网络化趋势。加强 PLC 的联网能力是实现分布式控制、适应工厂自动化系统和计算机集成制造系统发展的需要，也是实现网络化的需要。从物理关系上看，联网包括 PLC 与 PLC 之间、PLC 与远程 I/O 之间、PLC 与计算机之间的信息交换。从技术层面上看，网络结构采用三级通信网络：底层为设备网络，用来实现 PLC 与现场设备之间的通信，又称为远程 I/O 网络，如 RS - 485、RS - 232C 等协议；中间层是控制网络，用来实现 PLC 与计算机之间的通信，如 PROFIBUS、Modbus、CAN 等现场总线标准；上层为信息网络，负责传递生产管理信息，如 TCP/IP。

4.2.6　PLC 的性能指标

1. 描述 PLC 性能的术语

描述 PLC 性能时，经常用到位、数字、字节及字等术语。

位：指二进制的一位，仅有 1、0 两种取值。一个位对应 PLC 一个软继电器，某位的状态为 1 或 0，分别对应继电器线圈通电或断电。

字节：8 位二进制数构成一个字节。

字：两个字节构成一个字。在 PLC 术语中，字称为通道，一个字含 16 位二进制数，或者说一个通道含 16 个软继电器。

2. 描述 PLC 性能的术语

（1）存储容量。系统程序存放在系统程序存储器中。此处所说的存储容量是指用户程序存储器的容量，用户程序存储器容量决定了 PLC 可以容纳的用户程序的长短，一般以 KB 为单位来计算。每 1024 个字节为 1 KB。

(2) 输入/输出点数(I/O 点数)。I/O 点数即 PLC 面板上连接输入、输出信号用的端子的个数，常称为"点数"，用输入点数与输出点数的和来表示。I/O 点数越多，可控制规模就越大。因此，I/O 点数是衡量 PLC 性能的重要指标之一，也是设计人员选用 PLC 机型的主要依据之一。PLC 的 I/O 点数主要包括主机的 I/O 点数和最大扩展点数。当主机的 I/O 点数不能满足控制要求时，可以外接 I/O 模块，由主机的 PLC 进行寻址，因此 I/O 模块的最大扩展点数受到 CPU 的 I/O 寻址能力的限制。

(3) 扫描速度。扫描速度是指 PLC 执行程序的速度，是衡量 PLC 执行程序快慢的指标，一般以执行 1 KB 所用的时间来衡量扫描速度。PLC 用户手册一般给出执行各条程序所用的时间，单位为 μs/指令。也可以通过比较各种 PLC 执行相同操作所用的时间，来衡量扫描速度的快慢。

(4) 编程指令的种类和数量。PLC 指令种类众多，说明它的软件功能越强，所以指令条数的多少是衡量 PLC 功能强弱的主要指标。

(5) 功能模块。PLC 除了主机和扩展模块外还可以配接各种特殊功能模块。主机可以实现基本控制功能，功能模块可以实现一些特殊的专门功能。目前，功能模块的种类很多，功能也较强。常用的功能模块主要有 AD 和 DA 转换模块、高速计数模块、速度控制模块、位置控制模块、远程通信模块、温度控制模块、轴定位模块以及各种物理量转换模块等。这些模块令 PLC 的控制功能更为丰富。因此，特殊功能模块的多少和功能强弱也是衡量 PLC 产品水平的技术性能指标。

4.3　引例解答

4.3.1　选型原则

工程中考虑用 PLC 作为控制系统时，首先应确定控制方案，下一步工作就是 PLC 工程设计选型。工艺流程的特点和应用要求是设计选型的主要依据。PLC 及有关设备应是集成的、标准的，按照易于与工业控制系统形成一个整体，易于扩充其功能的原则选型所选用的PLC 应是在相关工业领域有投运业绩、成熟可靠的系统；PLC 的系统硬件、软件配置及功能应与装置规模和控制要求相适应。熟悉可编程序控制器、功能表图及有关的编程语言有利于缩短编程时间，因此，工程设计选型和估算时，应详细分析工艺过程的特点、控制要求，明确控制任务和范围确定所需的操作和动作，然后根据控制要求，估算输入/输出点数、所需存储器容量，确定 PLC 的功能、外部设备特性等，最后选择有较高性能价格比的 PLC 和设计相应的控制系统。

在实际工程应用中，我们可以按照以下步骤选择 PLC。

1. 输入/输出 I/O 点数的估算

根据外围元器件的数量合理选择输入/输出点数，输入/输出 I/O 点数估算时应考虑适当的余量，通常根据统计的输入/输出点数，再增加 10%～20% 的可扩展余量后，作为输入/输出点数估算数据。

2. 存储器容量的估算

存储器容量是可编程序控制器本身能提供的硬件存储单元的大小，程序容量是存储器中用户应用项目使用的存储单元的大小，因此程序容量小于存储器容量。设计阶段，由于用户应用程序还未编制，因此，程序容量在设计阶段是未知的，需在程序调试之后才知道。为了设计选型时能对程序容量有一定估算，通常采用存储器容量的估算来替代。存储器内存容量的估算没有固定的公式，许多文献资料中给出了不同公式，大体上都是按数字量 I/O 点数的 10～15 倍，加上模拟 I/O 点数的 100 倍，以此数为内存的总字数（16 位为一个字），即

存储器容量（字节数）＝开关量 I/O 点数×10＋模拟量 I/O 通道数×100

另外，再按此数的 25％考虑余量。

3. 控制功能的选择

该选择包括运算功能、控制功能、通信功能、编程功能、诊断功能和处理速度等特性的选择。

1）运算功能

简单 PLC 的运算功能包括逻辑运算、计时和计数功能，还包括数据移位、比较等运算功能；大型 PLC 中还有模拟量的 PID 运算和其他高级运算功能。随着开放系统的出现，目前在 PLC 中都已具有通信功能，有些产品具有与下位机的通信功能，有些产品具有与同位机或上位机的通信功能，有些产品还具有与工厂或企业网进行数据通信的功能。设计选型时应从实际应用的要求出发，合理选用所需的运算功能。大多数应用场合，只需要逻辑运算和计时计数功能，有些应用需要数据传送和比较，当用于模拟量检测和控制时，才使用代数运算，数值转换和 PID 运算等。

2）控制功能

控制功能包括 PID 控制运算、前馈补偿控制运算、比值控制运算等，应根据控制要求确定。PLC 主要用于顺序逻辑控制，因此，大多数场合常采用单回路或多回路控制器解决模拟量的控制，有时也采用专用的智能输入/输出单元完成所需的控制功能，以提高 PLC 的处理速度和节省存储器容量。例如，采用 PID 控制单元、高速计数器、带速度补偿的模拟单元、ASC 码转换单元等。

3）通信功能

大中型 PLC 系统应支持多种现场总线和标准通信协议（如 TCP/IP），需要时应能与工厂管理网（TCP/IP）相连接。通信协议应符合 ISO/IEEE 通信标准，也应是开放的通信网络。

4）编程功能

离线编程方式：PLC 和编程器共用一个 CPU，编程器在编程模式时，CPU 只为编程器提供服务，不对现场设备进行控制。完成编程后，编程器切换到运行模式，CPU 对现场设备进行控制，不能进行编程。离线编程方式可降低系统成本，但使用和调试不方便。

在线编程方式：CPU 和编程器有各自的 CPU，主机 CPU 负责现场控制，并在一个扫描周期内与编程器进行数据交换，编程器把在线编制的程序或数据发送到主机；下一扫描周期，主机就根据新收到的程序运行。这种方式成本较高，但系统调试和操作方便，在大中型 PLC 中常采用。

5）诊断功能

PLC 的诊断功能包括硬件和软件的诊断。硬件诊断通过硬件的逻辑判断确定硬件的故障

位置，软件诊断分内诊断和外诊断。通过软件对 PLC 内部的性能和功能进行诊断是内诊断，通过软件对 PLC 的 CPU 与外部输入/输出等部件信息交换功能进行诊断是外诊断。PLC 的诊断功能的强弱直接影响对操作和维护人员技术能力的要求，并影响平均维修时间。

6）处理速度

PLC 采用扫描方式工作。从实时性要求来看，处理速度应越快越好，如果信号持续时间小于扫描时间，则 PLC 将扫描不到该信号，造成信号数据的丢失。处理速度与用户程序的长度、CPU 处理速度、软件质量等有关。目前，PLC 接点的响应快、速度高，每条二进制指令执行时间约 $0.2\sim0.4Ls$，因此能适应控制要求高、响应要求快的应用需要。扫描周期（处理器扫描周期）应满足：小型 PLC 的扫描时间不大于 0.5 ms/K；大中型 PLC 的扫描时间不大于 0.2 ms/K。

4. 机型的选择

1）输入/输出模块的选择

输入/输出模块的选择应考虑与应用要求的统一。例如：对输入模块，应考虑信号电平、信号传输距离、信号隔离、信号供电方式等应用要求；对输出模块，应考虑选用的输出模块类型，通常继电器输出模块具有价格低、使用电压范围广、寿命短、响应时间较长等特点。可控硅输出模块适用于开关频繁、电感性低、功率因数负荷场合，但价格较贵，过载能力较差。输出模块还有直流输出、交流输出和模拟量输出等，与应用要求应一致。

可根据应用要求，合理选用智能型输入/输出模块，以便提高控制水平和降低应用成本。此外，考虑是否需要扩展机架或远程 I/O 机架等。

2）电源的选择

PLC 的供电电源，除了引进设备时同时引进 PLC 应根据产品说明书要求设计和选用外，一般 PLC 的供电电源应设计选用 220 VAC 电源，与国内电网电压一致。重要的应用场合，应采用不间断电源或稳压电源供电。

如果 PLC 本身带有可使用电源时，应核对提供的电流是否满足应用要求，否则应设计外接供电电源。为防止外部高压电源因误操作而引入 PLC，对输入和输出信号的隔离是必要的，有时也可采用简单的二极管或熔丝管来隔离。

3）存储器的选择

由于计算机集成芯片技术的发展，存储器的价格已下降，因此，为保证应用项目的正常投运，一般要求 PLC 的存储器容量按 256 个 I/O 点至少选 8K 存储器来选择。需要复杂控制功能时，应选择容量更大、档次更高的存储器。

4）冗余功能的选择

（1）控制单元的冗余。

① 重要的过程单元：CPU（包括存储器）及电源均应 1B1 冗余。

② 在需要时也可选用 PLC 硬件与热备软件构成的热备冗余系统、2 重化或 3 重化冗余容错系统等。

（2）I/O 接口单元的冗余。

① 控制回路的多点 I/O 卡应冗余配置。

② 重要检测点的多点 I/O 卡可冗余配置。

③ 根据需要对重要的 I/O 信号，可选用 2 重化或 3 重化的 I/O 接口单元。

5）经济性的考虑

选择 PLC 时，应考虑性能价格比。考虑经济性时，应同时考虑应用的可扩展性、可操作性、投入产出比等因素，进行比较和兼顾，最终选出较满意的产品。

输入/输出点数对价格有直接影响。每增加一块输入/输出卡件就需增加一定的费用，当点数增加到某一数值后，相应的存储器容量、机架、母板等也要相应增加。因此，点数的增加对 CPU 选用、存储器容量、控制功能范围等选择都有影响，在估算和选用时应充分考虑，使整个控制系统有较合理的性能价格比。

4.3.2 引例选型

现以本章引例"三菱 PLC 在注塑机中的应用"为例，介绍如何选用 PLC 及相关模块。

1. 明确系统组成及工艺流程特点

本例所介绍的注塑机是非常典型的机电液一体化设备。注塑机主要由注塑系统、合模机构、液压系统、控制系统、安全系统及辅助系统等组成（结构简图如图 1-1 所示）。其中，注塑系统由塑化部件（包括螺杆、料筒、螺杆头、喷嘴）、注射座、注射油缸、座移油缸、液压马达组成；合模机构由调模装置、合模装置（合模油缸）、顶出装置（顶出油缸）组成；液压系统由液压泵、阀件等组成；控制系统则需要完成各部件动作顺序控制、料筒温度控制、故障检测报警、安全保护等功能。

注塑成型工艺是利用塑料的热物理性质，将物料从料斗加入料筒中，料筒外由加热装置加热，使物料熔融，料筒内装有螺杆，在外动力液压马达驱动下旋转，物料在旋转螺杆的作用下，沿着螺槽向前输送并压实，并在外加热和螺杆剪切的双重作用下逐渐地塑化、熔融和均化。当螺杆旋转时，物料在螺槽摩擦力及剪切力的作用下，将已熔融的物料推到螺杆的头部，与此同时，螺杆在物料的反作用下后退，使螺杆头部形成储料空间，完成塑化过程。然后，螺杆在注射油缸的活塞推力作用下，以高速、高压，将储料室内的熔融料通过喷嘴注射到模具的型腔中，型腔中的熔料经过保压、冷却、固化定型后，模具在合模机构的作用下，开启模具，并通过顶出装置将定型好的制品从模具顶出落下。

2. 明确控制要求

注塑机一般分为手动、自动两种工作模式。

手动模式下，按下相应的功能按钮，能完成对应的操作，此模式一般为调试模具和维修时使用；

自动模式下，只需按下启动按钮，注塑机就可以预定的速度和压力按工艺控制流程的要求自动执行相应动作，此模式用于正常生产过程中，为周期性工作方式。

每一周期的工艺控制流程为：

起始位置→合模→注射座前进→注射→保压→冷却→注射座后退→开模→制品顶出→起始位置。

其中：

（1）模具的开启与闭合（合模、开模）：通过 PLC 控制电磁换向阀 Y1 线圈的得电或失电，使合模油路或开模油路打开，进而实现模具的闭合与打开。

（2）注射座的前进与后退：通过 PLC 控制电磁换向阀 Y2 线圈的得电或失电来实现。

（3）顶杆的顶出与复位：通过 PLC 控制电磁换向阀 Y3 线圈的得电或失电来实现。

（4）液压马达动作：电磁阀 Y4 得电，液压马达开始旋转工作。

（5）料筒温度控制：注塑机的料筒温度是注塑工艺的重要参数，温度控制要求是升温快、超调小、稳态精度高，因此一般采用 PID 控制，温度控制要求通常在 400℃ 以内。

注意：本引例中液压泵为定量泵，液压油压力、流量采用比例阀直接控制，不经由 PLC 控制。目前较先进的注塑机，系统压力常采用压力比例阀控制，而流量则通过变频器控制电机及液压泵转速控制。

3. PLC 硬件选型

（1）输入设备（开关量）主要有按钮、选择开关和行程开关。

① 按钮：启动控钮、停止按钮、复位按钮、急停按钮、注塑按钮、顶出按钮、冷却按钮共 7 个。

② 选择开关：手动/自动模式选择开关、手动开模/合模选择开关、注射台前移/后退选择开关共 3 个。

③ 行程开关（用于动作装置的终端保护）：原点安全限位开关、开模完成接近开关、合模完成接近开关、射台前进到位接近开关、射台后退到位接近开关、顶针前进到位接近开关、顶针后退到位接近开关共 7 个。

（2）输出设备（开关量）主要有液压泵（经由接触器控制）、Y1～Y4 电磁换向阀共 5 个。

（3）模拟量输入/输出：料筒温度采用热电偶传感器检测，为模拟量输入信号，采用 PID 方法实现变功率加热装置的控制（模拟量输出）。

综上，本控制系统既需要进行开关量控制，也需要进行模拟量控制。其中，开关量输入信号总数为 7＋3＋7＝17 个，开关量输出信号为 5 个，再考虑到 10%～20% 的 I/O 点数余量，拟选用的 PLC 型号为 FX_{3U}-48MR（24 个输入点，24 个输出点）。而热电偶模拟量的输入则选用 FX_{2N}-4AD-TC（热电偶）特殊功能模块，模拟量的输出则选用 FX_{2N}-4DA 特殊功能模块。

4.4   知 识 点 扩 展

三菱 FX 系列产品中，有 FX_{1S}、FX_{1N}/FX_{1NC}、FX_{2N}/FX_{2NC}、FX_{3U}/FX_{3UC}、FX_{3G} 系列，与过去的 F1、F2 等产品相比，性价比有显著提高。其中，FX_{2N} 系列部分型号已于 2013 年 3 月末停止生产，与停产产品软、硬件兼容的升级换代产品为 FX_{3U} 对应系列。

4.4.1   FX 系列 PLC 型号命名体系

$\underline{FX_{2N}}$-$\underline{16}$$\underline{M}$$\underline{R}$-$\underline{□}$-$\underline{ESS}$/$\underline{UL}$
① ② ③④ ⑤ ⑥ ⑦

$\underline{FX_{3U}}$-$\underline{16}$$\underline{M}$$\underline{R}$/$\underline{ES}$
① ② ③ ④ ⑧

各序号具体含义见表 4.1。

表 4.1   三菱 FX 系列 PLC 型号命名说明

	区　分	内　　容
①	系列名称	FX₁ₛ，FX₁ₙ，FX₁ₙ𝒸，FX₂ₙ，FX₂ₙ𝒸，FX₃𝒢，FX₃ᵤ，FX₃ᵤ𝒸
②	输入/输出总点数	8，16，32，48，64 等
③	单元区分	M：基本单元 E：输入/输出混合扩展设备 EX：输入扩展模块 EY：输出扩展模块
④	输出型式	R：继电器输出 T：晶体管输出 S：可控硅输出
⑤	连接型式	T：端子排方式(仅限 FX₂ₙ𝒸)
⑥	电源、输出方式	无：AC 电源，漏型输出 E：AC 电源，漏型输入、漏型输出 ES：AC 电源，漏型/源型输入、漏型/源型输出 ESS：AC 电源，漏型/源型输入、源型输出(仅晶体管输出) D：DC 电源，漏型输入、漏型输出 DS：DC 电源，漏型/源型输入、漏型输出 DSS：DC 电源，漏型/源型输入、源型输出(仅晶体管输出)
⑦	UL 规格	无：不符合的产品；UL：符合 UL 规格的产品
⑧	电源、输出方式	ES：AC 电源，漏型/源型输入(晶体管输出型为漏型输出) ESS：AC 电源，漏型/源型输入、源型输出(仅晶体管输出) D * 2：DC 电源，漏型输入、漏型输出 DS：DC 电源，漏型/源型输入(晶体管输出型为漏型输出) DSS：DC 电源，漏型/源型输入、源型输出(仅晶体管输出)

4.4.2　FX₃ᵤ系列 PLC 主机面板结构

FX₃ᵤ系列小型 PLC 面板外形如图 4-13 所示，具体说明如下：

(1) 电池盖板。电池保存在下面，更换电池时打开盖板。

(2) 上盖板。盖板下方为存储器盒安装处。

(3) 显示输入用的 LED(红)。输入(X000～)接通时红灯点亮。

(4) 端子排盖板。接线时，将盖板打开 90 度后进行操作；运行(通电)时，则盖上盖板。

(5) 连接扩展设备用的连接器盖板。将输入/输出扩展单元/模块以及特殊功能单元/模块的扩展电缆连接到此盖板下面的连接口上。

(6) 工作状态显示 LED。可以通过 LED 的显示情况确认可编程控制器的运行状态：

① POWER：绿色，PLC 通电时灯亮。

② RUN：绿色，PLC 处于正常运行状态时灯亮，处于编程状态或运行异常时灭。

③ BATT：红色，点亮表示电池电压降低。

④ ERROR：红色，闪烁表示程序出错，常亮表示 CPU 故障。

（7）显示输出用的 LED(红)。输入（Y000～）接通时红灯点亮。

（8）型号显示。

（9）编程设备连接口。

（10）RUN/STOP 开关：将开关拨至 STOP 挡，下载程序或 PLC 停止运行；将开关拨至 RUN 挡，PLC 运行。

（11）通信接口。

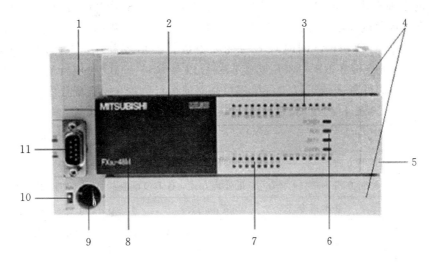

1—电池盖板；2—上盖板；3—显示输入用的 LED(红)；4—端子排盖板；
5—连接扩展设备用的连接器盖板；6—工作状态显示 LED；7—显示输出用的 LED(红)；
8—型号显示；9—编程设备连接口；10—RUN/STOP 开关；11—通信接口

图 4-13　FX3u 系列 PLC 外形图

4.4.3　FX$_{3U}$ 系列 PLC 技术特点

FX$_{3U}$ 系列 PLC 为三菱第三代微型可编程控制器，比 FX$_{2N}$ 系列更系列化，处理速度更快，软元件数量更多，功能指令更加丰富。表 4-2 所示为 FX$_{3U}$ 系列 PLC 与 FX$_{2N}$ 系列 PLC 主要性能比较。其主要技术特点如下：

（1）FX$_{3U}$ 是 FX 系列 PLC 中功能最强、运行速度最快的 PLC。FX$_{3U}$ 系列 PLC 基本指令执行时间为 0.065 μs，较 FX$_{2N}$ 系列 0.08 μs 的基本指令执行时间提高约 1.2 倍。

（2）具有最大 384 点的输入/输出点数。可编程控制器上直接接线的输入/输出（最大 256 点）和网络（CC-Link）上的远程 I/O（最大 256 点）的合计点数可以扩展到 384 点，超过 FX$_{2N}$ 系列最大 256 点的输入/输出点数。

（3）FX$_{3U}$ 系列 PLC 内置 64K 的 RAM 内存，还可以通过使用存储器盒，将程序内存变为快闪存储器。

（4）FX$_{3U}$ 系列 PLC 功能指令有 218 种 497 个，较 FX$_{2N}$ 系列 132 种 309 个功能指令更加丰富。除了增加了高数计数器比较指令、变频器控制指令、定位控制指令、表格设定定位指令等，数据处理类指令也大大丰富，如新增数据块加/减运算等多种指令。

（5）FX$_{3U}$ 系列 PLC 的系统构成比 FX$_{2N}$ 更大，两者的输入/输出模块与特殊功能模块兼容，特殊功能模块最多可配置 8 台。

（6）FX$_{3U}$ 系列 PLC 高速计数功能范围扩大。FX$_{3U}$ 系列内置 6 点 100 kHz 32 位高速计数功能的计数器，读数频率是 FX$_{2N}$ 系列 PLC 的 2 倍，极大地提高了高速计数功能范围。对于晶体管输出的 FX$_{3U}$ 系列 PLC，其输出端可接独立的 3 根轴、最高 100 kHz 的脉冲输出，定位控制十分方便。

（7）FX$_{3U}$ 系列 PLC 通信功能增强。FX$_{3U}$ 系列 PLC 开发了多种通信板、通信适配器和与计算机连接的多种板块，如 FX$_{3U}$ 系列 PLC 可以与安装了 RS-232C 接口的各种智能设备，像条码阅读器、打印机等在无协议的情况下 1∶1 地通信、交换数据；可以与安装了 RS-485 接口的各种设备进行通信；可同时对 8 台变频器进行通信控制；如果使用编程软件（GX Developer），可通过连接在 RS-232C 功能扩展板以及 RS-232C 通信特殊适配器上的调制解调器，执行远距离的程序传送以及可编程控制器的运行监控，以实现程序的远程调试。

表 4.2　FX$_{2N}$ 系列与 FX$_{3U}$ 系列 PLC 基本性能比较

项 目		FX$_{2N}$	FX$_{3U}$
运算控制方式		存储程序，反复运算	
I/O 控制方式		批处理方式，有 I/O 刷新指令、脉冲捕捉功能	
运算处理速度	基本指令	0.08 μs/指令	0.065 μs/指令
	应用指令	1.5 μs/指令～数百 μs/指令	0.642μs/指令～数百 μs/指令
内置程序容量（EEPROM）		8000 步	640 000 步
指令条数	基本指令	27 个	29 个
	步进指令	2 个	2 个
	应用指令	132 种 309 个	218 种 497 个
I/O 设置		最多 256 点	最多 384 点
辅助继电器 M	一般用	M0～M499　　　500 点	M0～M499　　　500 点
	保持用	M500～M1023　　524 点	M500～M1023　　524 点
	保持用	M1024～M3071　2048 点	M1024～M7679　6656 点
	总计	3072 点	7680 点
	特殊用	M8000～M8255　256 点	M8000～M8511　512 点
状态继电器 S	初始状态	S0～S9　　　　　10 点	S0～S9　　　　　10 点
	一般用	S10～S499　　　490 点	S10～S499　　　490 点
	保持用	S500～S899　　400 点	S500～S899　　400 点
	信号报警器用	S900～S999　　100 点	S900～S999　　100 点
	保持用	—	S1000～S4095　3096 点
	总计	1000 点	4096 点

项　目		FX$_{2N}$		FX$_{3U}$	
定时器 T	100 ms	T0～T199	200 点	T0～T191	192 点
	10 ms	T200～T245	46 点	T200～T245	46 点
	1 ms(累计型)	T246～T249	4 点	T246～T249	4 点
	100 ms(累计型)	T250～T255	6 点	T250～T255	6 点
	1 ms	—		T256～T511	256 点
	总计		256 点		512 点
计数器	一般用递增(16 位)	C0～C99	100 点	C0～C99	100 点
	保持用递增(16 位)	C100～C199	100 点	C100～C199	100 点
	一般用双向(32 位)	C200～C219	20 点	C200～C219	20 点
	保持用双向(32 位)	C220～C234	15 点	C220～C234	15 点
	总计	235 点			235 点
高速计数器	单相单计数输入双向(32 位)	C235～C245 中的	6 点	C235～C245	11 点
	单相双计数输入双向(32 位)			C246～C250	5 点
	双向双计数输入双向(32 位)			C251～C255	5 点
	总计		6 点		21 点
数据寄存器 D			8000 点		40768 点
指针 P			128 点		4096 点

4.4.4　FX$_{3U}$系统的硬件配置

FX$_{3U}$系列 PLC 的硬件包括基本单元、扩展单元、扩展模块、各种特殊功能模块及外围设备等。

FX$_{3U}$系列继承 FX$_{2N}$系列 PLC 整体式和模块式 PLC 的优点，各单元间采用叠装式连接，即 PLC 的基本单元、扩展单元和扩展模块深度及高度均相同，连接时不用基板，仅用扁平电缆连接，构成一个整齐的长方体。模拟量输入和输出模块、高速计数模块等，可直接连接到 FX 系列的基本单元，或连接到其他扩展单元、扩展模块的右边。

1. 基本单元

基本单元可构成独立的控制系统，是内置了 CPU、存储器、输入/输出、电源的产品。FX$_{3U}$系列 PLC 基本单元有 16/32/48/80/128 点。AC 电源/DC24V 漏型-源型输入通用型 FX$_{3U}$系列 PLC 基本单元见表 4.3；DC 电源/DC24V 漏型-源型输入通用型 FX$_{3U}$系列 PLC 基本单元见表 4.4。

表 4.3 AC 电源/DC24V 漏型-源型输入通用型 FX₃ᵤ系列 PLC 基本单元

型　　号				输入点数	输出点数
继电器输出	晶闸管输出	晶体管输出			
		漏　型	源　型		
FX₃ᵤ - 16MR/ES	—	FX₃ᵤ - 16MT/ES	FX₃ᵤ - 16MT/ESS	8	8
FX₃ᵤ - 32MR/ES	FX₃ᵤ - 32MS/ES	FX₃ᵤ - 32MT/ES	FX₃ᵤ - 32MT/ESS	16	16
FX₃ᵤ - 48MR/ES	—	FX₃ᵤ - 48MT/ES	FX₃ᵤ - 48MT/ESS	24	24
FX₃ᵤ - 64MR/ES	FX₃ᵤ - 64MS/ES	FX₃ᵤ - 64MT/ES	FX₃ᵤ - 64MT/ESS	32	32
FX₃ᵤ - 80MR/ES	—	FX₃ᵤ - 80MT/ES	FX₃ᵤ - 80MT/ESS	40	40
FX₃ᵤ - 128MR/ES	—	FX₃ᵤ - 128MT/ES	FX₃ᵤ - 128MT/ESS	64	64

表 4.4 DC 电源/DC24V 漏型-源型输入通用型 FX₃ᵤ系列 PLC 基本单元

型　　号			输入点数	输出点数
继电器输出	晶体管输出			
	漏　型	源　型		
FX₃ᵤ - 16MR/DS	FX₃ᵤ - 16MT/DS	FX₃ᵤ - 16MT/DSS	8	8
FX₃ᵤ - 32MR/DS	FX₃ᵤ - 32MT/DS	FX₃ᵤ - 32MT/DSS	16	16
FX₃ᵤ - 48MR/DS	FX₃ᵤ - 48MT/DS	FX₃ᵤ - 48MT/DSS	24	24
FX₃ᵤ - 64MR/DS	FX₃ᵤ - 64MT/DS	FX₃ᵤ - 64MT/DSS	32	32
FX₃ᵤ - 80MR/DS	FX₃ᵤ - 80MT/DS	FX₃ᵤ - 80MT/DSS	40	40

2. 输入/输出扩展单元

　　输入/输出扩展单元是内置了电源回路和输入/输出，用于扩展输入/输出的产品，可以给连接在其后的扩展设备供电。DC24V 漏型-源型输入通用型 FX₃ᵤ PLC 输入/输出扩展单元见表 4.5；DC24V 漏型输入通用型 FX₃ᵤ PLC 输入/输出扩展单元见表 4.6。

表 4.5 DC24V 漏型-源型输入通用型 FX₃ᵤ PLC 输入/输出扩展单元

电源类型	型　　号			输入点数	输出点数
	继电器输出	晶体管输出			
		漏　型	源　型		
AC 电源	FX₂ₙ - 32ER - ES	—	FX₂ₙ - 32ET - ESS	16	16
	FX₂ₙ - 48ER - ES	—	FX₂ₙ - 48ET - ESS	24	24
DC 电源	FX₂ₙ - 48ER - DS		FX₂ₙ - 48ET - DSS	24	24

表 4.6　DC24V 漏型输入通用型 FX$_{3U}$ PLC 输入/输出扩展单元

电源类型	型　号				输入点数	输出点数
	继电器输出	晶闸管输出	晶体管输出			
			漏　型	源　型		
AC 电源	FX$_{2N}$－32ER	FX$_{2N}$－32ES	FX$_{2N}$－32ET	－	16	16
	FX$_{2N}$－48ER	－	FX$_{2N}$－48ET	－	24	24
DC 电源	FX$_{2N}$－48ER－D		FX$_{2N}$－48ET－D	－	24	24

3. 输入/输出扩展模块

输入/输出扩展模块是内置了输入或输出，用于扩展输入/输出的产品，可以连接在基本单元或者输入/输出扩展单元上使用。FX$_{3U}$ PLC 输入/输出扩展模块见表 4.7。

表 4.7　FX$_{3U}$ PLC 输入/输出扩展模块

扩展类型	型号	输入型式	输出型式	输入点数	输出点数
输入/输出扩展型	FX$_{2N}$－8ER－ES	DC24V	继电器型	4	4
	FX$_{2N}$－8ER	DC24V	继电器型	4	4
输入扩展型	FX$_{2N}$－8EX－ES	DC24V	－	4	－
	FX$_{2N}$－8EX	DC24V	－	4	－
	FX$_{2N}$－16EX－ES	DC24V	－	8	－
	FX$_{2N}$－16EX	DC24V	－	8	－
	FX$_{2N}$－16EXL－C	DC5V	－	8	－
输出扩展型	FX$_{2N}$－8EYR－ES	－	继电器型	－	8
	FX$_{2N}$－8EYR－S－ES	－	继电器型	－	8
	FX$_{2N}$－8EYT－ESS	－	晶体管型（源型）	－	8
	FX$_{2N}$－8EYR	－	继电器型	－	8
	FX$_{2N}$－8EYT	－	晶体管型（漏型）	－	8
	FX$_{2N}$－16EYR	－	继电器型	－	16
	FX$_{2N}$－16EYT	－	晶体管型（漏型）	－	16
	FX$_{2N}$－16EYS	－	晶闸管型	－	16

4. 特殊功能单元/模块

FX$_{3U}$ 系列 PLC 的特殊功能单元/模块包括有模拟量控制、高速计数器、定位、通信、显示等功能模块。1 台 FX$_{3U}$ 系列 PLC 右侧最多可连接 8 台特殊功能模块。

（1）模拟量特殊功能模块。FX$_{3U}$ 系列的模拟量控制有电压/电流输入、电压/电流输出、温度传感器输入三种。来自于流量计、压力传感器等测量元件的电压/电流信号进入 PLC 或从 PLC 输出电压/电流信号去控制设备，如用于变频器频率控制等，均需使用模拟量输入/输出产品。为了从热电偶或热电阻检测工件或设备的温度数据，则需使用温度传感器输入产品。

FX$_{3U}$系列模拟量输入/输出产品有功能扩展板、特殊适配器和特殊功能模块三种。功能扩展板和特殊适配器采用特殊软元件与 PLC 进行数据交换,安装时连接在 FX$_{3U}$系列 PLC 的左侧。对于 FX$_{3U}$系列 PLC 而言,连接特殊适配器时,需先在左侧连接功能扩展板,1 台 FX$_{3U}$系列 PLC 左侧最多可以连接 4 台模拟量特殊适配器。特殊功能模块采用缓冲存储区(BFM)与 PLC 进行数据交换,安装时连接在 FX$_{3U}$系列 PLC 的右侧。表 4.8 所示为 FX$_{3U}$系列 PLC 可连接的模拟量特殊功能模块。

表 4.8　FX$_{3U}$ PLC 模拟量特殊功能模块

模拟量控制类型	型　号	输入	输出	功　能
模拟量输入	FX$_{3U}$-4AD	4 通道	—	电压/电流输入
	FX$_{2N}$-2AD	2 通道	—	电压/电流输入
	FX$_{2N}$-4AD	4 通道	—	电压/电流输入
	FX$_{2N}$-8AD	8 通道	—	电压/电流输入/温度(热电偶)输入
模拟量输出	FX$_{3U}$-4DA	—	4 通道	电压/电流输出
	FX$_{2N}$-2DA	—	2 通道	电压/电流输出
	FX$_{2N}$-4DA	—	4 通道	电压/电流输出
模拟量输入/输出混合	FX0N-3A	2 通道	1 通道	电压/电流输入/输出
	FX$_{2N}$-5A	4 通道	1 通道	电压/电流输入/输出
温度传感器输入调节	FX$_{3U}$-4LC	4 通道	—	温度调节(热电偶/热电阻)
	FX$_{2N}$-4LC	2 通道	—	温度调节(热电偶/热电阻)
	FX$_{2N}$-4AD-TC	4 通道		温度(热电阻)输入
	FX$_{2N}$-4AD-PT	4 通道		温度(热电偶)输入

(2)脉冲输出或定位模块/单元。FX$_{3U}$系列 PLC 产品可以通过基本单元内置的定位功能(含特殊适配器)或特殊功能模块/单元两种方式实现定位控制。FX$_{3U}$系列 PLC 内置的定位功能,可通过通用输出口(Y000、Y001、Y002)输出最大 100 kHz 的脉冲串,同时控制 3 轴的伺服电机或步进电机;通过高速特殊适配器利用 FX$_{3U}$ PLC 内置的定位功能,可输出最大 200 kHz 的脉冲串,同时控制 4 台伺服电机或步进电机(需配两台适配器);FX$_{3U}$系列 PLC 还可连接特殊定位模块/单元实现定位控制,这些特殊功能单元也可以独立进行定位控制。表 4.9 所示为 FX$_{3U}$系列 PLC 可连接的用于脉冲输出或定位的特殊功能模块/单元。

表 4.9　FX$_{3U}$ PLC 脉冲输出或定位的特殊功能模块/单元

型　号	功　能
FX$_{3U}$-1PG	脉冲输出模块,1 轴定位(200 kHz 晶体管输出)
FX$_{2N}$-1PG	脉冲输出模块,1 轴定位(100 kHz 晶体管输出)
FX$_{2N}$-10PG	脉冲输出模块,1 轴定位(1 MHz 差动输出)
FX$_{2N}$-10GM	定位特殊功能单元,1 轴定位(200 kHz 晶体管输出),可单独运行
FX$_{2N}$-20GM	定位特殊功能单元,2 轴独立/插补(200 kHz 晶体管输出),可单独运行
FX$_{3U}$-20SSC-H	定位特殊功能模块,2 轴独立/插补(50 MHz)

（3）显示模块。表 4.10 所示为 FX$_{3U}$ PLC 显示模块。

表 4.10 FX$_{3U}$ PLC 显示模块

型　号	功　　能
FX$_{3U}$ - 7DM	可以内置在 FX$_{3U}$ 系列基本单元中的显示模块
FX - 10DM	可以通过电缆连接到外围设备用的连接器上的显示模块

（4）通信用模块设备。表 4.11 所示为 FX$_{3U}$ PLC 通信用模块设备。

表 4.11 FX$_{3U}$ PLC 通信用模块设备

名　称	型　　号	说　　明
功能扩展板	FX$_{3U}$ - 232 - BD	RS - 232C 通信用
	FX$_{3U}$ - 422 - BD	RS - 422 通信用
	FX$_{3U}$ - 485 - BD	RS - 485 通信用
	FX$_{3U}$ - USB - BD	USB 通信用（编程用）
	FX$_{3U}$ - CNV - BD	特殊适配器连接板
特殊适配器	FX$_{3U}$ - 232ADP	RS - 232C 通信用
	FX$_{3U}$ - 485ADP	RS - 485 通信用
通信用接口模块	FX$_{2N}$ - 232IF	1 通道 RS - 232C 无协议通信
	FX - 485PC - IF - SET	计算机连接用 RS485/RS232、RS232C 转换接口

习　　题

1. PLC 是如何分类的？可分为几类？

2. PLC 的硬件由哪几部分组成？各部分的主要作用是什么？

3. PLC 的输入接口电路有哪几种形式？

4. PLC 的输出接口电路有哪几种形式？

5. PLC 的常用编程语言有哪几种？

6. 什么叫 PLC 的扫描工作方式？

7. PLC 执行程序的过程分为几个部分？各部分是如何执行的？

8. PLC 扫描周期的长短主要取决于哪几个因素？

9. 梯形图编程语言和其他编程语言相比有哪些优点？

10. PLC 的主要性能指标有哪些？

第 5 章　GX-Developer 编程软件的使用

5.1　引例：用三菱 FX₃ᵤ系列 PLC 控制人工养鱼池水位

流水养鱼是一种小水体、高密度、水体不断交换的养鱼方法。其优点是养殖周期短、占地少、管理方便、产量高；缺点是必须及时有效地给水池里的水进行循环，人工参与劳动强度大。需要设计一套具有一定的动力设备系统、充足的饵料和较高的技术水平。图 5-1 所示为所设计的一套自动交换水源的装置。X0、X1、X2、X3 为水位检测传感器：X0 为水位的下限，X3 为水位的上限，X1、X2 为正常水位的范围。当人工养鱼池水位不在正常水位时，自动启动 Y0 或者 Y2 阀门排水，并且当水位 X0 处于警戒水位（过低或过高）时，除了自动启动给排水外，报警器闪烁 Y3 和报警器鸣 Y4。

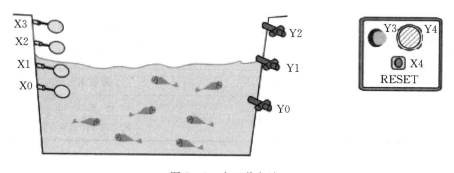

图 5-1　人工养鱼池

该实例要求控制水位的高低，可以选用浮标水位检测传感器，它有两种数字量信号，PLC 的输入端可以接收这种信号，通过编写程序 PLC 可以控制输出点位，也就是 Y0、Y1、Y2 阀门的通断。为此我们要先学习三菱 FX₃ᵤ系列 PLC 的基本指令，还需要学习梯形图程序编程，梯形图程序需要在相应的编程软件中编辑、调试和下载。本章以三菱 GX-Developer 编程软件为例，介绍该软件的相关操作。三菱 GX-Developer 编程软件主要包括：程序安装，工程文件操作（新建、打开、保存），梯形图文件编辑（软元件输入、删除、拷贝、元件注释、行注释、PLC 类型更改、梯形图和指令表相互转换、行插入、竖线删除、元件查找与替换、子程序序号输入），仿真运行，程序下载与上传（通信设置：串口驱动安装、串口设置），程序监视与调试。

5.2　知 识 点 链 接

5.2.1　FX 系列 PLC 编程软元件

软元件（简称"元件"）是 PLC 内部具有一定功能的器件，这些器件都具有传统继电器的功能，但没有传统继电器的机械触点和线圈，它们实际上是一些电子线路及存储单元等。比如，输入继电器由输入电路和输入映像寄存器组成，输出继电器由输出电路和输出映像寄存器组成，定时器和计数器由特定功能的寄存器组成等。为了把它们与传统继电器区分开来，特称之为软元件。编程时所使用的输入继电器、输出继电器、辅助继电器、寄存器、定时器、计数器等都是软元件。各种元件具有其不同的功能和固定的地址。每一种机型的元件数量和元件种类也是固定的，其数量的多少决定了 PLC 整个系统的规模和数据的处理能力。编程时，只需记住其地址，每个元件的触点就可在程序中无数次使用。

三菱 FX 系列 PLC 是继 F1/F2 系列之后三菱公司新推出的小型（超小型）机，其结构均为整体式结构，主要有 FX0S、FX0N、FX2、$FX_{2N}/FX_{2N}C$、$FX_{3U}/FX_{3U}C$ 等几种机型。在这些机型中，$FX_{3U}/FX_{3U}C$ 的配置最高、元件和指令最多、功能最强，其元件和指令都涵盖其他几种机型。为了与以前的老机型相兼容，同时也考虑发展，本书将主要以 FX_{3U} PLC 为代表机型进行介绍。

FX_{3U} PLC 的软元件种类及数量见表 5.1。

表 5.1　三菱 FX_{3U} PLC 的软元件种类及数量一览表

软元件名称		地址编号	点数	说　　明
输入继电器		X000～X367	248 点	元件地址按八进制编号，I/O 总点数为 256 点
输出继电器		Y000～Y367	248 点	
辅助继电器	普通型（可变）	M0～M499	500 点	通过参数设定，可以更改普通与断电保持的类型
	断电保持型（可变）	M500～M1023	524 点	
	断电保持型（固定）	M1024～M7679	6656 点	不能通过参数更改停电保持的特性
	特殊用途	M8000～M8511	512 点	
定时器	100 ms 普通型	T0～T199	200 点	定时范围：0.1～3276.7s，其中 T192～T199 为子程序和中断子程序专用
	10 ms 普通型	T200～T245	46 点	定时范围：0.01～327.67s
	1 ms 普通型	T256～T511	256 点	定时范围：0.001～32.767s
	1 ms 积算型	T246～T249	4 点	定时范围：0.001～32.767s
	100 ms 积算型	T250～T255	6 点	定时范围：0.1～3276.7s
计数器	普通型 16 位增计数（可变）	C0～C99	100 点	计数范围：1～32 767。通过参数设定，可以更改普通与断电保持的类型
	断电保持型 16 位增计数（可变）	C100～C199	100 点	
	普通型 32 位增/减计数（可变）	C200～C219	20 点	计数范围：－2 147 483 648～＋2 147 483 647。通过参数设定，可以更改普通与断电保持的类型
	断电保持型 32 位增计数（可变）	C220～C234	15 点	

软元件名称		地址编号	点数	说　明
高速计数器	单相单计数输入 32 位增/减计数器	C235～C245	11 点	计数范围：－2 147 483 648～＋2 147 483 647。通过参数设定，可以更改普通与断电保持的类型，但断电保持型最多可以使用 8 点
	单相双计数输入 32 位增/减计数器	C246～C250	5 点	
	双相双计数输入 32 位增/减计数器	C251～C255	5 点	
数据寄存器	普通型（可变）	D0～D199	200 点	通过参数设定，可以更改普通与断电保持的类型
	断电保持型（可变）	D200～D511	312 点	
	断电保持型（可变）＜文件寄存器＞	D512～D7999＜D1000～D7999＞	7488 点＜7000 点＞	通过设定，可将 D1000 以后的软元件以每 500 点为单位设定为文件寄存器
	特殊用途	D8000～D8511	512 点	
	变址寄存器	V0～V7、Z0～Z7	16 点	
	文件寄存器	R0～R32767	32 768 点	通过电池进行断电保持
	扩展文件寄存器	ER0～ER32767	32 768 点	仅安装存储器盒时可用
状态	普通型（初始化状态用、可变）	S0～S9	10 点	通过参数设定，可以更改普通与断电保持类型
	普通型（可变）	S10～S499	490 点	
	断电保持型（可变）	S500～S899	800 点	
	断电保持型（信号报警用、可变）	S900～S999	100 点	
	断电保持型（固定）	S1000～S4095	3096 点	不能通过参数更改停电保持的特性
指针	JUMP、CALL 分支用	P0～P4095	4096 点	跳转及调用子程序指令用
	输入中断用	I0□□～I5□□	6 点	
	定时器中断用	I6□□～I8□□	3 点	
	高速计数器中断用	I010～I060	6 点	HSCS 指令用
嵌套		N0～N7	8 点	主控指令（MC）用
常数	十进制（K）	16 位：－32768～＋32767；32 位：－2147483648～＋2147483647		
	十六进制（H）	16 位：0～FFFF；32 位：0～FFFFFFFF		
	实数（E）	$-1.0 \times 2^{128} \sim -1.0 \times 2^{126}$，0，$1.0 \times 2^{-126} \sim +1.0 \times 2^{128}$		

5.2.2　输入继电器与输出继电器

输入/输出继电器(X、Y)用于 PLC 的 CPU 和外部设备之间的位变量数据的传送。在 PLC 的主机上有许多标有输入地址号和输出地址号的接线端子，分别称为输入端子和输出端子。输入端子是从外部设备接收外部信号的窗口，输出端子是向外部负载输出控制信号的窗口。

输入继电器和输出继电器的地址采用八进制数进行编号。比如，对于型号为 FX_{3U}-32M 的 PLC，其输入和输出各占 16 点，输入继电器的编号为 X0～X7、X10～X17，输出继电器的编号为 Y0～Y7、Y10～Y17。

当基本单元的输入/输出点数不够用时，可增加扩展单元或扩展模块，扩展单元或扩展模块的输入/输出地址编号，从与之相连的基本单元的地址编号之后依次采用八进制编号。比如，在上述的 FX_{3U}-32M 基本单元之旁，再配接一个 FX_{3U}-32E 扩展单元，则该扩展单元的输入/输出继电器的地址编号分别为 X20～X27、X30～X37，Y20～Y27、Y30～Y37。通过扩展单元或扩展模块，可分别将 FX_{3U} 系列 PLC 的输入或输出的点数扩展到 248 点，但输入和输出的总点数不能超过 256 点。

1. 输入继电器(X)

输入继电器是 PLC 与外部设备连接的接口，用来接收用户输入设备(如按钮、选择开关、限位开关等)发来的输入信号。输入继电器的线圈与 PLC 的输入端子相连。从用户输入设备送到输入端的数据，使输入继电器线圈(软线圈)处于 ON/OFF 状态，输入继电器的触点(常开和常闭)供编程使用。在程序中，输入继电器的常开触点和常闭触点的使用次数没有限制。

例如，图 5-2 所示为编号为 X0 的输入继电器的等效电路。其线圈(在梯形图中不能出现)由外部按钮(SB)输入信号驱动，X0 的常开触点和常闭触点供编程使用。

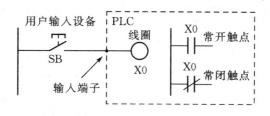

图 5-2　输入继电器的等效电路

值得注意的是：

(1) 编程时输入继电器只能由外部信号(用户输入设备，如开关、按钮或接近开关等)驱动，不能在程序内部用指令来驱动，其触点也不能直接用来驱动负载。

(2) 如图 5-3(a)、图 5-3(b)所示，外部按钮如接入常开触点，但未按下按钮时，则程序的常开触点断开，切断能流，而常闭触点闭合，接通能流；按下按钮时，则程序的常开触点闭合，接通能流，而常闭触点断开，切断能流。如图 5-3(c)、图 5-3(d)所示，外部按钮若接入常闭触点，但未按下按钮时，则程序的常开触点闭合，接通能流，而常闭触点断开，切断能流；按下按钮时，则程序的常开触点断开，切断能流，而常闭触点闭合，接通能流。

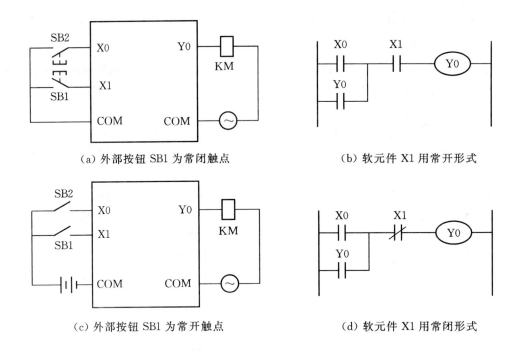

(a) 外部按钮 SB1 为常闭触点　　　　　　(b) 软元件 X1 用常开形式

(c) 外部按钮 SB1 为常开触点　　　　　　(d) 软元件 X1 用常闭形式

图 5-3　外部按钮与内部软元件对应关系

（3）PLC 输入继电器电路有两种接法：漏型和源型，这两种接法如图 5-4 所示。其中，漏型接法为电流流向公共端，源型接法为电流从公共端流出。

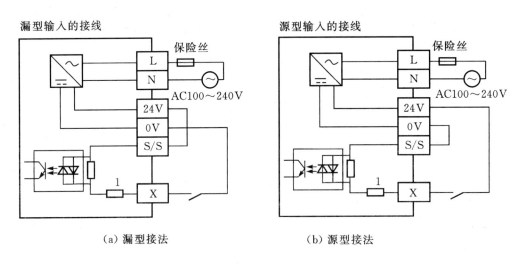

（a）漏型接法　　　　　　　　　　　（b）源型接法

图 5-4　输入继电器漏型和源型两种接法示意图

（4）外部信号通常由主令电器（即各种按钮和检测开关）产生，常用的三线式接近开关在输入继电器电路使用时，需要考虑 NPN 型接近开关与漏型接法对应，PNP 型接近开关与源型接法对应。控制按钮和三线 NPN 型接近开关的漏型接法如图 5-5 所示。

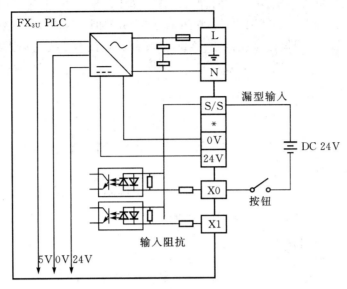

（a）控制按钮的漏型接法

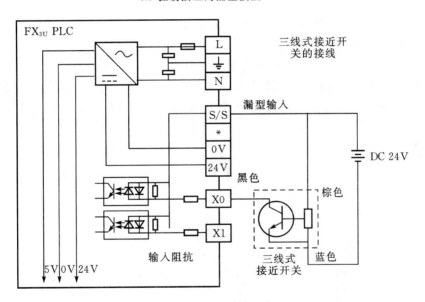

（b）三线 NPN 型接近开关的漏型接法

图 5-5　控制按钮和接近开关的漏型接法

2. 输出继电器（Y）

输出继电器用于将程序运算的结果经过输出端子送到用户输出设备（如接触器、电磁阀、指示灯等）。输出继电器的线圈由程序执行结果所驱动。每个输出继电器只有一个外部输出用的触点（继电器触点、可控硅、晶体管等输出元件）与 PLC 的输出端子相连，该外部触点用来直接驱动负载。这个外部触点的状态对应于输出刷新阶段的输出锁存器中的输出状态。此外，每个输出继电器还有无数对常开触点和常闭触点（内部触点）供编程使用。这些内部触点的状态对应于输出映像寄存器中该元件的状态。

图 5-6 所示是输出继电器 Y20 的等效电路。图中的输出线圈（Y20）由其左边的程序所驱动，当 X0 的常开触点为 ON 和 X1 的常闭触点为 OFF 时，线圈 Y20 接通，Y20 的内部常开触点闭合，使 Y20 线圈保持自锁接通，Y20 的外部触点闭合，接通输入继电器电路，驱动外部负载工作。

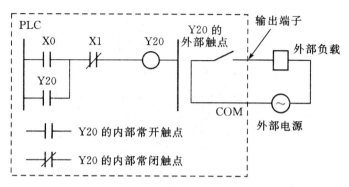

图 5-6 输出继电器 Y20 的等效电路

需要注意的是：

（1）PLC 能否直接驱动负载，取决于 PLC 输出继电器类型和负载类型是否匹配。

（2）晶体管类型的输出驱动大功率负载需要增加功率转换电路。

（3）使用同一公共端的输出继电器电路的电源类型需要一致。

［实例 1］ 利用 PLC 技术可以代替一些简单的人工操作。例如，产线上自动检测传送带上的瓶子是否直立，若不是直立则将瓶子推出到传送带外。瓶子直立状态检测如图 5-7 所示。

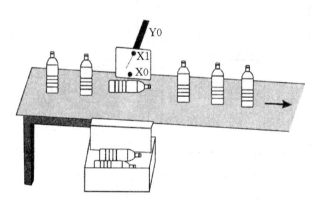

图 5-7 瓶子直立状态检测

瓶子直立状态软元件地址分配与说明见表 5.2。

表 5.2 瓶子直立状态软元件地址分配与说明

PLC 软元件	控 制 说 明
X0	瓶底检测光电管输入信号，当被遮挡时，X0 状态为 ON
X1	瓶颈检测光电管输入信号，当被遮挡时，X1 状态为 ON
Y0	气动推出杆

瓶子直立检测控制程序如图 5-8 所示。当瓶子是直立时，光电管输入信号 X0、X1 都被瓶子阻挡，状态为 ON，X0 常开触点闭合，X1 常闭触点断开，推杆不动作。当瓶子是平躺时，光电管输入信号 X0 被瓶子阻挡，状态为 ON，X1 未被遮挡，X0 常开触点闭合，于是 X1 常闭触点不动作，测试接通 Y0，推杆动作。

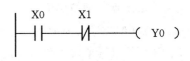

图 5-8　瓶子直立检测控制程序

[实例 2]　在楼梯照明系统中，人在楼梯底和楼梯顶处都可以控制楼梯灯的点亮和熄灭，如图 5-9 所示。

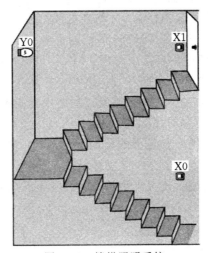

图 5-9　楼梯照明系统

楼梯照明系统软元件地址分配与说明见表 5.3。

楼梯照明控制程序如图 5-10 所示。

表 5.3　楼梯照明系统软元件地址分配与说明

PLC 软元件	控制说明
X0	楼梯底开关，当按向右边时，X0 状态为 ON
X1	楼梯顶开关，当按向右边时，X1 状态为 ON
Y1	楼梯照明灯

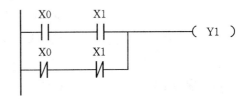

图 5-10　楼梯照明控制程序

5.2.3　辅助继电器

辅助继电器(M)的线圈和输出继电器一样，只能由程序驱动。每个辅助继电器也有无数对常开触点和常闭触点，但这些触点只能在 PLC 内部供编程使用，不能直接输出驱动外部负载，外部负载应由输出继电器驱动。辅助继电器分为普通型、停电保持型和特殊型三种。其地址采用十进制数进行编号(除了输入/输出继电器采用八进制数编号外，其余元件都采用十进制数进行编号)

1. 普通型辅助继电器

普通型辅助继电器的地址编号为 M0～M499，共 500 点。它们无断电保持功能，即当切断 PLC 的电源或对 PLC 进行复位时，普通型辅助继电器均断开。通过参数设定，可以将它们变成停电保持型。

2. 保持型辅助继电器

断电保持型辅助继电器的地址编号为 M500～M7679，共 7180 点，其中 M500～M1023（共 524 点）可通过参数设定变为非停电保持型（即普通型）。这类辅助继电器在 PLC 运行中若突然发生停电，则保持停电前的状态（断电时用锂电池作后备电源）。当电源恢复正常时，系统又继续停电前的控制。当清除锁存时，才将断电保持型辅助继电器断开。

例如，在图 5-11 中，X3 接通后，M700 的线圈得电并保持，此后即使 PLC 断电，M700 仍然保持接通。因此当 PLC 断电后再次上电时，M700 仍保持断电前的接通状态（无需再接通 X3），直至 X4 接通（X4 的常闭触点断开）时，M700 才断开。

注意：在时序图中，没作特别说明时，其触点的时序均指常开触点。比如，图 5-11 中的 X3、X4 的时序均指其常开触点的时序。

若将图 5-11 中的 M700 换成普通型的辅助继电器（如 M100），则当 X3 接通时，M100 接通并自保；但若 PLC 突然断电，则 M100 立即断开；当 PLC 的电源恢复后重新运行时，必须再将 X3 接通，M300 才会接通。可见，普通辅助继电器不具备断电保持功能。

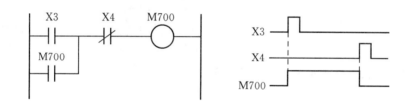

图 5-11　保持型辅助继电器电路及其动作时序举例

若要将断电保持型作为普通型辅助继电器使用，可在程序的开头用 ZRST 指令进行区间复位即可。

3. 特殊辅助继电器

特殊辅助继电器的地址编号为 M8000～M8511，共 512 点。这些特殊辅助继电器各自具有特定的功能，可分成触点利用型和线圈驱动型两类。由于篇幅原因，下面仅介绍常用的特殊辅助继电器，其他的请参见相关手册。

（1）触点利用型。

这类特殊辅助继电器的线圈由 PLC 自动驱动，用户只能利用其触点。

① M8000、M8001：运行监视继电器。当 PLC 运行时，M8000 接通、M8001 断开，如图 5-12 所示。在操作时，可用 M8000 的一个常开触点去驱动一个输出（如 Y30），再用 Y30 去驱动一个安装在控制面板上的指示灯，通过观察该指示灯即可监视 PLC 的运行状态。

② M8002、M8003：初始脉冲继电器。在 PLC 投入运行时，M8002 接通第一个扫描周期，M8003 断开第一个扫描周期，如图 5-13 所示。通常用 M8002 作为初始信号，比如计数

器清零、步进控制中的初始脉冲信号等。

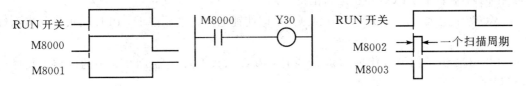

图 5-12　M8000、M8001 的动作时序　　　图 5-13　M8002、M8003 的动作时序

③ M8005：锂电池电压过低继电器。当锂电池电压过低时，M8005 接通，用来提示锂电池即将失效(需要更换锂电池)。使用时，可用 M8005 的一个常开触点去驱动一个输出继电器(如 Y20)，再用 Y20 去驱动一个喇叭或指示灯，根据喇叭是否响或指示灯是否点亮，即可知道锂电池是否失效，如图 5-14 所示。

④ M8011～M8014：内部时钟脉冲。当 PLC 通电时，M8011～M8014 便产生周期分别为 10 ms(接通和断开各 5 ms)、100 ms、1s、1 min 的脉冲信号，这些时钟脉冲与 PLC 是否投入运行无关，如图 5-15 所示。

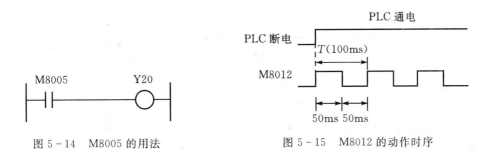

图 5-14　M8005 的用法　　　　　图 5-15　M8012 的动作时序

⑤ M8020～M8022：运算结果标志。在算术运算中，当加减运算结果等于零时，M8020 接通；当减法运算结果小于负的最大值(有借位)时，M8021 接通；当加法运算结果发生进位时，M8022 接通。

(2) 线圈驱动型。

这类特殊辅助继电器的线圈由用户驱动，当用户驱动线圈后，PLC 作特定动作。

① M8034：全部输出禁止继电器。当 M8034 接通时，全部输出继电器均为断开状态(禁止输出)，PLC 的外部输出节点均为 OFF 状态。在图 5-16 中，当出现紧急情况时，合上急停开关 X5，M8034 的线圈接通，此时关闭全部输出。

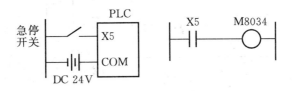

图 5-16　M8034 的用法

② M8040：禁止状态转移。在步进控制中，当 M8040 接通时，即使状态转移条件满足，也不能实现状态间的转移。

③ M8033：停止时保持输出继电器。当 M8033 接通时，若 PLC 由运行状态切换到停止

状态，即 PLC 由 RUN 切换到 STOP 时，将映像寄存器和数据寄存器中的内容保留下来，即存储器中的内容保持为 PLC 停止运行前的状态。

④ M8030：电池灭灯。当 M8030 接通时，即使锂电池的电压降低，PLC 面板上的指示灯也不会点亮。

⑤ M8039：恒定扫描。当 M8039 接通时，PLC 以数据寄存器 D8039 中的内容为扫描周期运行程序。

⑥ M8032：断电保持型元件全部清零。当 M8032 接通时，所有断电保持型元件全部清零。

［实例 3］ 如图 5-17 所示，若系统突然断电，希望再次启动时，前进方向与停电前的前进方向相同。

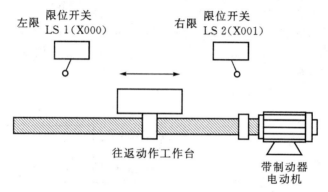

图 5-17 停电保持实例

瓶子直立状态软元件地址分配与说明见表 5.4。

停电保持型梯形图程序如图 5-18 所示。

表 5.4 瓶子直立状态软元件地址分配与说明

PLC 软元件	控 制 说 明
X0	电机左限位输入信号，当被接触时，X0 状态为 ON
X1	电机右限位输入信号，当被接触时，X1 状态为 ON
M600	停电保持型继电器，右驱动指令
M601	停电保持型继电器，左驱动指令

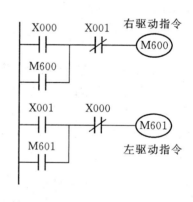

图 5-18 停电保持型梯形图程序

5.2.4 状态继电器

在步进顺控程序中，状态继电器（简称"状态"）S 是重要的编程元件。通常情况下，将它与后述的步进指令 STL 配合使用，完成某一工序的步进控制。当状态 S 不用于步进控制时，可当做辅助继电器使用。状态 S 有以下两大类型。

1. 普通型

普通型状态的地址编号为 S0～S499，共 500 点。其中，S0～S9(10 点)供初始状态使用，S10～S19(10 点)是在使用 FNC60(IST)指令时，作为特殊目的使用。当电源断开时，它们都变成 OFF 状态，即不具备断电保持功能，但通过参数设定，可将它们变成断电保持型。

2. 断电保持型

断电保持型状态的地址编号为 S500～S4095，共 3596 点。其中，S900～S999(100 点)作为信号报警器用。当电源断开时，它们能保持停电前一时刻的 ON/OFF 状态，即具有断电保持功能(通过 PLC 内置的锂电池保持)。通过参数设定，可将 S500～S999(500 点)变成普通型。若要将断电保持型作为普通型辅助继电器使用，可在程序的开头用 M8002 和 ZRST 指令进行区间清零，或用 M8032 进行清零。

[**实例 4**] 图 5-19 所示的工序步进控制中，启动信号 X000 为 ON 后，状态 S20 被置位(ON)，下降用电磁阀 Y000 工作。其结果是，如果下限限位开关 X001 为 ON，则状态 S21 就被置位(ON)，夹紧用的电磁阀 Y001 工作；如确认夹紧的限位开关 X002 为 ON，状态 S22 就会置位(ON)。随着动作的转移，状态也会被自动地复位(OFF)成移动前状态。当可编程控制器的电源断开后，一般用状态都变成 OFF。如果想要从停电前的状态开始运行时，请使用停电保持(保持)用状态。

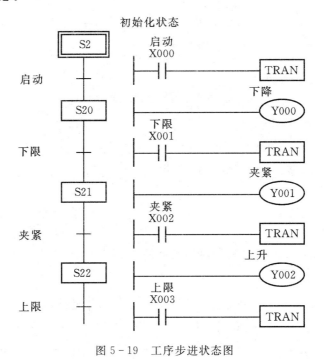

图 5-19　工序步进状态图

5.2.5　定时器

定时器(T)相当于时间继电器，当定时器的线圈被驱动时，定时器以增计数方式对 PLC 内的时钟脉冲(1 ms、10 ms、100 ms)进行累积计时(即通过对时钟脉冲进行计数来实现计时)，当计时的当前值与定时器的设定值相等时，其触点动作(常开触点闭合、常闭触点断开）；当定时器的线圈失电时，其触点立即复位。

定时器既可以用十进制常数 K 作设定值，也可以用数据寄存器（D）的内容作设定值。一台 PLC 拥有几十至几百个定时器，每个定时器具有无数个常开和常闭触点可供编程使用。

定时器有以下两种类型：

1. 普通定时器

普通定时器分为 100 ms、10 ms 和 1 ms 普通定时器三种。

（1）100 ms 普通定时器。100 ms 普通定时器共有 200 点，其地址编号为 T0～T199（其中 T192～T199 用于子程序或中断子程序），定时范围为 0.1～3276.7 s。

（2）10 ms 普通定时器。10 ms 普通定时器共有 46 点，其地址编号为 T200～T245，定时范围为 0.01～327.67 s。

（3）1 ms 普通定时器。1 ms 普通定时器共有 256 点，其地址编号为 T256～T511，定时范围为 0.001～32.767 s。

下面以定时器 T5 为例，分析普通定时器的工作过程，如图 5-20 所示。

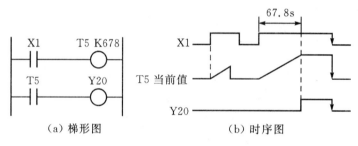

（a）梯形图　　　　　　　　（b）时序图

图 5-20　100 ms 普通定时器的工作过程

2. 积算定时器

积算定时器分为 1 ms 积算定时器和 100 ms 积算定时器两种。

（1）1 ms 积算定时器。1 ms 积算定时器共有 4 点，其地址编号为 T246～T249，定时范围为 0.001～32.767 s。

（2）100 ms 积算定时器。100 ms 积算定时器共有 6 点，其地址编号为 T250～T255，定时范围为 0.1～3276.7 s。

下面以定时器 T248 为例，分析积算定时器的工作过程，如图 5-21 所示。

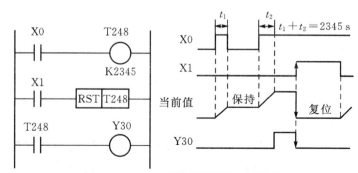

图 5-21　1 ms 积算定时器的工作过程

在图 5-21 中,当定时器线圈 T248 的驱动输入 X0 接通,并且 T248 对 1 ms(即 0.001 s)的时钟脉冲进行累积计时,同时计时当前值等于设定值 2.345 s(即 2345×0.001 s),这时定时器的常开触点闭合、常闭触点断开。

在计时过程中,即使输入 X0 断开或停电时,计时当前值仍可保持。当输入 X0 再次接通或复电时,计时继续进行;当其累积时间为 2.345 s 时,T248 的触点动作,使 Y30 接通;当复位输入 X1 接通时,定时器 T248 立即复位,其触点也立即复位。

[实例 5]　任务要求:投入一枚 1 元硬币后,出纸杯处弹出一个纸杯,同时出咖啡,2 s后出热水,注入一定量热水后,60 s 后从咖啡流出口流出冲调好的咖啡,如图 5-22 所示。

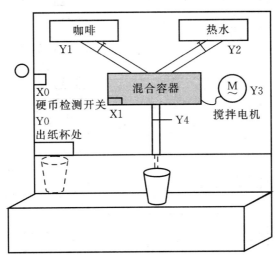

图 5-22　自动咖啡冲调机

软元件地址分配与说明见表 5.5。

表 5.5　软元件地址分配与说明

PLC 软元件	控 制 说 明
X0	硬币检测开关,有硬币投入时,X0 状态为 ON
X1	压力检测开关,混合容器中水到达一定压力时,X1 状态为 ON
T0	计时 2 s 定时器,时基为 100 ms 的定时器
T1	计时 60 s 定时器,时基为 100 ms 的定时器
Y0	出纸杯阀门
Y1	出咖啡阀门
Y2	出热水阀门
Y3	振动搅拌电机
Y4	冲调好的咖啡流出口

程序设计如图 5-23 所示。投入一元硬币时,X0 由 OFF→ON 变化,Y0 和 Y1 被置位并保持,这时弹出一个纸杯,同时出咖啡。Y0 和 Y1 常开接点导通 2 s 后,定时器到达预设值,T0 常开接点导通,所以 Y2＝ON,这时出热水阀门导通,同时 Y0、Y1 被复位,出纸杯和咖

啡阀门被关闭。当混合容器中水的压力达到一定时，X1＝ON，Y2 被复位，停止出热水，同时 Y3＝ON，这时搅拌电机开始工作，直到 T1 到达预设值 60 s 后，T1＝ON，Y4 被置位并保持，Y3 被复位，这时搅拌电机停止工作，同时咖啡流出口流出咖啡。当调好的咖啡全部流出到纸杯后，X1 闭合，Y4 被复位，咖啡流出口处的阀门被关闭。

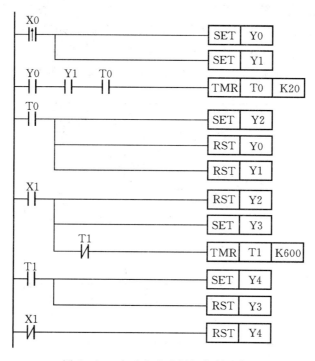

图 5-23　自动咖啡冲调机控制程序

5.2.6　计数器

FX 系列 PLC 的计数器分为内部计数器和高速计数器两类，下面分别介绍它们的功能及用法。

1. 内部计数器

内部计数器是在执行扫描时，对 PLC 内部元件(如 X、Y、M、S、T、C)的信号进行计数的计数器，其输入信号频率大约为几个扫描周期。PLC 内有许多内部计数器，它们以增/减计数方式计数，当计数值达到设定值时，其触点动作。内部计数器又分为以下两类。

(1) 16 位增计数器。

16 位增计数器的计数设定范围为 1～32 767(十进制常数)，其设定值可由常数 K 设定，也可通过数据寄存器间接设定。普通型 16 位增计数器共有 100 点，其地址编号为 C0～C99；断电保持型 16 位增计数器也有 100 点，其地址编号为 C100～C199。它们都按增计数方式计数。但在计数过程中，当 PLC 电源切断时，普通型计数器的计数当前值立即被清除，计数器触点状态复位；而断电保持型计数器的计数当前值和触点的状态均被保持。当 PLC 再通电时，断电保持型计数器的计数值从断电前的计数当前值开始增计数，触点为断电前的状态，直到计数当前值等于设定值。

下面以普通型计数器 C5 为例，说明其计数工作过程，如图 5-24 所示。

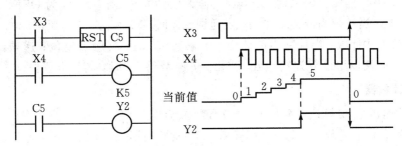

图 5-24　16 位增计数器的工作过程

当复位输入 X3 断开时，计数输入 X4 每接通一次，计数器 C5 就计数一次，其计数当前值增 1，当计数当前值等于设定值 5 时，其触点动作。之后即使计数输入 X4 再接通，计数器 C5 的当前值也不会改变。

当复位输入 X3 接通时，计数器 C0 立即复位；其当前值变为 0，输出触点复位。

（2）32 位增/减计数器。

32 位增/减计数器的计数设定范围为-2 147 483 648～+2 147 483 647（十进制常数），其设定值可由常数 K 设定，也可通过两个相邻的数据寄存器间接设定。

普通型 32 位增/减计数器共有 20 点，其地址编号为 C200～C219；停电保持型 32 位增/减计数器有 15 点，其地址编号为 C220～C234。它们用特殊辅助继电器 M8200～M8234 指定增/减计数方式，当 M82××（"××"表示 00～34 之间的数）为 ON 时，对应的计数器 C2×× 按减计数方式计数；当 M82×× 为 OFF 时，对应的计数器 C2×× 按增计数方式计数。

在计数过程中，当突然停电时，普通型计数器的计数当前值立即被清除，计数器触点状态复位；而停电保持型计数器的计数当前值和触点的状态均被保持。当 PLC 再通电时，停电保持型计数器的计数值从停电前的计数当前值继续计数。32 位增/减计数器的计数当前值在-2 147 483 648～+2 147 483 647 间循环变化。即从-2 147 483 648 变化到+2 147 483 647，当+2 147 483 647 再进行加计数时，当前值就变成-2 147 483 648。同样当-2 147 483 648 再进行减计数时，当前值就变成+2 147 483 647。当计数当前值等于设定值时，计数器的触点动作（即增计数时置位，减计数时复位），但计数器仍在计数，计数当前值仍在变化，直到执行了复位指令时，计数当前值才为 0。换句话说，计数器当前值的增/减与其触点的动作无关。

下面以普通型计数器 C205 为例，说明其计数工作过程，如图 5-25 所示。

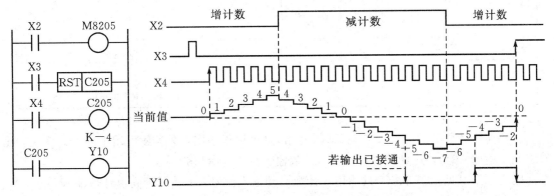

图 5-25　32 位增/减计数器的工作过程

在图 5-25 中，当复位输入 X3 断开时，若 X2 为 OFF，则 M8205 为 OFF，此时 C205 以增计数方式计数；当计数当前值 0 递增，当递增到 5 时，X2 变为 ON，则 M8205 为 ON，此时 C205 以减计数方式计数；当计数当前值由 -4 减到 -5 时，其触点复位；递减到 -7 时，X2 变为 OFF，C205 又以增计数方式计数；当由 -7 递增到 -4 时，其触点置位。

2. 高速计数器

高速计数器也是 32 位增/减计数器，其计数范围为 -2 147 483 648～+2 147 483 647（十进制常数），但它们只对特定的输入端子（X0～X5）的脉冲进行计数。也就是说，高速计数器的计数输入只能从 X0～X5 这 6 个输入端接入，因此，最多可同时使用 6 个高速计数信号，即最多可同时使用 6 个高速计数器。一个特定输入端子不能同时被两个高速计数器使用。

高速计数器采用中断方式进行处理，与扫描周期无关。根据增/减计数切换方法的不同，高速计数器可分为 3 种类型，见表 5.6。

表 5.6　高 速 计 数 器

输入	单相单计数输入高速计数器											
	C235	C236	C236	C237	C238	C239	C240	C241	C242	C243	C244	C245
X0	U/D							U/D			U/D	
X1		U/D						R			R	
X2			U/D						U/D			U/D
X3				U/D					R			R
X4					U/D					U/D		
X5						U/D				R		
X6											S	
X7												S

输入	单相双计数输入高速计数器					单相双计数输入高速计数器				
	C246	C247	C248	C249	C250	C251	C252	C253	C254	C255
X0	U	U		U		A	A		A	
X1	D	D		D		B	B		B	
X2		R		R			R		R	
X3			U		U			A		A
X4			D		D			B		B
X5			R		R			R		R
X6				S					S	
X7					S					S

注：U—增计数输入；D—减计数输入；R—复位输入；S—启动输入；A—A 相输入；B—B 相输入。

有些高速计数器的复位和启动（计数开始）除可用程序实现外，还可用中断方式实现。比如表 5.6 中的 C244，其复位输入和启动计数输入分别为 X1 和 X6。

由表 5.6 可见，X6 和 X7 只能用作计数启动输入信号，不能用于高速计数输入。

（1）单相单计数输入高速计数器。

单相单计数输入高速计数器的地址编号为 C235～C245，共 11 点。其中，C235～C240 无启动/复位输入端，C241～C245 带启动/复位输入端。它们的增/减计数方式由特殊辅助继电器 M8235～M8245 的状态决定，当 M82×× 为 ON 时，对应的计数器 C2×× 按减计数方式计数；当 M82×× 为 OFF 时，对应的计数器 C2×× 按增计数方式计数。

下面以 C245 为例说明其工作过程，如图 5-26 所示。图 5-26 中，当 X10 接通时，计数方向标志 M8245 为 ON，C245 按减计数方式计数；当 X10 断开时，计数方向标志 M8245 为 OFF，C245 按增计数方式计数。当 X12 为 ON 时，且 X7 也为 ON 时，则立即开始对接在计数输入端（X2）的高速脉冲信号进行计数，其计数过程与普通 32 位增/减计数器相同。当 X11 接通时，执行 RST 指令使 C245 复位（程序复位）。由表 5.6 可知，C245 还可由外部输入 X3 复位。当 X3 接通时，即使 X11 为 OFF，C245 也立即复位（不受扫描周期的影响，通过中断方式对 C245 进行复位）。因此，对于这种自身带有复位输入的高速计数器，可以省略复位程序。

注意：不能用计数输入端作为高速计数器线圈的驱动触点。比如，不能像图 5-27 那样，用接有高速计数输入的 X0、X1 去驱动高速计数器线圈 C244、C236，而是通过高速输入计数硬件电路来实现。

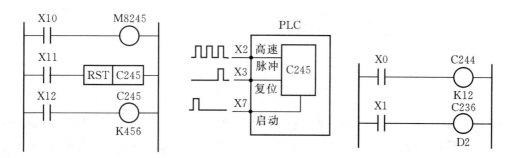

图 5-26　单相单计数输入高速计数器　　　　图 5-27　错误的驱动方式

（2）单相双计数输入高速计数器。

单相双计数输入高速计数器的地址编号为 C246～C250，共 5 点。这种计数器具有两个计数输入端，一个用于增计数输入，另一个用于减计数输入，有的还具有复位和启动输入。通过 M8246～M8250 可监视增/减计数方式。例如，当 C246 做增计数时，M8246 为 OFF 状态。

下面以 C246 为例说明其工作过程，如图 5-28 所示。

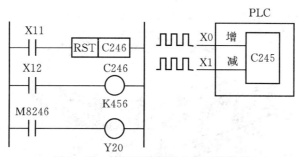

图 5-28　单相双计数输入高速计数器

在图 5-28 中，当 X11 接通时，执行 RST 指令使 C246 复位。当 X12 接通时，如果计数

脉冲从 X0 端接入时，计数器做增计数，此时 M8246 为 OFF 状态，Y20 断开；如果计数脉冲从 X1 端接入时，计数器做减计数，此时 M8246 为 ON 状态，Y20 接通。

（3）双相双计数输入高速计数器。

双相双计数输入高速计数器的地址编号为 C251～C255，共 5 点。这种计数器有 A、B 两个计数输入，A、B 两相输入成 90°相位差。A、B 两相输入信号决定了增/减计数方向：当 A 相输入为 ON 时，若 B 相输入从 OFF 变到 ON（上升沿），则为增计数（正转）；若 B 相从 ON 变到 OFF（下降沿），则为减计数（反转），如图 5-29（b）所示。通过 M8251～M8255，可监视计数器 C251～C255 的增/减计数状态。

下面以 C254 为例说明其工作过程，如图 5-29 所示。

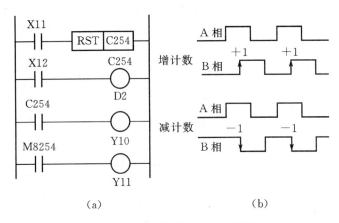

（a）　　　　　　　　　　　　　（b）

图 5-29　双相双计数输入高速计数器

在图 5-29（a）中，当 X11 接通时，执行 RST 指令使 C254 复位（通过顺控程序复位，对 C254 可以省略）。由表 5.6 可知，C254 还可通过外部输入 X2 复位，当 X2 接通时，即使 X11 为 OFF，C254 也立即复位（不受扫描周期的影响）。当 X12 为 ON 时，若 X6（C254 的启动输入）也为 ON，C254 就立即开始对输入 X0（A 相）、X1（B 相）的动作计数。当计数当前值不低于设定值（由 D3、D2 设定）时，Y10 接通；当计数当前值低于设定值时，Y10 断开。增计数时，M8254 为 OFF，Y11 断开；减计数时，M8254 为 ON，Y11 接通。

注意：启动计数时请使用一直为 ON 的触点进行编程。比如，图 5-29（a）中的 X12 应选用开关（一直为 ON 信号），而不能使用按钮（即脉冲信号）。

［实例 6］　如图 5-30 所示，在流水线上的啤酒瓶要到循环线上计数并打标签。GT1 门可以将啤酒瓶推向循环带，PC1 光电传感器可以计数。

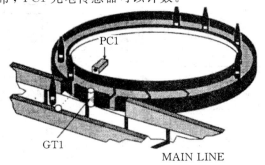

图 5-30　循环计数

软元件地址分配与说明见表 5.7。

表 5.7　软元件地址分配与说明

器件	PC 软元件	说　　明
PC1	X003	检测瓶子光电管
GT1	Y001	再循环线门设置
	Y002	主线门设置
	C005	进入再循环线的瓶子个数
	C006	进入主线的瓶子个数
	M020	允许瓶子进入再循环线
	M030	允许瓶子进入主线

如图 5-31 所示，如果启动循环路线，则激活内部继电器 M020，就能使用再循环线。当计数器 C005 等于常数 100 后，清空内部继电器 M020。Y001 有效时，门 GT1 反转，允许瓶子从主传送带到再循环带上。当瓶子完成这次移动，光电管 PC1 光线被遮挡。这样给出一个输入 X003，这个输入与计数器一起可以确定再循环线上啤酒瓶的数量。

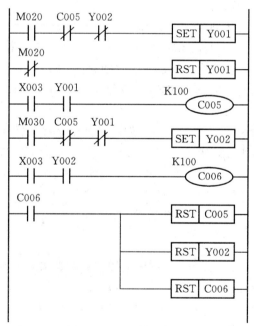

图 5-31　程序设计图

瓶子离开再循环线时，继电器 M030 得电，于是在进入和清空的选择之间又有了一个互锁。Y002 有效时，门 GT1 正转，PC1 再次提供计数信号，将所有的瓶子计数。这个系统设计成在一次运作中或是装满或是卸空。

5.2.7　数据寄存器

1. 数据寄存器 D

数据寄存器是 PLC 中用来存储数值数据的软元件，用于存储模拟量控制、位置控制、数据

I/O 时的参数及工作数据。每个数据寄存器都是 16 位(最高位 b15 为符号位),将两个地址相邻的数据寄存器(建议低位采用偶数地址编号)组合起来可存储 32 位数据(最高位 b31 为符号位)。数据寄存器的数量随机型的不同而不同,对 FX$_{3U}$ 系列 PLC,数据寄存器的地址编号如下:

(1) 普通型数据寄存器 D0~D199(200 点)。这类数据寄存器不具备断电保持功能,当 PLC 停止运行或停电时,所有数据即被清零(但当特殊辅助继电器 M8033 为 ON 时,则可保持)。通过参数设定,可将这类数据寄存器变为停电保持型。

(2) 停电保持型数据寄存器 D200~D7999(7800 点)。这类数据寄存器具有断电保持功能,即当 PLC 停止运行或停电时,数据寄存器中的数据保持不变(通过后备电池保持)。其中,D200~D511(共 312 点)可通过参数设定变为普通型数据寄存器。而 D1000 以后的数据寄存器可通过参数设定,以 500 点为单位用作文件寄存器;不作为文件寄存器用时,与通常的停电保持型数据寄存器一样,利用程序与外部设备进行数据的读/写。在程序开头使用 RST 或 ZRST 指令,可以将断电保持型作为普通型数据寄存器使用。

文件寄存器是对相同软元件编号的数据寄存器设定初始值的软元件,是一类专用的数据寄存器,用于存储大量的数据,比如采样数据、统计计算数据、多组控制参数等。它占用用户程序存储器(RAM、EEPROM、EPROM)内的一个存储区,以 500 点为单位,通过参数设定,最多可设置 7000 点并可用编程器进行写入操作。当 PLC 上电或从 STOP 到 RUN 时,在存储器中设定为文件寄存器的区域会自动地将数据一并传送到系统 RAM 的数据内存区域中(用于批量传送初始数据,即数据初始化)。文件寄存器是在存储器中指定的一个数据寄存器区域,该区域用于存储系统运行的某些必需的初始数据。PLC 运行时,可用 BMOV(块传送)指令实现文件寄存器与普通型数据寄存器(在系统 RAM 中)之间的数据传送(即实现初始数据的批量传送)。

当 PLC 间进行连接时,一部分数据寄存器将被通信链接所占用(使用时请查相关手册)。

(3) 特殊型数据寄存器 D8000~D8511(512 点)。这种数据寄存器供监控 PLC 中各种元件的运行方式之用,其内容在电源接通时全部先清零,再写入初始值。例如,在 D8000 中存放的是由系统 ROM 设定的警戒时钟定时器的时间,需要改变时,利用传送指令写入所要求的时间;当 PLC 停止运行时该值保持不变。

2. 文件寄存器(R)

文件寄存器 R0~R32767(共 32 768 点)和扩展文件寄存器 ER0~ER32 767(共 32 768 点)都是扩展数据寄存器使用的软元件。文件寄存器的数据存储在后备电池区域的内置 RAM 中。扩展文件寄存器的数据存储在存储器盒(闪存)中。因此,只有在使用了存储器盒的情况下,才可使用扩展文件寄存器。此外,由于两者保存用的内存不同,访问的方法也有所不同。

3. 变址寄存器(V, Z)

同普通型数据寄存器一样,变址寄存器 V 和 Z 也是 16 位的数据寄存器,其地址编号为 V7~V0,Z7~Z0,共 16 点。当要进行 32 位数据运算时,需将 V、Z 组合起来使用,且规定用 Z 存放低 16 位数据,如(V0,Z0),(V1,Z1)等。

可用变址寄存器修改的软元件有 X、Y、M、S、P、T、C、D、R、K、H、KnX、KnY、KnM、KnS,但不能修改 V、Z 本身及指定位数用的 Kn 本身。例如,不能用 Z0M10 来修改 Z 的地址,但可用 M10Z0 来修改 M 的地址(即 V、Z 须放在被修改元件的后面)。又如,若 Z0=

K8，则 M10Z0 表示 M18(即"10＋8＝18")，而 X10Z0 则表示 X20(即"10＋8＝18"，18 对应的八进制数为 20)。再如，若 V5＝K30(十进制常数)，则 H30V5 表示 H4E(即"30H＋K30"，K30 对应的十六进制数为 1E)；若 V5＝H30(十六进制常数)，则 H30V5 表示 H60(即"30H＋30H")。

使用变址寄存器时，还需注意以下几点：

① 对 32 位计数器和特殊辅助继电器不能进行变址修正。

② 16 位计数器进行变址修正后，不能作为 32 位的计数器处理。

③ 对定时器、计数器的 OUT 指令，既可以修正定时器、计数器的元件编号，也可修正其设定值中所指定的软元件。

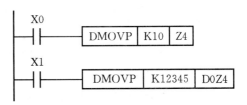

图 5-32 32 位指令中的变址修正

④ 在 32 位指令中使用变址寄存器时，需要以 32 位进行指定，此时指定的低 16 位 Z，即隐含了高 16 位 V，它们一起组成 32 位寄存器。例如在图 5-32 中，当 X0 为 ON 时，执行 32 位传送指令 DMOVP，将十进制常数 K10 传送到由 Z4 指定的 32 位变址[V4Z4]中，此时[V4Z4]＝10；当 X1 为 ON 时，将 K12345 传送到由 D0Z4 指定的 32 位数据寄存器[D11D10]中(因 Z4＝10，故 32 位首地址 D0Z4＝D10)，此时[D11D10]＝K12345。

⑤ 进行变址修正后的元件地址编号必须存在，否则会出错。

⑥ 在应用指令的操作数说明中，可以进行变址修正的源操作数和目标操作数分别用[S.]和[D.]来表示。

5.2.8 指针

在执行 PLC 程序的过程中，当某条件满足时，需要跳过一段不需要执行的程序或者调用一个子程序或者执行指定的中断程序，这时需要用一"操作标记"来标明所操作的程序段，而这一"操作标记"就是指针。

1. 分支用指针(P)

分支用指针编号是 P0～P62 和 P64～P4095，共 4095 点。当分支指针 P 用于跳转指令(CJ)时，用来指定跳转的起始位置，如图 5-33 所示；当分支指针 P 用于子程序调用指令(CALL)时，用来指定被调用的子程序和子程序的位置，如图 5-34 所示。

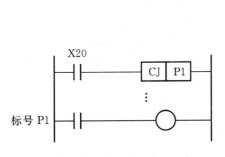

图 5-33 指针 P 用于跳转指令

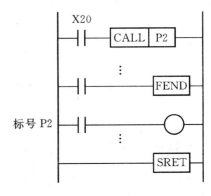

图 5-34 指针 P 用于子程序调用指令

图 5-33 中, 当条件 X20 为 ON 时, 执行跳转指令 CJ, 程序跳到标号 P1 处, 执行标号 P1 以后的程序; 当条件 X20 为 OFF 时, 按顺序执行程序。图 5-34 中, 当条件 X20 为 ON 时, 执行标号为 P2 的子程序, 当子程序执行完后, 用 SRET 指令返回原位置 (即返回到 CALL 指令的下一步指令位置)。P63 用于结束跳转, 即跳转到 END 位置, 故不能使用 P63 作标号, 否则程序会出错。

2. 中断指针(I)

中断指针作为标号用于指定中断程序的起点, 通常与 EI(允许中断)、DI(禁止中断)和 IRET(中断返回)等指令一起使用。中断程序是从中断指针标号开始, 执行 IRET 指令时结束。它有以下三种类型。

(1) 输入中断用指针。输入中断用指针是接收来自特定的输入地址号(X000～X005)的输入信号而不受 PLC 扫描周期的影响。该输入信号被触发时, 执行输入中断用指针标识的中断子程序。输入中断指针的地址编号为 I00□(X000)、I10□(X001)、I20□(X002)、I30□(X003)、I40□(X004)、I50□(X005), 共 6 点。(□为 1 时表示上升沿中断; 为 0 时表示下降沿中断)。例如指针 I100, 表示输入 X001 从 ON→OFF 变化时, 执行标号 I100 之后的中断程序, 并由 IRET 指令结束该中断程序。

注意: 不能与高速计数器同时使用相应的输入端 X000～X005。

(2) 定时器中断用指针。定时器中断用指针用于在各指定的中断循环时间(10～99 ms)执行中断子程序, 其地址编号为 I6□□、I7□□、I8□□, 共 3 点(□□为 10～99 ms 的中断时间)。例如, I720 表示每隔 20 ms 执行一次标号 I720 后面的中断程序, 并由 IRET 指令结束该中断程序。定时器中断用于与 PLC 的扫描周期不同, 又需要循环中断处理的控制中。

(3) 高速计数器中断用指针。根据 PLC 内部的高速计数器的比较结果执行标号中断子程序, 用于高速计数器优先处理计数结果的控制, 其地址编号为 I010、I020、I030、I040、I050、I060, 共 6 点。例如, 图 5-35 所示的高速计数器

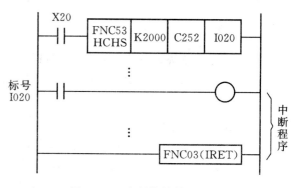

图 5-35 中断指针的用法

C252 的当前值为 2000 时, 执行标号为 I020 的中断程序。执行完中断程序后(即执行"IRET"指令后), 返回到发生中断时的原程序位置。

5.3 指令常数及软元件的使用方法

5.3.1 常数及字符串

1. 常数

PLC 使用的常数有十进制常数 K、十六进制常数 H 和实数(或浮点数)E。十进制常数

(K)主要用于指定定时器和计数器的设定值，或应用指令操作数的数值，如 K678、K1234 等。其 16 位数据和 32 位数据设定范围分别为 K－32 768～K32 767 和 K－2 147 483 648～ K2 147 483 647。十六进制常数(H)主要用于指定应用指令操作数的数值，如 H1234、H678 等。其 16 位和 32 位数据设定范围分别为 H0～HFFFF 和 H0～HFFFFFFFF。当每位十六进制数在 0～9 范围使用时，与 BCD 码相同。实数(E)主要用于指定应用指令操作数的数值，使用时，既可用普通表示(如 E1234.5)，也可用指数表示(如"E1.2345＋3"表示 1.2345×10^3)。其数据设定范围为 $-1.0 \times 2^{128} \sim 1.0 \times 2^{127}$。

2. 字符串

字符串包括字符串常数和字符串数据。字符串常数是顺控程序中直接指定字符串常数的软元件，用引号引起来的字符表示(如"1234"、"ABCD"等)，最多可以指定 32 个字符。字符串数据用保存在字元件中的数据表示。使用时，从指定软元件开始到代码 00H 为止，每一字节为一个字符，见表 5.8。

注意：在指定的软元件范围内，若未设定表示字符串结束的代码 00H(在指定范围的最后一个字元件的高 8 位中存放 00H)，则会出现扫描错误。

表 5.8　字符串数据表示

	b15… b8	b7… b0
D10	第 2 个字符	第 1 个字符
D11	第 4 个字符	第 3 个字符
…		
D20	00H	第 21 个字符

5.3.2　位的数据表示与字软元件的位指定

1. 位的数据表示

只处理 ON/OFF 两种状态的元件称为位元件，如 X、Y、M、S 等；处理数值的元件称为字元件，如 T、C、D、R 等。将位元件通过不同位数的组合也可以处理数值。此时，位元件每 4 位一组，合成一个数字，用"Kn＋位元件"表示，其中 Kn 表示组数。例如，"K1X0"表示将 X0 作为低位(起始位)的"X3～X0"的 4 位二进制数据；"K2Y0"表示将 Y0 作为低位的"Y7～Y0"的 8 位数据；"K4M20"表示将 M20 作为低位的"M35～M20"的 16 位数据；"K8M10"表示将 M10 作为低位的"M41～M10"的 32 位数据等。对于 16 位数据，Kn 为 K1～K4，对于 32 位数据，Kn 为 K1～K8。位元件的起始编号可以任意，但建议尽量将它设置为 0(如 X0、Y10、M20 等)。

2. 字软元件的位指定

可以将位元件组合作为字元件来使用。同样，通过指定字元件的位，也可以将字元件(即数据寄存器)作为位元件来使用。例如，D5.0 表示数据寄存器 D5 的 b0 位(即第 1 位)，D0.6 表示数据寄存器 D0 的 b6 位(即第 7 位)。在指定字元件的位时，其位的编号必须用 0～F 的十六进制数表示(即从低位开始，按照 0～9、A～F 的顺序指定位编号)。例如，D12.E 表示数据寄存器 D12 的 E 位(即第 15 位)。在位的编号中不能执行变址修正。

3. 缓冲存储器的直接指定

FX₃ᵤ/FX₃ᵤC 系列 PLC 不仅可以指定字元件的位,而且还可以对特殊功能模块(如 A/D、D/A 等)的缓冲存储器(BFM)进行直接指定。缓冲存储器(BFM)为 16 位字数据,主要用于指令的操作数。指定时,用特殊功能模块号(U)和 BFM 编号(G)表示。其中,特殊功能模块号(U)为 U0~U7,BFM 编号(G)为 G0~G32767。如"U0\G0"表示 0 号特殊功能模块的 0 号缓冲存储器(即 BFM♯0)。在 BFM 编号中,可以进行变址修正,但模块编号不能进行变址修正。例如,若 Z0=8,则"U1\G10Z0"表示 1 号特殊功能模块的第 18 号(10+Z0=18)缓冲存储器(即 BFM♯18)。

5.4 编程软件操作

5.4.1 程序安装和启动软件

安装"EnvMEL"文件夹中的 setup 文件。

安装"GX-Developer8.34L-C"文件夹中的 setup 文件,输入序列号,采用默认设置即可。特别注意,不要勾选"GX-Developer 监视器"。

双击桌面上的"GX-Developer"图标,即可启动 GX-Developer,其界面如图 5-36 所示。GX-Developer 的界面由项目标题栏、下拉菜单、快捷工具栏、编辑窗口、管理窗口等部分组成。在调试模式下,可打开远程运行窗口,数据监视窗口等。

图 5-36 GX-Developer 编程软件的界面

① 下拉菜单。GX-Developer 共有 10 个下拉菜单,每个菜单又有若干个子菜单。常用的菜单项都有相应的快捷按钮,GX-Developer 的快捷键直接显示在相应菜单项的右边。

② 快捷工具栏。GX-Developer 共有 8 个快捷工具栏,即标准、数据切换、梯形图标记、程序、注释、软元件内存、SFC、SFC 符号工具栏。以鼠标选取"显示"菜单下的"工具条"命令,即可打开这些工具栏。常用的有标准、梯形图标记、程序工具栏,将鼠标停留在快捷按钮上片刻,即可获得该按钮的提示信息。

③ 编辑窗口。PLC 程序是在编辑窗口进行输入和编辑的，其使用方法和常用的编辑软件相似。

④ 管理窗口。管理窗口实现项目管理、修改等功能。

5.4.2　软件编辑

（1）启动编程软件 GX-Developer，创建一个"新工程"。如图 5-37 所示，设置 PLC 类型为 FX$_{3U}$，程序类型为梯形图。如需要，可将工程存放自己希望的位置。

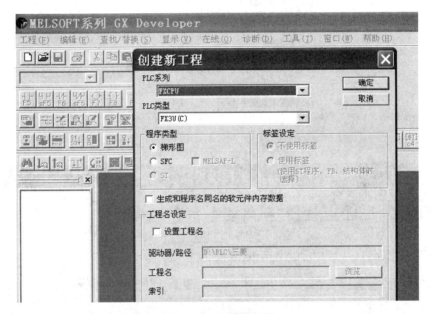

图 5-37　创建新工程

（2）编写一个简单的梯形图。编写梯形图程序如图 5-38 所示。

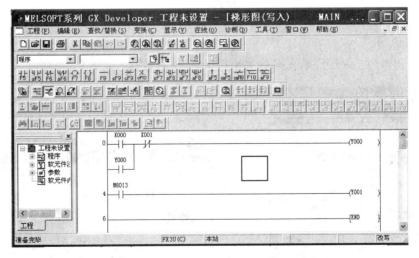

图 5-38　编写梯形图程序

运用"梯形图输入"工具栏，输入软元件。

（3）按快捷键 F4，将梯形图转换生成目标代码。

（4）离线仿真。可以通过菜单栏"工具"→"梯形图逻辑测试启动"启动仿真，如图 5-39 所示；或者通过快捷按钮"  "启动仿真，如图 5-40 所示。

图 5-39　启动仿真

图 5-40　点击工具栏仿真按钮

（5）上面两种方式都可以启动仿真，图 5-41 所示就是"仿真窗口"，显示运行状态，如果出错会有中文说明。

（6）启动仿真后，程序开始在电脑上模拟 PLC 写入过程，如图 5-42 所示。

图 5-41　仿真运行控制窗口

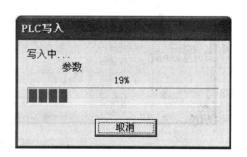

图 5-42　程序写入过程窗口

（7）开始运行，如图 5 - 43 所示。启动软元件测试如图 5 - 44 所示。

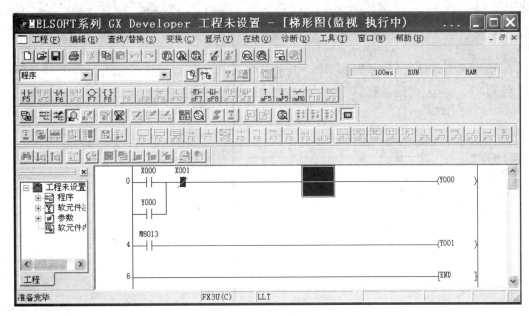

图 5 - 43　仿真运行

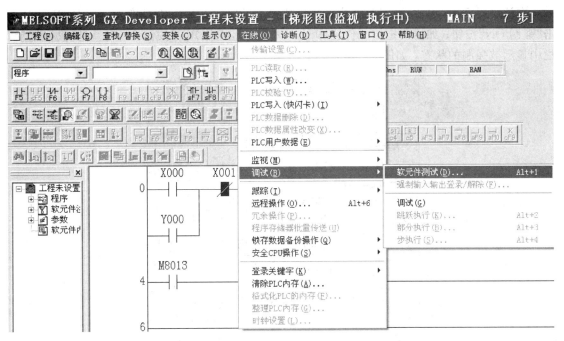

图 5 - 44　启动软元件测试

（8）通过"在线"中的"软元件测试"来强制一些输入条件 ON 或者 OFF，以监控程序的运行状态。点击工具栏"在线(O)"，弹出下拉菜单，点击"调试(B)"→"软元件测试(D)"或者直接点击"软元件测试"快捷键，弹出"软元件测试"对话框，如图 5 - 45 所示。

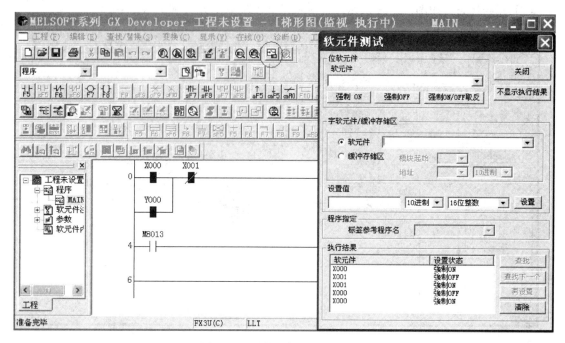

图 5-45 "软元件测试"对话框

在该对话框中"位软元件"栏中输入要强制的位元件。如 X0，需要把该元件置 ON，就点击"强制 ON"按钮；如需要把该元件置 OFF，就点击"强制 OFF"按钮。同时，在"执行结果"栏中显示被强制的状态，如图 5-46 所示。

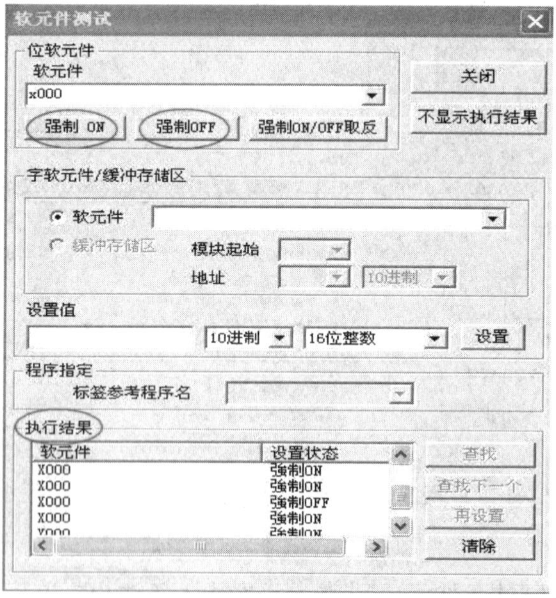

图 5-46 软元件设置

梯形图监视执行过程如图 5-47 所示。

接通的触点和线圈都用蓝色表示，同时可以看到字元件的数据在变化。

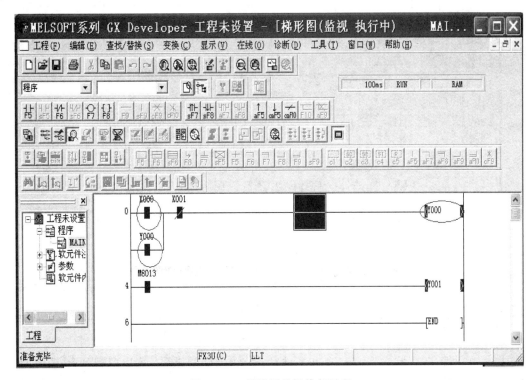

图 5-47　梯形图监视执行过程

（9）各位元件的监控和时序图监控。软元件登录监视如图 5-48 所示；软元件批量监视如图 5-49 所示。

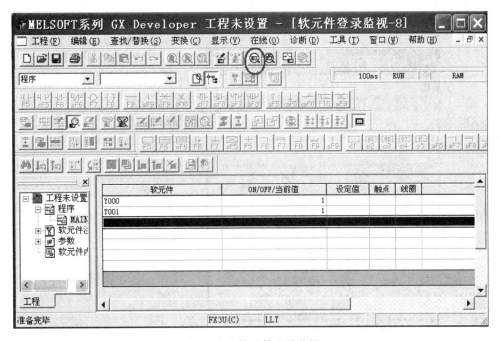

图 5-48　软元件登录监视

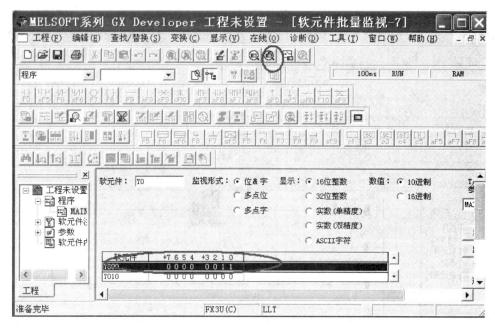

图 5－49　软元件批量监视

图 5－49 所示即可监视到所有输出 Y 的状态。用同样的方法，可以监视到 PLC 内所有元件的状态，对于位元件，用鼠标双击，可以强置 ON，再双击，可以强置 OFF；对于数据寄存器 D，可以直接置数。对于 T、C 也可以修改当前值，因此调试程序非常方便。

点击"仿真窗口"的"Start"→"Monitor Function"→ "Timing Chart Display"，则出现"时序图监控"，如图 5－50 所示。同时，可以看到程序中各元件的变化时序图，如图 5－51 所示。

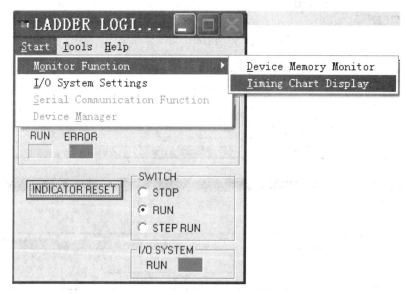

图 5－50　时序图监控

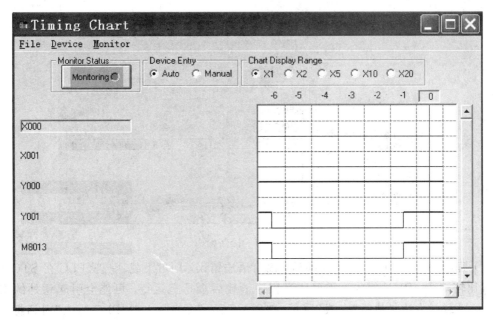

图 5-51　监控的时序图

（10）停止仿真运行。点击"仿真窗口"中的"STOP"，PLC 就停止运行，再点击"RUN"，PLC 又开始运行，如图 5-52 所示。

（11）退出 PLC 仿真运行。在对程序仿真测试时，通常需要对程序进行修改，这时要退出 PLC 仿真运行，重新对程序进行编辑修改。退出方法：先点击"仿真窗口"中的"STOP"，然后点击"工具"中的"梯形图逻辑测试结束"。仿真结束窗口如图 5-53 所示。

图 5-52　仿真窗口　　　　　　　　　图 5-53　仿真结束窗口

　　点击"确定"即可退出仿真运行，但此时的光标还是蓝块，程序处于监控状态，不能对程序进行编辑，所以需要点击快捷图标"写入状态"，光标变成方框，即可对程序进行编辑。编辑后再转换，再启动仿真。

5.4.3　程序调试及运行

　　（1）程序的检查。执行"诊断"菜单→"诊断"命令，进行程序检查，如图5-54所示。如有错误，则显示当前错误的相关信息。可根据错误提示信息修改程序。

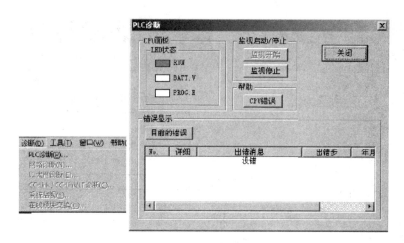

图 5-54 诊断操作

(2) 程序的写入。PLC 程序变换后，没有语法错误，即可下载。一般 PLC 在 STOP 模式下下载比较安全，RUN 模式下需要注意程序下载后会马上运行，可能会引起意外的安全问题。程序下载的方法是执行"在线"菜单→"PLC 写入"命令，出现"PLC 写入"对话框，如图 5-55所示，选择"参数＋程序"，再点击"执行"，从而完成将程序写入 PLC。

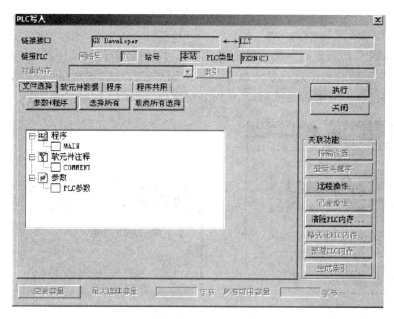

图 5-55 "PLC 写入"对话框

(3) 程序的读取。PLC 在 STOP 模式下，执行菜单"在线"→"PLC 读取"命令，将 PLC 中的程序发送到计算机中。

传送程序时，应注意以下问题：

① 计算机的 RS232C 端口及 PLC 之间必须用指定的线缆及转换连接器。

② PLC 在 RUN 模式下下载程序，须充分注意下载后马上执行程序所带来的潜在危险。

③ 执行完"PLC 写入"后，PLC 中的程序将被丢失，原有的程序将被写入的程序所替代。

④ 在"PLC 读取"时，程序必须在 RAM 或 EE-PROM 内存保护关断的情况下读取。

（4）程序的运行及监控。

① 运行。执行"在线"菜单→"远程操作"命令，将 PLC 设为 RUN 模式，程序运行，如图 5-56 所示。

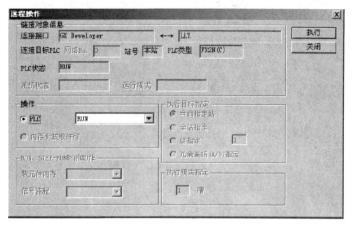

图 5-56　运行操作

② 监控。执行程序运行后，再执行"在线"菜单→"监视"命令，可对 PLC 的运行过程进行监控。结合控制程序，操作有关输入信号，观察输出状态，如图 5-57 所示。

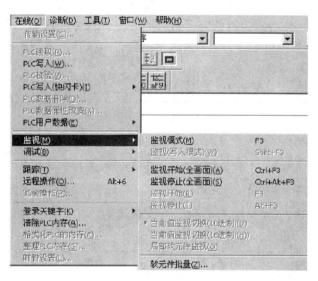

图 5-57　监控操作

（5）程序的调试。

程序运行过程中出现的错误有两种：

① 一般错误：运行的结果与设计的要求不一致，需要修改程序。先执行菜单"在线"→"远程操作"命令，将 PLC 设为 STOP 模式，再执行菜单"编辑"→"写模式"命令，然后从上面第（3）步骤开始执行（输入正确的程序），直到程序正确。

② 致命错误：PLC 停止运行，PLC 上的 ERROR 指示灯亮，需要修改程序。先执行菜单"在线"→"清除 PLC 内存"命令，如图 5-58 所示；将 PLC 内的错误程序全部清除后，再从上面第 ① 点开始执行(输入正确的程序)，直到程序正确。

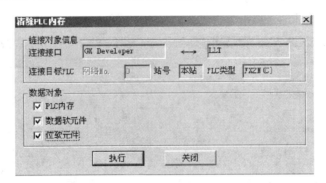

图 5-58　清除 PLC 内存操作

5.5　引例解答

5.5.1　I/O 分配表

根据系统的要求，用四个水位检测传感器控制水位的位置，并分别与 PLC 的 X0、X1、X2、X3 相连，再用 X4 作为水位过低时重新启动的复位信号。Y0、Y1、Y2 作为水泵的输出控制信号，Y3、Y4 为报警灯和报警器。为了使报警灯和报警器有间断的闪烁，于是引入定时器，具体参数见表 5.9。

表 5.9　人工养鱼池水位 I/O 分配表

PLC 软元件	控 制 说 明
X0	最低水位传感器(警戒水位)，处于最低水位时，X0 状态为 ON
X1	正常水位的下限传感器，处于正常水位的下限时，X1 状态为 ON
X2	正常水位的上限传感器，处于正常水位的上限时，X2 状态为 ON
X3	最高水位传感器(警戒水位)，处于最高水位时，X3 状态为 ON
X4	按下 RESET 按钮时，X4 状态为 ON
T1	计时 500 ms 定时器，时基为 100 ms 的定时器
T2	计时 500 ms 定时器，时基为 100 ms 的定时器
Y0	1# 排水泵
Y1	给水泵
Y2	2# 排水泵
Y3	排警灯
Y4	报警器

5.5.2　程序设计

1. 程序的编写

打开软件新建文件，在弹出的创建新工程中设置各参数。参数如图 5-59 所示。

根据表 5.9，在软件中编写如图 5-60 所示的代码。

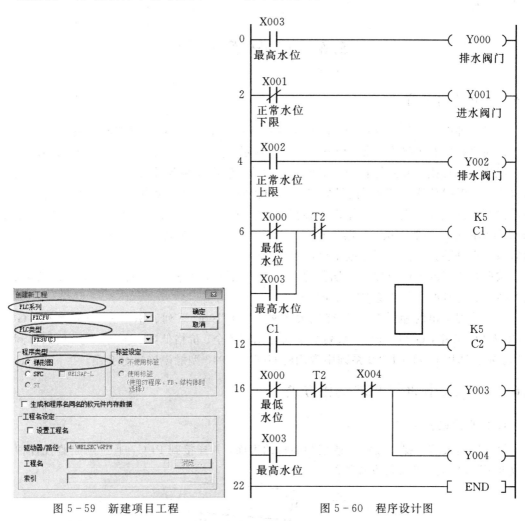

图 5-59　新建项目工程　　　　　　图 5-60　程序设计图

2. 程序分析

正常水位时：X0＝ON，X1＝ON，X2＝OFF，X3＝OFF，所以 Y0＝OFF，Y2＝OFF，给水泵和排水泵都不工作。

当池内水位低于正常水位时：X0＝ON，X1＝OFF，X2＝OFF，X3＝OFF，X4＝OFF。因 X1＝OFF，其常闭接点导通，所以 Y1＝ON，启动给水泵向养鱼池内注水。

当池内水位低于最低水位（警戒水位）时：X0＝OFF，X1＝OFF，X2＝OFF，X3＝OFF。因 X0＝OFF，其常闭接点导通，Y1＝ON，给水泵启动；同时 X1＝OFF，其常闭接点导通，报警电路被执行，Y3＝ON，Y4＝ON，报警灯闪烁，报警器鸣叫。

当池内水位高于正常水位时：X0＝ON，X1＝ON，X2＝ON，X3＝OFF。因 X2＝ON，其

常开接点导通，所以 Y2＝ON，1♯排水泵启动，将养鱼池内水排出。

当池内水位高于警戒水位时：X0＝ON，X1＝ON，X2＝ON，X3＝ON。因 X2＝ON，其常开接点导通，所以 Y2＝ON，1♯排水泵启动；同时 X3＝ON，其常开接点导通，所以 Y0＝ON，2♯排水泵启动，且报警电路也被执行，所以 Y3＝ON，Y4＝ON，报警灯闪烁，报警器鸣叫。

按下复位按钮，X4＝ON，其常闭接点关断，所以 Y3＝OFF，Y4＝OFF，报警器和报警灯停止工作。

5.6　知识点扩展

5.6.1　触摸屏简介

触摸屏即图形操作终端（Graph Operation Terminal，GOT），它能在监视画面上实现以往操作所进行的开关操作、指示灯显示、数控显示、信息显示等图视化的人机界面设备。

触摸屏由触摸检测部件和触摸屏控制器组成。触摸检测部件安装在显示器屏幕前面，用来检测用户触摸位置，接收到信号后将其送到触摸屏控制器；触摸屏控制器的主要作用是从触摸检测部件接收触摸信息，并将它转换成触点坐标，再送给控制器的 CPU，同时它接收 CPU 发出的命令并加以执行。操作时，用手指或其他物体触摸安装在显示器前端的触摸屏，然后系统根据手指触摸的图标或菜单位置来定位选择信息输入。

按照触摸屏的工作原理和传输信息的介质，触摸屏可分为五种：电阻式、表面声波式、红外线式、电容式以及进场成像（NFI）式。

三菱公司推出的触摸屏主要有三大系列：GOT1000 系列、GOT－F900 系列、GOT－A900 系列。其中，GOT－F900 系列由于功能比较齐全、价格低廉、性能稳定，所以得到广泛应用。本节选用 GOT－F900 系列中常用的 GOT－F940 型触摸屏进行介绍。

5.6.2　三菱触摸屏与 PLC 动作方式

1. 触摸屏的安装

触摸屏是安装在操作面板上或控制面板的表面，并连接到 PLC，通过画面监视各种设备并改变 PLC 数据。其安装方式如图 5－61 所示。

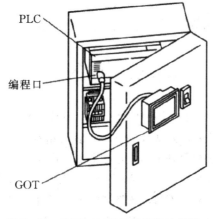

图 5－61　GOT 与 PLC 的安装连接图

2. 触摸屏和外围设备的连接

GOT - F900 系列触摸屏机箱接口如图 5 - 62 所示，有 RS232 和 RS422 两个接口以及电源接线端子、扩展接口和电池。

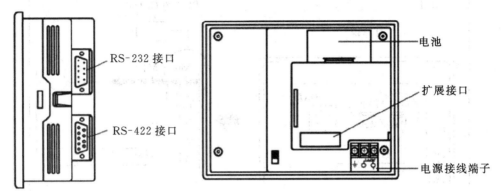

图 5 - 62　触摸屏机箱接口

图 5 - 63 所示为 GOT - F940 触摸屏、PLC 与计算机的连接图。

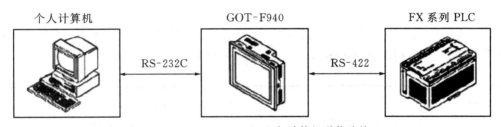

图 5 - 63　GOT - F940、PLC 与计算机通信连接

3. 三菱触摸屏与 PLC 动作方式

在图 5 - 64 所示的触摸屏系统上显示编写的 PLC 程序，并设置相关参数，下载到相应的设备中，进行总线电缆连接。

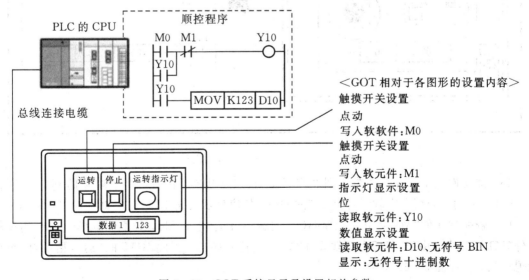

图 5 - 64　GOT 系统显示及设置相关参数

（1）触摸软元件"M0"运行。在触摸屏 GOT 的触摸开关"运转"时，分配到触摸开关中的位软元件"M0"为接通状态，如图 5-65 所示。

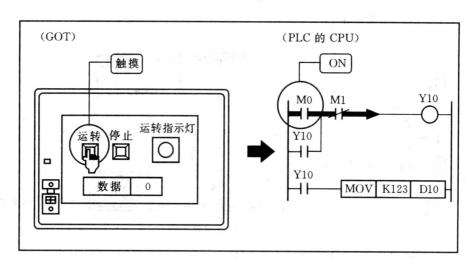

图 5-65　触摸软元件"M0"运行

（2）输出并显示"Y0"状态。位元件"M0"接通时，"Y10"接通。此时，分配了位软元件"Y10"的 GOT 运行指示灯显示输出状态，如图 5-66 所示。

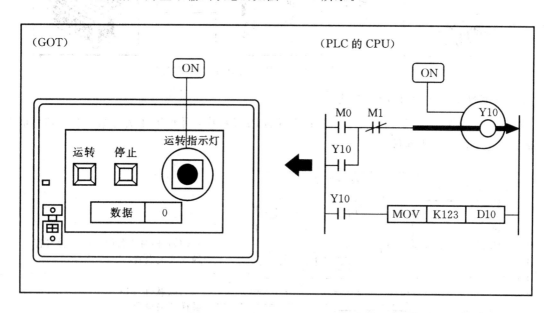

图 5-66　输出并显示"Y10"状态

（3）位元件显示。由于位软元件"Y10"处于接通状态，因此"123"被存储到字软元件"D10"中。此时，分配了字软元件"D10"的 GOT 数值显示将显示"123"，如图 5-67 所示。

（4）触摸软元件"M1"停止。触摸 GOT 的触摸开关"停止"时，分配到触摸开关中的位软元件"M1"为 ON，由于"M1"为位软元件"Y10"的停止条件，因此 GOT 的"运行指示灯"将变为熄灭状态，如图 5-68 所示。

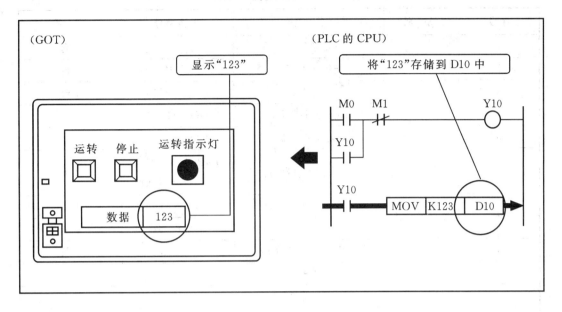

图 5 - 67　字软元件"D10"显示

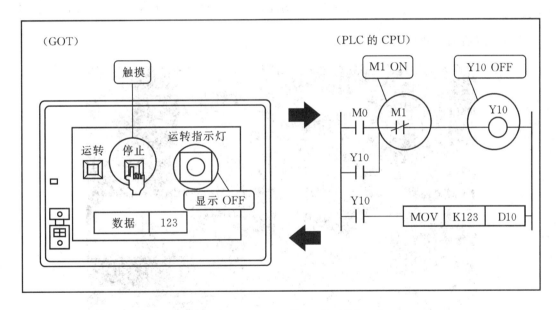

图 5 - 68　触摸"Y10 停止"软元件"M1"

[**实例 7**]　应用触摸屏与电动机实现电动机正反转运行。

(1) 任务描述。

利用触摸屏作为 PLC 的输入单元，通过触摸屏与 PLC 的联机，可以实现电动机正反转运行的控制。本任务中，通过使用 GT - Designer 编程软件设计触摸屏程序，写入触摸屏与 PLC 进行联机调试。所用工具及器材明细见表 5.10。

表 5.10　工具及器材明细表

序号	类别	名称	规格型号	数量
1	工具	电工常用工具		1 套
2		指针式万用表	500 或 MF－47	1 台
3	器材与设备	三菱 PLC	FX$_{2N}$－48MR	1 台
4		三菱触摸屏	GOT－F940	1 台
5		交流接触器	CJX2－1810	2 个
6		直流继电器	OMRON MY4NJ、PYF14A－E 底座	2 个
7		带漏电保护断路器	DZ47LE	1 个
8		熔断器	RT18－32	4 个
9		DIN 标准导轨	35 mm	1 条
10		线槽		3 m
11		多股导线		若干
12		基板		1 块
13		三相异步电动机	JW7124，550 W	1 台

安装完成后的实物如图 5-69 所示。

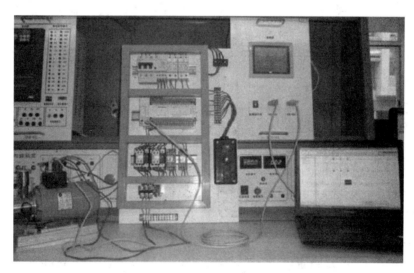

图 5-69　触摸屏与电气控制板连接图

（2）I/O 分配表与 PLC 接线图。

从电动机双重联锁正反转控制电路可知：输出信号有 KM1、KM2，输入信号由触摸屏设置软元件代替正转启动、反转启动及停止按钮，从而确定控制电动机正反转运行的 PLC I/O 分配表，如表 5.11 所示。

表 5.11 I/O 分配表

软 元 件		输 出 单 元	
名 称	端子号	名 称	端子号
停止	M0	电动机正转控制 KM1	Y0
正转启动	M1	电动机反转控制 KM2	Y1
反转启动	M2		

GOT 控制 PLC 实现电动机双重联锁正反转控制外部接线图如图 5-70 所示。

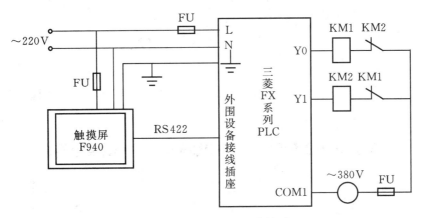

图 5-70 GOT、PLC 接线图

（3）程序设计。

① 触摸屏画面创建过程。

GOT-F940 型触摸屏使用的通用编程软件为 GT Designer2。软件的主界面如图 5-71

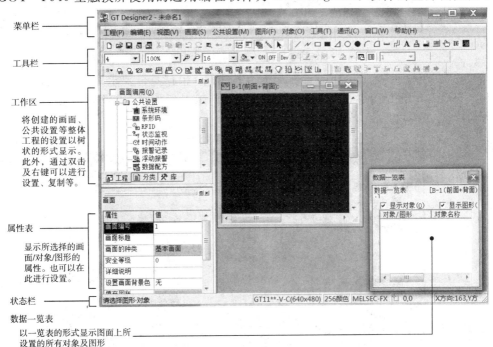

图 5-71 GT Designer2 编程软件主界面

所示，由菜单栏、工具栏、工作区、属性表、状态栏、数据一览表等组成。

首先点击 GT Designer2 图标，启动 GT Designer2，显示如图 5-72 所示画面。由于是创建新画面，因此点击"新建"。

图 5-72　创建新画面

接着显示如图 5-73 所示对话框，如在"显示新建工程向导(S)"的选择框内取消勾选，则将从下一步起不显示向导。

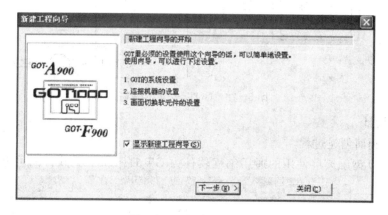

图 5-73　新建工程向导

然后单击"下一步"，显示如图 5-74 所示对话框。根据具体要求选择所使用 GOT 的类型及颜色设置，再单击"下一步"，显示如图 5-75 所示对话框。这里会给出图 5-74 中选择的 GOT 类型及颜色设置。

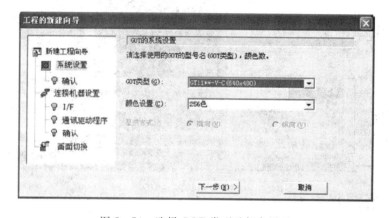

图 5-74　选择 GOT 类型及颜色设置

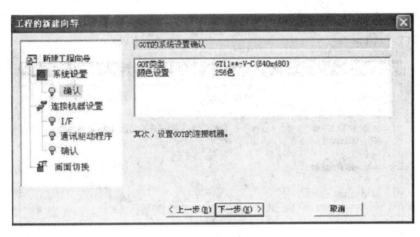

图 5 - 75　系统设置确认

随后单击"下一步",出现"连接机器设置",选择 GOT 的连接机器。这里选"MELSEC - FX",如图 5 - 76 所示。

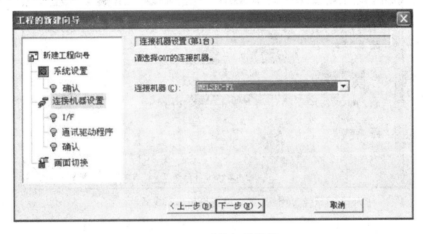

图 5 - 76　连接机器设置

再单击"下一步",显示如图 5 - 77 所示的"I/F"设置对话框,为连接机器设置 I/F,这里选择"标准 I/F(标准 RS - 422)"。

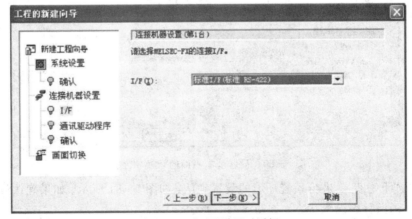

图 5 - 77　"I/F"设置对话框

再单击"下一步",选择"通讯驱动程序",如图 5-78 所示。直接单击"下一步"确认,出现如图 5-79 所示对话框。

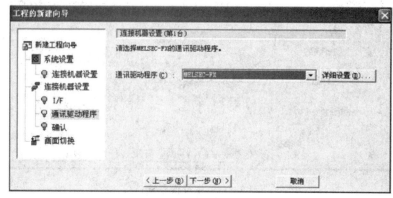

图 5-78　通讯驱动程序

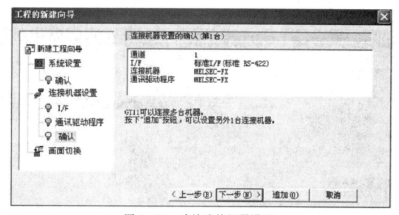

图 5-79　确认连接机器设置

然后单击"下一步",设置基本画面的切换软元件,如图 5-80 所示。

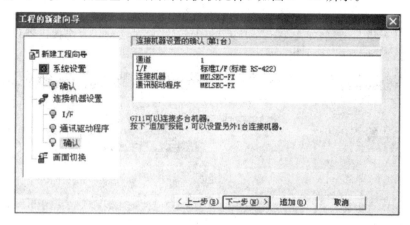

图 5-80　设置基本画面的切换软元件

最后单击"下一步",进行系统环境的设置确认,如图 5-81 所示。如果确认设置正确,按结束键,进入画面程序设置状态,如图 5-82 所示。

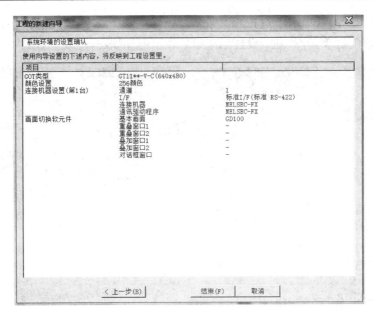

图 5-81　系统环境的设置确认

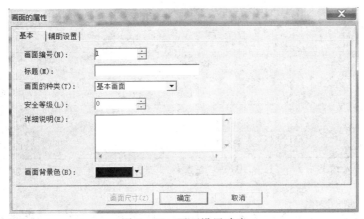

图 5-82　画面设置确定

至此，系统环境设置完成。

② 触摸屏显示及相关参数设置。

• 设置触摸开关（位开关）。单击对象工具栏 S▼ 图标，从显示的子菜单中选择 █ 图标（位开关），当光标变成"＋"后，单击希望配置的位置进行配置，如图 5-83 所示。

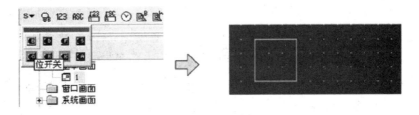

图 5-83　位开关的选取

在图 5-84 所示的选项卡上进行相关设置。根据本任务要求,设置内容见表 5.12。同理,新建并设置"正转"及"反转"按钮。设置结束后,显示内容如图 5-85 所示。

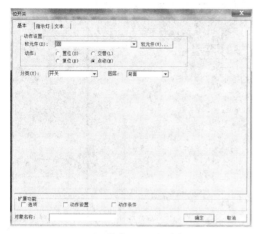

(a) 基本画面选项卡

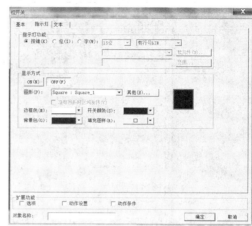

(b) 文本/指示灯选项卡

图 5-84 位开关选项卡设置

表 5.12 设 置 内 容 表

选 项 卡	项 目	内 容
基本选项卡	软元件	M0
	动作	点动
	图形	FGOT-Switch:Basic
	显示方式(开关色)	OFF:黑色;ON:蓝色
文本/指示灯选项卡	文本	停止

图 5-85 触摸开关设置结束

• 设置指示灯。单击对象工具栏的 图标,光标变成"+"后,单击希望配置的位置进行配置。在图 5-86 所示的选项卡上进行相关设置。根据本任务要求,设置内容见表 5.13。同理,新建并设置"反转"指示灯。设置结束后,显示内容如图 5-87 所示。

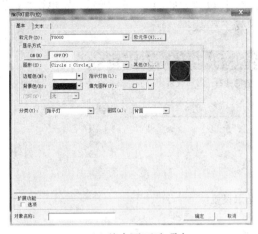 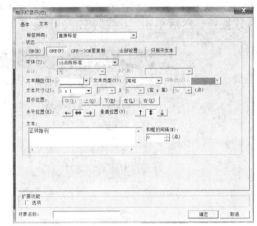

（a）基本画面选项卡　　　　　　　　　　　（b）文本选项卡

图 5-86　指示灯选项卡设置

表 5.13　设 置 内 容 表

选　项　卡	项　　目	内　　容
基本选项卡	软元件	Y0
	显示方式（开关色）	OFF：黑色；ON：蓝色
文本选项卡	文本	正转指示

图 5-87　指示灯设置结束

• GOT 画面下载。选择"通讯"→"跟 GOT 的通讯"菜单，如图 5-88 所示。显示对话框后，选择"通讯设置"选项卡。设置个人计算机与 GOT 通讯：选择 RS232 或 USB 传输（F940型只能选择 RS232），如图 5-89 所示。下载工程数据：选择"下载→GOT"选项卡，选择要下

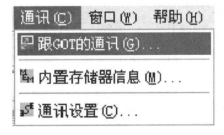

图 5-88　通讯菜单

载到 GOT 中的数据，包括基本画面、窗口画面、公共设置，如图 5 - 90 所示。先单击"全部选择(A)"按钮，然后单击"下载"按钮，于是开始下载工程数据。

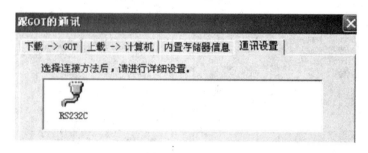

图 5 - 89　通讯设置

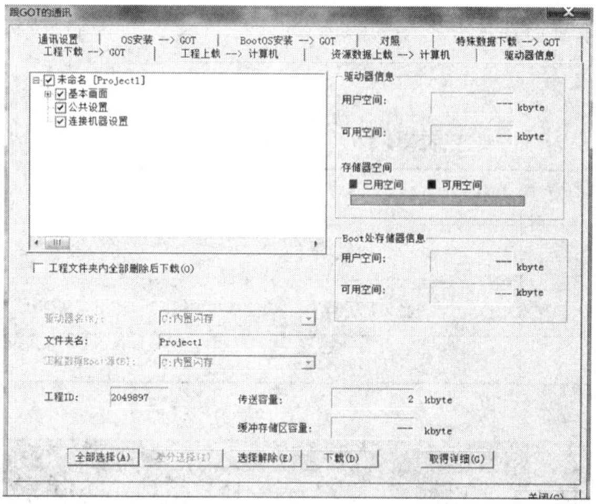

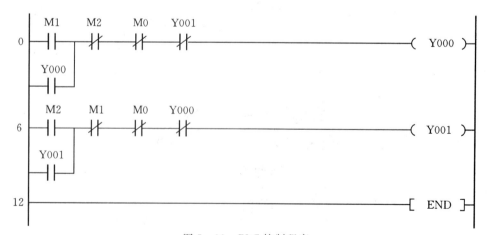

图 5 - 90　下载工程数据

③ PLC 程序设计。

由 GOT 设置软元件及 PLC 输出分配，并设计双重联锁电动机正反转。PLC 控制程序如图 5 - 91 所示。

图 5 - 91　PLC 控制程序

习　题

1. PLC 主要用在哪些控制场合?

2. PLC 由哪几个部分组成? 简述各部分的作用。

3. PLC 如何获取外部开关按钮的接通或断开状态?

4. PLC 控制与继电器控制、计算机控制相比,分别有哪些主要特点?

5. PLC 输出继电器类型主要有哪几种? 分别适用于什么类型的负载?

6. 什么是 PLC 的扫描周期? 它主要受哪些因素影响?

7. PLC 的工作过程分为哪几个阶段? 每一阶段的作用是什么?

8. 在一个扫描周期中,如果在程序执行期间输入状态发生变化,输入映像寄存器的状态及输出状态是否也随之变化? 为什么?

9. 分析图 5 - 92 所示的 4 个梯形图,试指出哪些梯形图具有点动控制功能?

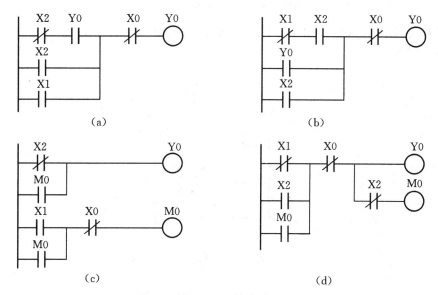

图 5 - 92　梯形图

10. 比较图 5 - 93 所示的两个梯形图的区别?

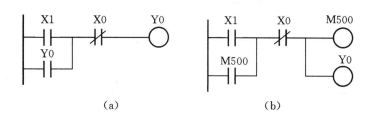

图 5 - 93　梯形图

11. 根据图 5 - 94 所示的梯形图,画出 M0 的时序图。

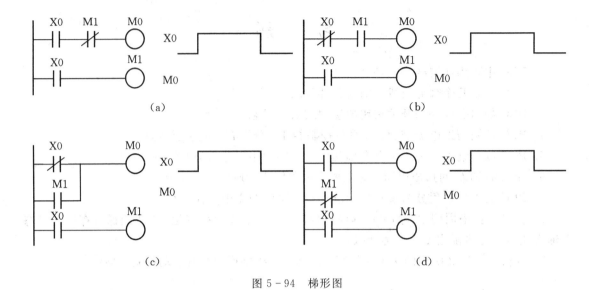

图 5-94　梯形图

12. 分析图 5-95 所示的梯形图,能否用 X0、X1 控制 Y0? 如果能,则说明控制原理;如果不能,则给予纠正。

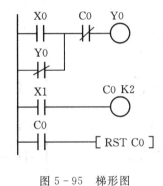

图 5-95　梯形图

第 6 章　基本逻辑指令

6.1　引例：先入信号优先抢答器

有小学生、中学生、教授三组选手参加智力竞赛。要获得回答主持人问题的机会，必须抢先按下桌上的抢答按钮。任何一组抢答成功后，其他组再按按钮无效。使用先入信号优先抢答器的竞赛如图 6-1 所示。小学生组和教授组桌上都有两个抢答按钮，中学生组桌上只有一个抢答按钮。为了给小学生组一些优待，其桌上的 X0 和 X1 任何一个抢答按钮按下，Y0 灯都亮；为了限制教授组，其桌上的 X3 和 X4 抢答按钮必须同时按下时，Y2 灯才亮；中学生组按下 X2 按钮，Y1 灯才亮；主持人按下 X5 复位按钮时，Y0，Y1，Y2 灯都熄灭。

图 6-1　使用先入信号优先抢答器的竞赛

通过以上的逻辑顺序说明如何运用基本逻辑指令设计出 PLC 程序？

6.2　知识点链接：FX$_{3U}$/FX$_{3U}$C 系列 PLC 的基本逻辑指令

各种 PLC 都可用梯形图或指令表等语言来编制用户程序。梯形图以图形方式来表达程序，而指令表（或称语句表）则是用"语言"方式来表达程序。第 5 章已经介绍了 PLC 的各种软元件，本节将以 FX$_{3U}$（或 FX$_{3U}$C）系列 PLC 为例（FX$_{3U}$是三菱公司小型 PLC 中功能最强的机型，它包含了 FX$_{2N}$机型的全部指令和功能）介绍 PLC 的基本指令及其编程方法。

基本指令是专门用于继电器逻辑控制的指令，FX$_{3U}$（或 FX$_{3U}$C）系列 PLC 的基本指令共有 29 条，下面分别介绍各条指令的功能及用法。

1. 操作开始指令（LD/LDI）

LD（Load）为取指令，用于常开触点与左母线连接，如图 6-2（a）所示。LDI（Load Inverse）为取反指令，用于常闭触点与左母线连接，如图 6-2（b）所示。

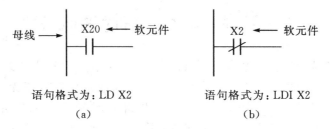

图 6-2 LD、LDI 指令编程

LD、LDI 指令可操作的软元件是 X、Y、M、S、T、C、D□.b（字元件的指定位），并可对 X、Y、M（特殊 M 除外）、T、C（32 位计数器除外）进行变址修正。

2. 输出指令（OUT）

OUT 指令是对输出继电器（Y）、辅助继电器（M）、状态（S）、定时器（T）、计数器（C）进行线圈驱动的指令。

用来输出位于 OUT 指令前面电路的逻辑运算结果，其可用的软元件与 LD/LDI 基本相同，只是不能用于驱动输入继电器（X）。当用于驱动定时器 T 和计数器 C 的线圈时，需同时加上设定值。T、C 的设定值可以使用十进制常数 K 直接指定，也可以通过 D 或 R 间接指定，且可使用变址修正。

并联的 OUT 指令可以连续使用若干次。线圈输出后，再通过一个触点或一组触点去驱动一个线圈输出叫做连续输出，如图 6-3（a）所示。只要按照正确的次序编程，可以反复使用连续输出。

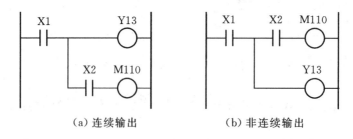

图 6-3 连续输出的编程

例：用 OUT 指令编写的软元件，根据驱动触点的状态执行 ON/OFF。并联的 OUT 命令能够多次连续使用。下面的程序举例中，接着 OUT M100 的 OUT M101 就是这个意思，如图 6-4 所示。

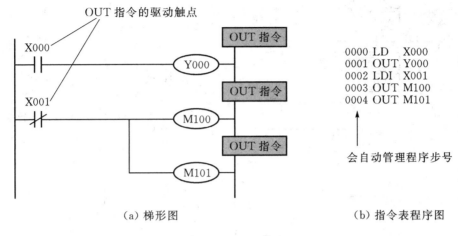

（a）梯形图　　　　　　　　　　　　（b）指令表程序图

图 6-4　OUT 指令

注意： 对同一软元件编号，使用多个 OUT 指令时，会变成双重输出（双线圈）。

OUT 指令时序图如图 6-5 所示。

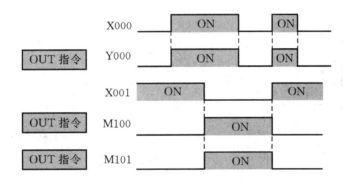

图 6-5　OUT 指令时序图

3. 触点串联连接指令（AND/ANI）

AND 为"与"指令，用于单个常开触点与左边电路的串联，如图 6-6（a）所示。

ANI 为"与非"指令，用于单个常闭触点与左边电路的串联，如图 6-6（b）所示。

AND/ANI 指令用于单个触点的串联，且串联触点的数量不受限制，即该指令可重复使用多次。AND/ANI 指令可用的软元件与 LD/LDI 指令相同。

4. 触点并联连接指令（OR/ORI）

OR 为"或"指令，用于单个常开触点与上面电路的并联，如图 6-7（a）所示。ORI 为"或非"指令，用于单个常闭触点与上面电路的并联，如图 6-8（a）所示。

OR/ORI 指令用于单个触点的并联，且并联触点的数量不受限制，即该指令可重复使用多次。OR/ORI 指令可用的软元件与 LD/LDI 指令相同。

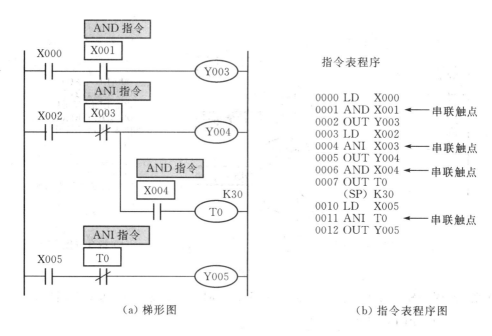

（a）梯形图　　　　　　　　　　　（b）指令表程序图

图 6-6　AND/ANI 指令的用法

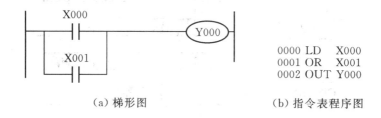

（a）梯形图　　　　　　　　　　　（b）指令表程序图

图 6-7　OR 指令的用法

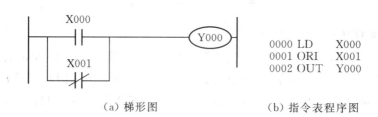

（a）梯形图　　　　　　　　　　　（b）指令表程序图

图 6-8　ORI 指令的用法

5. 支路（电路块）连接指令（ANB/ORB）

ANB（AND Block）为"与块"指令，用于执行电路块 1 与电路块 2 的"与"操作，如图 6-9 所示。每一个电路块都从 LD/LDI 指令开始编程，电路块 2 编程结束后，使用 ANB 指令与前面的电路块 1 串联。

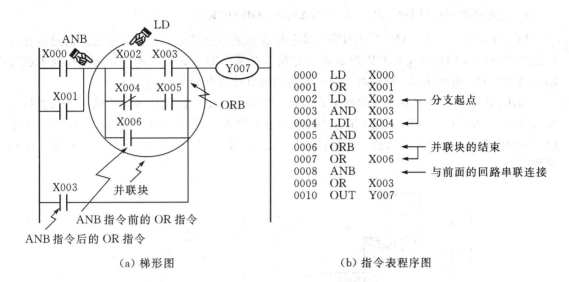

（a）梯形图　　　　　　　　　　　（b）指令表程序图

图 6 - 9　ANB 指令的用法

ORB(OR Block)为"或块"指令，用于执行电路块 1 与电路块 2 的"或"操作，如图 6 - 10 所示。每一个电路块都从 LD/LDI 指令开始编程，电路块 2 编程结束后，使用 ORB 指令与上面的电路块 1 并联。

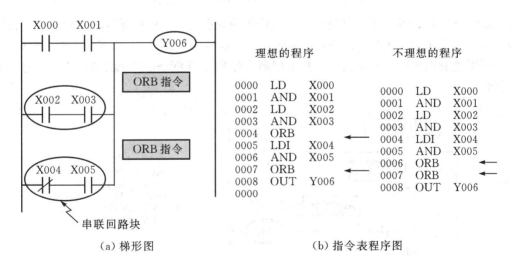

（a）梯形图　　　　　　　　　　　（b）指令表程序图

图 6 - 10　ORB 指令的用法

编程时，当每个串联/并联的电路块结束后，接着就使用 ANB/ORB 指令，则串联/并联的电路块数无限制。但若将串联/并联的所有电路块都编完后再连续多次使用 ANB/ORB 指令，则 ANB/ORB 指令不能连续使用 7 次，即串联/并联的电路块数不能超过 7 个。

为了省内存空间，编程时应尽量将并联触点多的部分放在梯形图的左边，如图 6 - 9 所示；将串联触点多的部分放在梯形图的上面，如图 6 - 10 所示。这样可省去一个 ANB 或 ORB 指令，节省存储空间。ANB 和 ORB 不是触点的指令而是连接的指令，故它们没有操作数，即指令后面没有目标软元件。

6. 边沿检测指令(LDP/LDF、ANDP/ANDF、ORP/ORF)

LDP(LDF)/ANDP(ANDF)/ORP(ORF)指令都是触点指令。这些指令表达的触点在梯形图中的位置与 LD、AND、OR 指令表达的触点在梯形图中的位置相同,其编程规则也与 LD、AND、OR 指令相同。只是两种指令表达的触点功能有所不同。

LDP、ANDP、ORP 指令是进行上升沿检测的触点指令,它们所驱动的软元件仅在指定位元件的上升沿(OFF→ON)到来时,接通一个扫描周期。如图 6-11 所示,当 X0 或 X1 从 OFF→ON 变化时,M8000 接通一个扫描周期;当 X2 从 OFF→ON 变化时,M1 接通一个扫描周期。

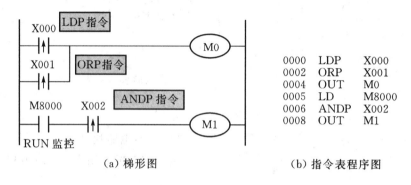

(a) 梯形图　　　　　　　　　　(b) 指令表程序图

图 6-11　LDP、ANDP、ORP 指令的用法

LDF、ANDF、ORF 指令是进行下降沿检测的触点指令,它们所驱动的软元件仅在指定位元件的下降沿(ON→OFF)到来时,接通一个扫描周期。如图 6-12 所示,当 X0 或 X1 从 ON→OFF 变化时,M8000 接通一个扫描周期;当 X2 从 ON→OFF 变化时,M1 接通一个扫描周期。

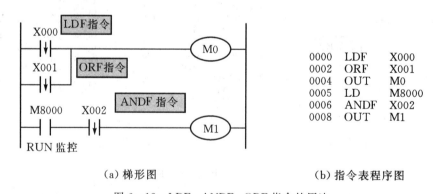

(a) 梯形图　　　　　　　　　　(b) 指令表程序图

图 6-12　LDF、ANDF、ORF 指令的用法

LDP、LDF、ANDP、ANDF、ORP、ORF 指令可用的软元件均可为 X、Y、M、S、T、C、D。具有上升沿或下降沿检测指令的触点(LDP(LDF)/ANDP(ANDF)/ORP(ORF))与普通触点(LD、AND、OR)的主要区别是:前者与触点按下的时间长短无关,与触点接触或断开瞬间动作有关;后者则与触点按下的时间长短和扫描周期有关。脉冲应用下面示例(MC/MCR 实现的手自动控制)。

7. 置位与复位指令(SET/RST)

SET 为置位指令。当 SET 的执行条件(如"X10")接通时,所指定的软元件(如"M10")接通。此时,即使 SET 的执行条件断开,所接通的软元件仍然保持接通状态(动作保持),直至遇到复位信号为止,如图 6-13 所示。SET 的目标软元件(D)可为 Y、M、S、D□.b,且可对 Y、M(特殊 M 除外)进行变址修正。

RST 为复位指令,既可用于对位元件 Y、M、S、D 及 T 和 C 的线圈进行复位(即解除动作保持),也可用于对字元件 D、R、V、Z 中的数据及 T 和 C 的当前值进行清零(此时与用传送指令 MOV 将常数 K0 传送到目标元件的效果相同)。且可对其中的位元件 Y、M(特殊 M 除外)、T 和 C(不含 32 位计数器)的线圈进行变址修正。例如,在图 6-13 中,当 X11 为 ON 时,执行复位指令 RST,使 M10 复位。

在一个梯形图中,SET 和 RST 指令的编程次序可以任意,但当两条指令的执行条件同时有效时,后编程的指令将优先执行。

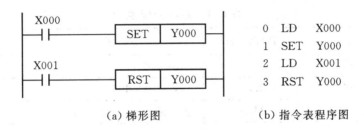

| (a) 梯形图 | (b) 指令表程序图 |

图 6-13　SET 和 RST 指令的用法

补充说明:

(1) 对同一元件 SET 和 RST,次序靠后的指令具有优先权。例如,在图 6-14(a)中,因 RST 指令在 SET 指令后面,当置位和复位指令的执行条件(X10 和 X11)均有效时,位于扫描顺序后的复位信号 RST 优先起作用;当仅有一个执行条件有效时,其控制的对应指令将有效。在图 6-14(b)中,X10 为 ON 时,SET 指令有效,RST 指令无效;当 X11 有效时,RST 指令有效,SET 指令无效;在置位和复位执行条件均有效时,置位指令优先执行。

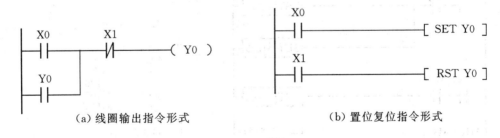

(a) 线圈输出指令形式　　　　　(b) 置位复位指令形式

图 6-14　启—保—停电路两种编程形式

(2) 使用 SET 和 RST 指令实现启—保—停控制。

例:设计俱乐部里训练课用计数跑步机,如图 6-15 所示。

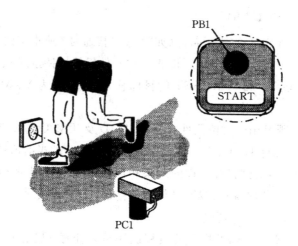

图 6 - 15   计数跑步机

表 6.1 为各元器件 I/O 分配表。

表 6.1   I/O 分配表

器件	PC 软元件	说　　　明
PB1	X000	启动按钮
PC1	X001	停止检测光电管
	M100	内部标志——跑步开始
	C220	当前一圈时间,以 10ms 为单位 (注:C220 是 32 位计数器)
	M8011	内部 10ms 时钟脉冲

　　程序梯形图和逻辑指令图如图 6 - 16 所示,按下按钮 PB1,产生输入信号。程序由 X000 设定跑步标志 M100。这个标志一设定,就进行赛跑或跑步,计数器用来对 M8011 的脉冲计数。这个 M 线圈是 10 ms 线圈,技术值与以毫秒计数的跑步机时间成正比。

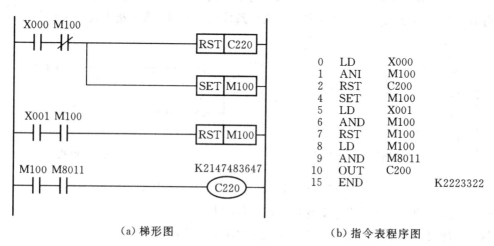

0	LD	X000
1	ANI	M100
2	RST	C200
4	SET	M100
5	LD	X001
6	AND	M100
7	RST	M100
8	LD	M100
9	AND	M8011
10	OUT	C200
15	END	

K2223322

（a）梯形图　　　　　　　　（b）指令表程序图

图 6 - 16   计数跑步机程序图

当跑步者遮挡底线上的光电管 PC1 时，计数和由此得到的机跑时间停止。此时，输入 X001 被接收，并且赛跑标志 M100 复位，从而使计数器 C220 停止工作。再下一次跑步开始，按下按钮 PB1 时，计数器 C220 复位。

8. 脉冲微分输出指令(PLS/PLF)

PLS 为上升沿微分输出指令，使用 PLS 指令后，仅在驱动输入 ON 以后的 1 个运算周期内，对象软元件动作。使用 PLF 指令后，仅在驱动输入 OFF 以后的 1 个运算周期内，对象软元件动作。PLS/PLF 指令的用法如图 6-17 所示。

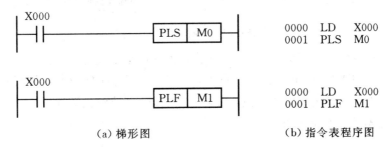

（a）梯形图　　　　　　　　　　　　（b）指令表程序图

图 6-17　PLS/PLF 指令的用法

PLS/PLF 指令的作用是将脉宽较宽的输入信号，变成脉宽为 PLC 扫描周期的触发脉冲信号。PLS/PLF 指令的目标软元件可为 Y、M(不包括特殊辅助继电器)，并可进行变址修正。PLS/PLF 指令常用来给计数器提供复位脉冲信号，以使计数器的复位操作能正确进行。

图 6-18(a)和图 6-18(b)所示的两个电路动作相同，两个电路都是在 X5 从 OFF→ON 变化时，M5 接通一个扫描周期。

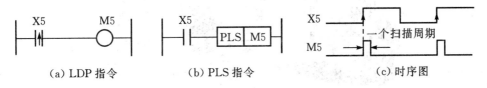

（a）LDP 指令　　　　　（b）PLS 指令　　　　　（c）时序图

图 6-18　PLS 与 LDP 指令比较

图 6-19(a)和图 6-19(c)所示的两个电路动作相同，两个电路都是在 X0 从 OFF→ON 变化时，M10 接通一个扫描周期。

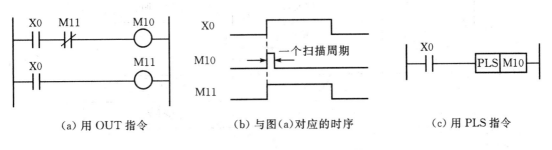

（a）用 OUT 指令　　　　　（b）与图(a)对应的时序　　　　　（c）用 PLS 指令

图 6-19　PLS 与 OUT 指令比较

图 6-20(a)和图 6-20(b)所示的两个电路动作相同，两个电路都是在 X0 从 OFF→ON 变化时，将常数 K10 传送到 D0 中。

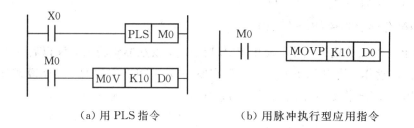

(a) 用 PLS 指令　　　　　　　(b) 用脉冲执行型应用指令

图 6-20　PLS 与脉冲执行型应用指令比较

可见，PLS 指令可用 LDP、OUT 和脉冲执行型应用指令代替。需注意：PLS 指令仅对一个输出元件有效，LDP 或 LDF 作为触点条件，可对一个或多个输出元件执行脉冲输出功能。

例：若容器为空或者按下停止按钮，水泵停止工作。系统结构图如图 6-21 所示；对应电气元件 I/O 地址分配表见表 6.2。

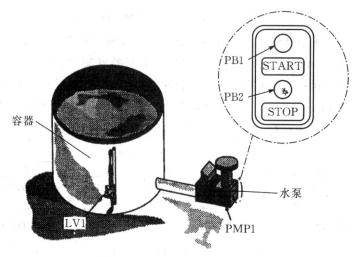

图 6-21　系统结构图

表 6.2　电气元件表

器　件	PC 软元件	说　明
PB1	X000	启动按钮
PB2	X001	停止按钮
LV1	X002	容器低水位
PMP1	Y000	泵电机

梯形图程序如图 6 - 22 所示。水泵从容器中抽水,按下按钮 STRATX000,水泵开始工作。只要容器中有水 X002 位 ON,只要 STOP 按钮没有按下,水泵一直工作 Y000。如果在水泵的工作期间,容器抽干了,即低水位检测器 LV1 被触发(X002 变为 OFF),水泵会自动停止。

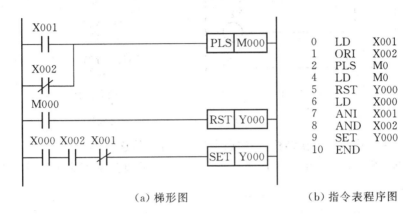

(a) 梯形图　　　　　　　(b) 指令表程序图

图 6 - 22　程序设计

9. 栈操作指令(MPS/MRD/MPP)

MPS、MRD、MPP 为操作结果进栈、读栈和出栈指令,用于多重分支输出电路的编程。MPS(Push)为进栈指令,用于存储在执行 MPS 指令之前刚产生的操作结果;MRD(Read)为读栈指令,用来读出由 MPS 存储的操作结果;MPP(POP)为出栈指令,用来读出由 MPS 存储的操作结果,然后再清除由 MPS 存储的操作结果。也就是说,当执行完 MPP 指令后,栈内由 MPS 所存储的操作结果被清除。MPS、MRD、MPP 指令的用法如图 6 - 23 所示。

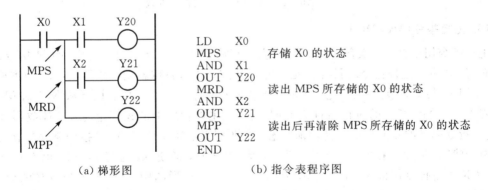

(a) 梯形图　　　　　　　(b) 指令表程序图

图 6 - 23　MPS、MRD、MPP 指令的用法

操作结果进栈、读栈和出栈指令后面均无操作数,属于纯结构指令。值得说明的是,MPS 指令和 MPP 指令的使用次数必须相等,如图 6 - 24 所示;否则,会导致程序出错。

0	LD	X0	10	MPP	
1	MPS		11	OUT	Y22
2	AND	X1	12	MPP	
3	MPS		13	OUT	Y23
4	AND	X2	14	END	
5	MPS				
6	AND	X3			
7	OUT	Y20			
8	MPP				
9	OUT	Y21			

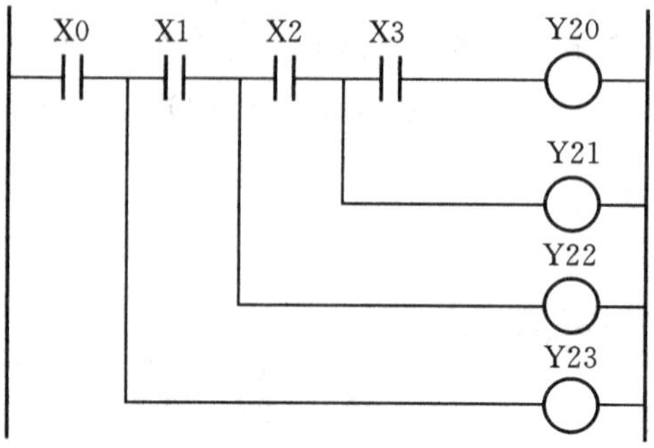

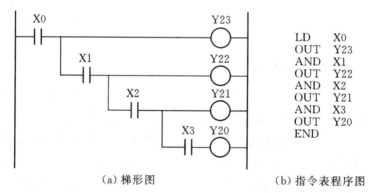

(a) 梯形图　　(b) 指令表程序图

图 6－24　MPS/MPP 指令的应用举例(三层栈)

若将图 6－24 所示的三层栈结构变换成图 6－25 所示的连续输出方式，则图 6－25 对应的指令表将简单得多，同时又节约了存储空间。因此，对多重分支输出电路应尽量采用连续输出方式编程。

LD	X0
OUT	Y23
AND	X1
OUT	Y22
AND	X2
OUT	Y21
AND	X3
OUT	Y20
END	

(a) 梯形图　　(b) 指令表程序图

图 6－25　三层栈对应的连续输出方式

10. 主控指令(MC/MCR)

主控指令用于打开和关闭母线。每个主控程序均以 MC 指令开始，以 MCR 指令结束，如图 6－26 所示。主控指令的目标软元件可为 Y、M(不含特殊辅助继电器)。MC 为主控开始指令，用于公共串联节点的连接。当 MC 指令的执行条件为 ON 时，执行从 MC 到 MCR 之间的程序。当 MC 指令的执行条件为 OFF 时，在主控程序中的积算定时器、计数器及用置位/复位指令驱动的软元件都保持当前状态；而非积算定时器和用 OUT 指令驱动的软元件则变为断开状态。例如，在图 6－26 中，当 X0 为 OFF 时，即使 X1 为 ON，Y20 也为 OFF。

MCR 为主控复位指令，表示主控范围的结束。在梯形图中，MCR 指令所在的分支上，不能有触点。在主控范围内的编程方法与前面讲的相同，即与母线连接的触点从 LD/LDI 开始编程。当主控范围结束时，用 MCR 指令使后面的程序返回到原母线。

在图 6－26 中，当执行条件 X0 为 ON 时，公共串联触点 M0 为 ON。只有当 M0 为 ON 时，从 MC 到 MCR 程序中的输出才可能为 ON。当 M0 有效时，若输入 X1 为 ON，则输出 Y20 接通；若输入 X2 为 ON 时，则输出 Y21 接通。

当在一个梯形图中多次使用主控指令而又不是嵌套结构(独立结构)时，可以反复多次使用 N0，如图 6－26 所示。

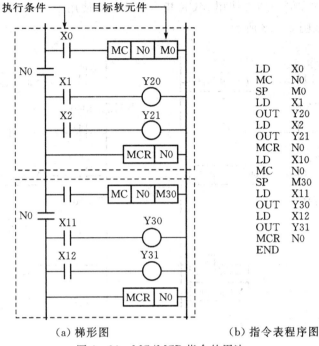

（a）梯形图　　　　　（b）指令表程序图

图 6-26　MC/MCR 指令的用法

对于严格要求按照顺序条件执行的电路，MC/MCR 可以采用多级嵌套，即在 MC 指令与 MCR 指令之间再次使用 MC/MCR 指令。其嵌套级号为 N0～N7，最多可用 8 级嵌套。MC 的嵌套级号从小级号开始，即从 N0 到 N7；而 MCR 的嵌套则从所使用嵌套级数的最大级号开始。例如，假设有两级嵌套，则 MC 从 N0 到 N1，而 MCR 则从 N1 到 N0，如图 6-27所示。如果嵌套级号用反了，则不能构成正确的嵌套，PLC 的操作将会出错。

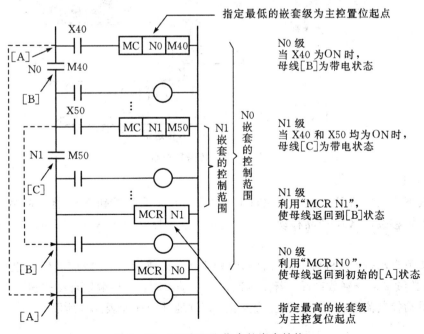

图 6-27　MC/MCR 指令的嵌套结构

如果所有嵌套均在同一地方使用 MCR 指令，则只要使用一次最小的嵌套级号即可结束所有的 MC 指令，如图 6-28 所示。

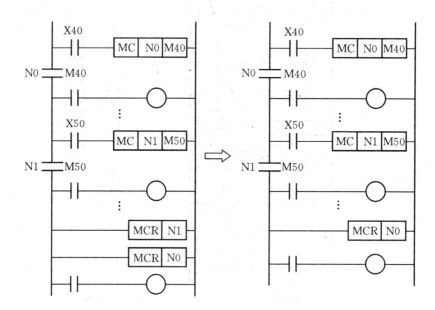

图 6-28 多级嵌套在同一地方使用 MCR 指令

例：利用 MC 和 MCR 指令实现手动和自动工作模式。

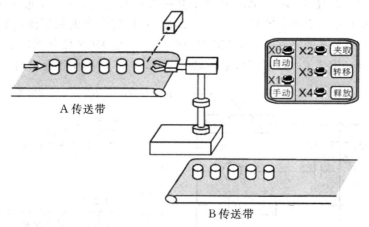

图 6-29 传送带控制

控制要求：

（1）按下手动按钮 X1，机械手执行手动流程：按下夹取按钮 X2，将产品从 A 传送带上夹取；按下转移按钮 X3，产品移动到 B 传送带；按下释放按钮 X4，将产品放在 B 传送带上送走。

（2）按下自动按钮，机械手执行自动流程 1 次：夹取产品（释放前动作一直保持）→转移产品（动作持续 2 s）→释放产品。若需再次执行自动流程，则再触发自动按钮一次即可。

（3）手动控制流程和自动控制流程互锁。I/O 地址分配如表 6.3 所示。

控制程序如图 6 - 30 所示。

表 6.3　I/O 地址分配

软元件 地址	功　能　说　明
X0	自动按钮，按下时 X0 由 OFF→ON 变化一次
X1	手动按钮，按下时 X1 由 OFF→ON 变化一次
X2	夹取按钮，按下时 X2 状态为 ON
X3	转移按钮，按下时 X3 状态为 ON
X4	释放按钮，按下时 X4 状态为 ON
M0～M2	自动控制流程状态标志位
M3～M5	手动控制流程状态标志位
M10	选择自动控制
M11	选择手动控制
T0	计时 2 s 定时器
Y0	夹取/释放产品
Y1	转移产品

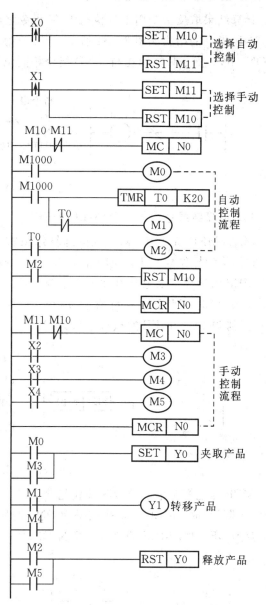

图 6 - 30　传送带控制程序

程序说明：

（1）X0 由 OFF→ON 变化时，执行自动流程一次；X1 由 OFF→ON 变化时，控制手动动作部分，于是手动控制动作中，夹取和释放动作触发一次对应的按钮即可完成，而移动产品的动作需一直按着按钮不放，直到到达目标位置（B 传送带）才松开。

（2）X0 与 X1 手、自动开关会互锁，当自动时，先执行夹取动作，再执行转移动作 2 s，最后执行释放动作；当手动时，则用 3 个按钮分别去手动控制夹取（Y0＝ON）、转移（Y1＝ON）、释放（Y0＝OFF）产品的动作。

11. 运算结果取反指令(INV)

运算结果取反指令用于将执行 INV 指令之前的运算结果取反,而在 INV 指令后无软元件。INV 指令的用法如图 6-31 所示。当 X5 为 ON 时,Y10 为 OFF;当 X5 为 OFF 时,Y10 为 ON。INV 指令只能用在与 AND 指令相同位置处。

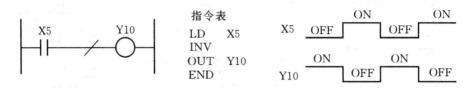

图 6-31 INV 指令的用法

12. 运算结果脉冲化指令(MEP/MEF)

MEP/MEF 指令用于对之前的运算结果进行脉冲化处理,并根据之前的运算结果而动作。它们均无操作数,且只能用在与 AND 指令相同位置处。

MEP 为运算结果上升沿脉冲化指令,当在 MEP 指令之前的总的运算结果从 OFF 变到 ON(上升沿)时,MEP 的执行结果为 ON。例如,在图 6-32 中,当 X0、X1 相与后的结果从 OFF 变到 ON 时,MEP 的执行结果为 ON。

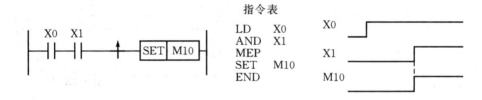

图 6-32 MEP 指令的用法

MEF 为运算结果下降沿脉冲化指令,当在 MEF 指令之前的总的运算结果从 ON 变到 OFF(下降沿)时,MEF 的执行结果为 ON。例如,在图 6-33 中,当 X0、X1 相与后的结果从 ON 变到 OFF 时,MEF 的执行结果为 ON。

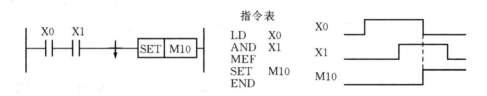

图 6-33 MEF 的用法

可见,在串联了多个触点时,用 MEP/MEF 指令可以非常容易地实现脉冲化处理。

13. 空操作与用户程序结束指令(NOP/END)

(1)空操作指令(NOP)。NOP 为空操作指令,其后无操作数,用于程序的修改。在执行 NOP 指令时,并不进行任何操作,但需占用一步的执行时间。

NOP 指令用于以下情况：

① 为程序提供调试空间。

② 删除一条指令而不改变程序的步数（用 NOP 代替要删除的指令）。

① 临时删除一条指令。

② 短路某些触点，如图 6 - 34 所示。

使用 NOP 指令时须注意，在将 LD 或 LDI 指令改为 NOP 指令时，梯形图的结构将发生很大变化，甚至可能使电路出错，如图 6 - 34(b)所示。

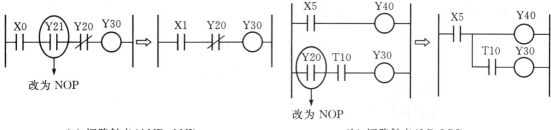

（a）短路触点（AND,ANI）　　　　　　（b）短路触点（LD,LDI）

图 6 - 34　使用 NOP 指令修改电路

（2）程序结束指令（END）。END 为程序结束指令，无操作数，用于程序的终了。PLC 以扫描方式反复进行输入处理、程序执行和输出处理。若在程序的末尾写入 END 指令，则在 END 以后的程序就不再被执行了，直接进行输出处理。调试程序时，常常在程序中插入 END 指令，将程序进行分段调试。

6.3　引例解答

根据图 6-1 中小学生、中学生、教授三组选手的输入按钮和输出指示灯的配置，写出该引例的 I/O 地址分配，见表 6.4。依据引例中的题意，可以得到以下几点启示。

表 6.4　I/O 地址分配

软元件地址	输入说明	软元件地址	输出说明
X0	小学生抢答按钮	Y0	小学生抢答成功指示灯
X1	小学生抢答按钮	Y1	中学生抢答成功指示灯
X2	中学生抢答按钮	Y2	教授抢答成功指示灯
X3	教授抢答按钮		
X4	教授抢答按钮		
X5	主持人复位按钮		

（1）要得到回答主持人问题的机会，必须抢先按下桌上的抢答按钮，任何一组抢答成功后，其他组再按按钮无效。即输入按钮必须自锁才能保持抢答状态，该状态必须禁止其他选

手抢答，因此必须与其他状态互锁。

（2）其描述中小学生组桌上的 X0 和 X1 任何一个抢答按钮按下，Y0 灯都亮。即小学生组属于"或"逻辑，输入按钮需要并联设计。

（3）而为了限制教授组，其桌上的 X3 和 X4 抢答按钮必须同时按下时，Y2 灯才亮。即教授组属于"与"逻辑，输入按钮需要串联设计。

（4）主持人按下 X5 复位按钮时，Y0、Y1、Y2 灯都熄灭。即主持人输入按钮 X5 为常闭按钮，需要串接于每个输出支路中。

根据我们在上一章和本章所学的 PLC 编程技术，可以写出如图 6-35 所示的先入信号优先抢答器梯形图指令。

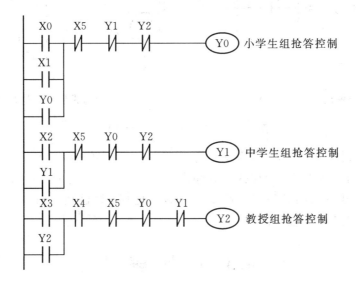

图 6-35　先入信号优先抢答器梯形图指令

6.4　知识点扩展

6.4.1　三相异步电机双重联锁正反转控制

双重联锁是指正反转启动按钮的常闭触点互相串接在对方接触器线圈控制回路中。另外，正反转接触器的常闭触点也相互串接在对方接触器线圈控制回路中，从而起到按钮和接触器双重联锁的作用。三相异步电机接触器-继电器双重联锁正反转控制电路原理图如图 6-36 所示。

PLC 对继电器-接触器控制电路改造，主要是将原电路中的控制电路部分改为 PLC 控制电路，其中原被控对象接触器线圈改为 PLC 输出继电器电路驱动的负载，按钮和检测元件接入 PLC 的输入继电器电路。

（1）PLC 的输入/输出点分配。PLC 的输入/输出点分配见表 6.5。

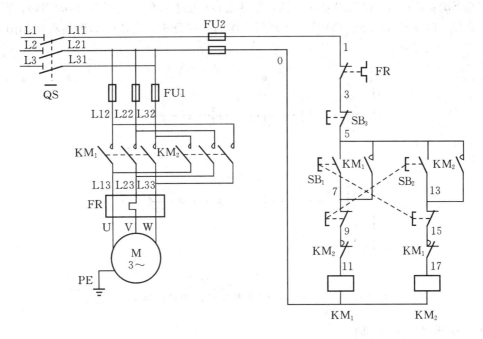

图 6-36 三相异步电机接触器-继电器双重联锁正反转控制电路原理图

表 6.5 三相异步电机双重联锁 PLC 控制 I/O 地址分配表

输 入 信 号			输 出 信 号		
名称	代号	软元件	名称	代号	软元件
正转启动按钮	SB1	X0	正转接触器	KM1	Y0
反转启动按钮	SB2	X1	反转接触器	KM2	Y1
停止按钮	SB3	X2			
热继电器	FR	X4			

（2）三相异步电机双重联锁正反转 PLC 控制电路接线图如图 6-37 所示。

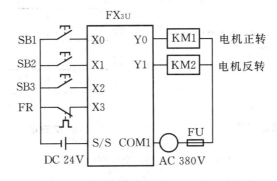

图 6-37 三相异步电机双重联锁正反转 PLC 控制电路接线图

（3）PLC 控制梯形图程序。三相异步电机双重联锁正反转 PLC 控制程序设计思路：按下正转启动 SB1(X0)，Y0 通电闭合并自锁，电机正转；按下反转启动按钮 SB2(X1)，Y1 通电闭合并自锁，电动机 M 反转；Y0 与 Y1 联锁。根据上述分析，设计的梯形图程序如图 6-38 所示。

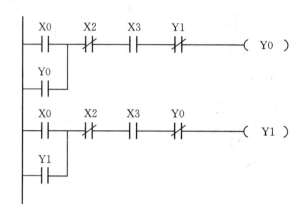

图 6-38 三相异步电机双重联锁正反转 PLC 控制梯形图程序

6.4.2 交通信号灯控制

图 6-39 所示是十字路口交通信号灯控制要求，南北方向：红灯亮 25 s，转到绿灯亮 25 s，再按 1 s 1 次的规律闪烁 3 次，然后转到黄灯亮 2 s；东西方向：绿灯亮 20 s，再闪烁 3 次，转到黄灯亮 2 s，然后红灯亮 30 s，完成一个周期，如此循环运行。试编写 PLC 控制程序，并调试实现控制功能。

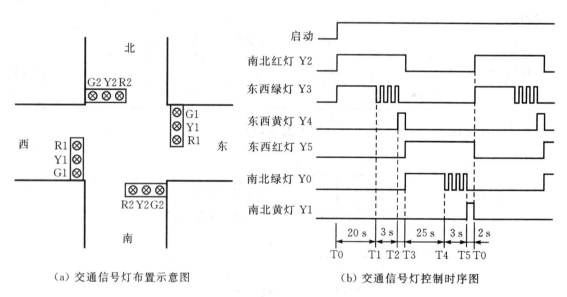

（a）交通信号灯布置示意图   （b）交通信号灯控制时序图

图 6-39 十字路口交通信号灯控制

根据交通信号灯控制时序图，设置 6 个定时器分别对 6 个不同时段进行定时，定时值分别为 T0＝200，T1＝30，T2＝20，T3＝250，T4＝30，T5＝20。I/O 地址分配见表 6.6。

表 6.6　十字路口交通信号灯 I/O 地址分配表

名　称	软元件	名　称	软元件
启动按钮	X0	南北红灯	Y2
停止按钮	X1	东西绿灯	Y3
运行标志	M0	东西黄灯	Y4
南北绿灯	Y0	东西红灯	Y5
南北黄灯	Y1		

十字路口交通信号灯控制程序如图 6 - 40 所示。

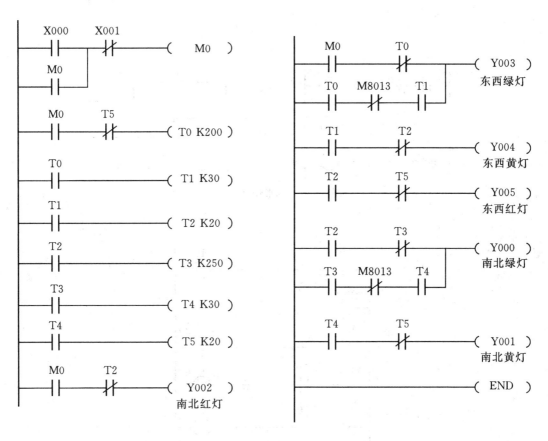

图 6 - 40　十字路口交通信号灯控制程序

习　　题

1. 将图 6 - 41 所示的梯形图写成指令表。

2. 画出图 6 - 42 所示梯形图中 Y0、Y1 的时序图。

3. 分析图 6 - 43 所示的梯形图，回答以下问题。

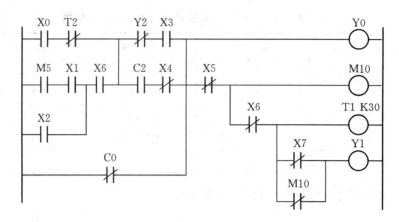

图 6-41　梯形图

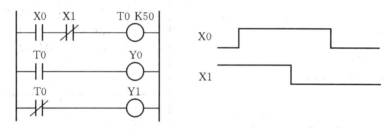

图 6-42　梯形图及时序图

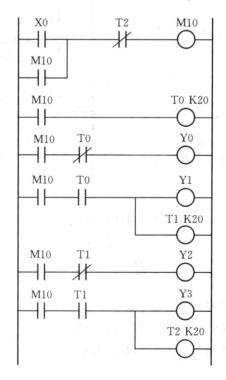

图 6-43　梯形图

(1) 若 X0 接通，_____、_____ 有输出，_____、_____无输出。

(2) 若 X0 接通，延时 2 s 后，_____、_____ 有输出，_____、_____无输出。

(3) 若 X0 接通，延时 4 s 后，_____、_____ 有输出，_____、_____无输出。

(4) 若 X0 接通，延时 6 s 后，_____、_____ 有输出，_____、_____无输出。

(5) 若 X0 一直接通，分析延时 8 s、10 s、12 s 后的输出结果，总结其规律。

4. 选择题：将正确答案的编号填写在括号内。

在图 6-44 所示的梯形图中，当 X1 端有 3 个脉冲输入时，（　　　　　）；延时 60 s 后，

（　　　　　）。

① Y0、Y1 均有输出。

② Y0 有输出、Y1 无输出。

③ Y0 有输出、Y1 有输出。

④ Y0、Y1 均无输出。

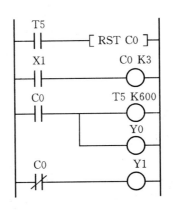

图 6-44　梯形图

5. 两台电动机 M1、M2 的控制要求为：M1 先运转 5 s 后停止，切换到 M2 运转，10 s 后，M2 自动停止。试用 PLC 实现其控制要求，编写出相应的程序。

6. 设计一个三相异步电机"正—反—停"的 PLC 控制。要求电动机运行时，用热继电器作过载保护，且正、反转要求互锁。试画出 PLC 的 I/O 接线图及梯形图，并写出指令表。

7. 有两台三相异步电机 M1 和 M2，要求：

(1) M1 启动后，M2 才能启动。

(2) M1 停止后，M2 延时 30 s 后才能停止。

(3) M2 能点动调整。

若采用 PLC 控制，试画出 PLC 的输入/输出(I/O)接线图，并编写梯形图控制程序。

8. 如图 6-45 所示，根据梯形图，结合已知时序(X0、X1、X2)，试画出 M0 和 Y1 的时序图。

9. 设计抢答器 PLC 控制系统。控制要求如下：

(1) 抢答题有 A、B、C、D 四个带指示灯的抢答键。

(2) 裁判员有一个带指示灯的复位按键。

(3) 抢答时，有 2 s 声音报警。

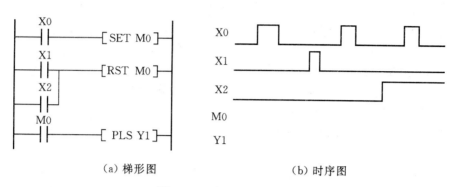

（a）梯形图　　　　　　　　　　　（b）时序图

图 6-45　梯形图及时序图

10. 设计两台电动机顺序控制 PLC 系统。

控制要求：两台电动机相互协调运转，M1 运转 5 s，停止 10 s，M2 要求与 M1 相反，M1 停止 M2 运行，M1 运行 M2 停止，如此反复 3 次，M1 和 M2 均停止。

11. 设计交通信号灯 PLC 控制系统。控制要求如下：

（1）东西方向：绿灯亮 5 s，绿灯闪 3 次，黄灯亮 2 s，红灯亮 10 s。

（2）南北方向：红灯亮 10 s，绿灯亮 5 s，绿灯闪 3 次，黄灯亮 2 s。

12. 有两台异步电动机 M1 和 M2，要求如下：

（1）两台电动机能相互不影响地独立进行启动与停止。

（2）能同时控制两台电动机的停止。

（3）当其中一台电动机发生过载时，两台电动机均停止。

试画出 PLC 控制的 I/O 接线图，并编写梯形图程序。

13. 设计一个满足图 6-46 所示时序图的梯形图。

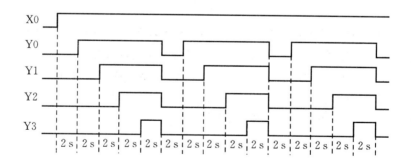

图 6-46　时序图

第 7 章 步进指令及顺控程序设计

在工业控制中,许多控制系统属于顺序控制系统。不同品牌的 PLC 都开发了与顺序控制有关的指令,采用顺序控制程序设计方法,可以解决许多较复杂控制系统的程序设计问题。本章主要介绍三菱 FX PLC 的步进指令 STL、顺序功能图程序结构及顺控程序设计。

7.1 引例:IST 电镀生产线自动控制

电镀生产线采用 PLC 来控制生产过程的自动运行,以完成线路板的电镀。行车架上装有可升降的吊钩,吊钩上装有夹具,该夹具执行夹取、释放工件的动作。行车和吊钩各由一台电动机控制,配置控制盘进行控制。生产线有电镀槽、回收液槽、清水槽三槽位,分别完成工件电镀、电镀液回收、工件清洗,如图 7-1 所示。

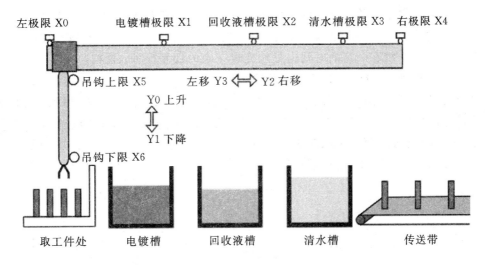

图 7-1 电镀生产线

工艺流程如下:

从取工件处夹取未加工工件→工件放入电镀槽电镀 280 分钟→工件提起到上极限并在电镀槽上方停留 28 秒→放入回收液槽浸泡 30 分钟→将工件提起上极限并在回收槽上方停留 15 秒→放入清水槽清洗 30 秒→将工件提起并在清水槽上方停留 15 秒→将工件放入传送带。

系统有三种运行模式:

手动操作:选择手动操作模式(X10=ON),然后用单个按钮(X20~X25)接通和切断相应的负载。

原点回归:选择原点回归模式(X11=ON),按下原点回归启动按钮(X15),自动复归到原点。

自动运行:包括单步运行、一次循环和连续运行。

（1）单步运行：选择单步运行模式（X12＝ON），每次按自动启动按钮（X16），前进一个工序。

（2）一次循环：选择一次循环运行模式（X13＝ON），在原点位置按下自动启动按钮（X16），进行一次循环后在原点停止。中途按自动停止按钮（X17），其动作停止，若再按启动按钮，在此位置继续动作到原点停止。

（3）连续运行：选择连续运行模式（X14＝ON），在原点位置按自动启动按钮（X16），开始连续运行。按下停止按钮（X17），则运转到原点位置后停止。

分析系统的要求，整个设备的控制要求都是按照一定的次序（条件）动作。用逻辑指令会使程序变得拥挤。学习本章后，可以利用步进指令让控制系统中每道工序的设备所起的作用以及整个控制工艺流程都能表达得通俗易懂，程序设计也由此变得容易，有利于程序调试、维护、修改和故障排除等，因此易于初学者掌握。

7.2 知识点链接

7.2.1 顺序功能图基本概念

1. 顺序控制与顺序控制功能图

顺序控制是按照生产预先规定的顺序在各个输入信号的作用下，根据内部状态和时间的顺序，在生产过程中的各个执行机构自动、有序地进行操作。将逻辑控制看成顺序控制的基本思路是逻辑控制系统在一定的时间内只能完成一定的控制任务。这样，就可以把一个工作周期内的控制任务划分成若干个时间连续和顺序相连的工作段；而在某个工作段，只需关心该工作段的控制任务和该工作段在什么情况下结束，并转移到下一个工作段。因此，在顺序控制中，生产过程是按照顺序一步一步地连续完成的。这样，顺序控制就将一个较复杂的生产过程分解成若干个工作步骤，每一步对应生产过程中的一个控制任务，即一个工步或一个状态。这种用图形来表示顺序控制过程的图形称为顺序功能图（SFC）。SFC 各要素如图 7-2 所示。

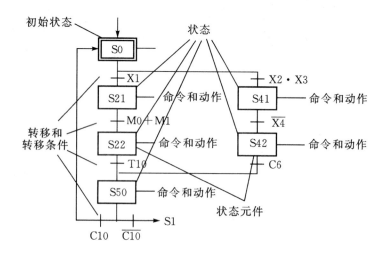

图 7-2 SFC 组成结构

2. 顺序功能图的编写注意事项

在 SFC 编程时，需要注意以下几点：

(1) 状态与状态之间不能直接相连，必须由转移条件将它们隔开，如图 7-3 所示。

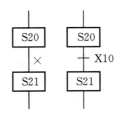

图 7-3　状态与状态之间的连接

(2) 转移与转移之间不能直接相连，必须用状态将它们隔开。这种情况多发生在一个状态向多个状态发生转移(称为分支)，或多个状态向一个状态转移(称为汇合)时，图 7-4 所示为两个分支情况。由于每个支路都需要不同的转移条件，于是发生了转移与转移直接相连的情况，如图 7-4(a)所示。这时，可采用合并转移条件的方法来解决，如图 7-4(b)所示。

图 7-5 所示为从汇合到分支的情况，这时应在汇合和分支间插入空状态方法来解决，如图 7-5(b)所示。空状态是指该状态中不存在命令和动作，仅存在转移条件与转移。这是一种人为地对转移条件进行隔离的措施。

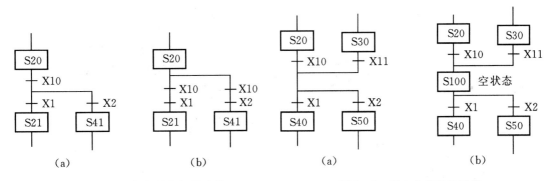

图 7-4　转换条件合并之间的连接　　　　图 7-5　插入空状态的连接

(3) 在 SFC 中，必须有初始状态，而且至少应有一个初始状态；它必须位于 SFC 的最前面，而且它是 SFC 程序在 PLC 启动后能够立即生效的基本状态，也是系统返回停止位置的状态。初学者在画 SFC 时，也容易忽略这一点，务必注意。

7.2.2　顺序功能图的基本结构

SFC 按其流程可分为单流程 SFC 和分支 SFC 两大类结构。分支 SFC 又有选择性分支、并行性分支和流程跳转、循环等。

1. 单流程结构

单流程结构如图 7-6 所示。

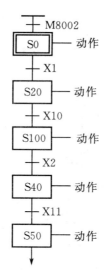

图 7 - 6　单流程 SFC

2. 选择性分支与汇合

选择性分支结构在多条分支之间仅选择一条执行。选择性分支结构如图 7 - 7 所示；选择性汇合结构如图 7 - 8 所示。

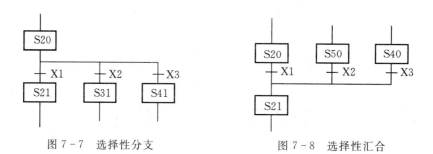

图 7 - 7　选择性分支　　　　　　　　　　图 7 - 8　选择性汇合

3. 并行性分支与汇合

并行性分支结构是多条分支同时执行，并且每条分支都完成后才进入汇合后的状态步。并行性分支结构如图 7 - 9 所示；并行性汇合结构如图 7 - 10 所示。

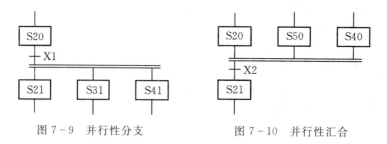

图 7 - 9　并行性分支　　　　　　　　　　图 7 - 10　并行性汇合

4. 跳转、重复和循环

（1）跳转与分离。当 SFC 中某一状态在转移条件成立时，跳过下面的若干状态而进行的转移，这是一种特殊的转移，它与分支不同的是它仍然在本流程里进行转移。如图 7 - 11 所示，如果转移条件 X1＝OFF，X2＝ON，则状态 S20 直接跳转到状态 S40 去转移激活执行，而 S21、S50 则不再被顺序激活。如果跳转发生在两个 SFC 程序流程之间，则称为分离。这时，跳转的转移已不在本流程内，而是跳转到另外一个流程的某个状态，如图 7-12 所示。

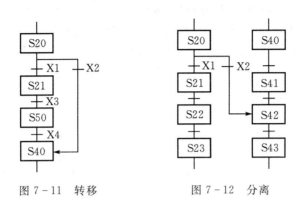

图 7-11　转移　　　　　　　图 7-12　分离

　　（2）重复与复位。重复就是反复执行流程中的某几个状态动作，实际上这是一种向前的跳转。重复的次数由转换条件确定，如图 7-13 所示。如果只是向本状态重复，则称为本状态步复位，如图 7-14 所示。

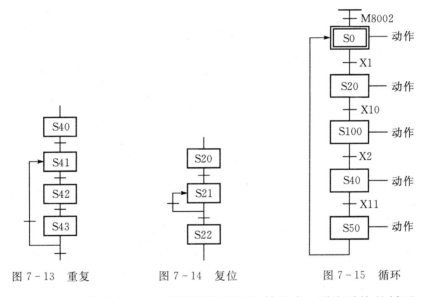

图 7-13　重复　　　　图 7-14　复位　　　　图 7-15　循环

　　（3）循环。在 SFC 流程结束后，又回到了流程的初始状态，则为系统的循环。回到初始状态有两种可能，一种是自动开始一个新的工作周期；另一种是进入等待状态，即等待指令后才开始新的工作周期，具体由初始状态的动作所决定，循环如图 7-15 所示。

7.2.3　顺序控制编程

　　常用 SFC 的编程方法有三种：一是应用启—保—停电路进行编程；二是应用置位与复位指令进行编程；三是应用 PLC 特有的步进顺控指令进行编程。

1. 应用启—保—停电路的 SFC 编程方法

　　启—保—停电路是最基本的梯形图电路，它仅仅使用基本的逻辑指令，而任何一种品牌

PLC 的指令系统都具有这些指令。因此,这种编程方法是通用的编程方法,可用于任一品牌的任一型号 PLC。根据编程三原则设计的 SFC 的状态控制梯形图如图 7 - 16 所示,图中已经把三原则的应用说明了。

对初始状态来说,如果仍按照一般状态编程,则当 PLC 开始运行后,由于全部状态都处于非激活状态,初始状态不能激活,这样,整个系统将无法工作。因此,对初始状态 M0 来说,应在其转移激活条件电路上并联启动脉冲 M8002,如图 7 - 17 所示,这样,一开机 M0 就被激活,系统进入工作状态。图 7 - 17 中,Mn 为最终状态,X1 为转移条件。

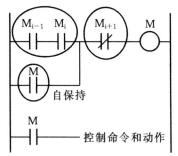

图 7 - 16　启—保—停电路的 SFC 状态梯形图

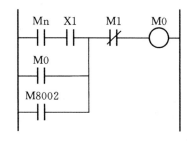

图 7 - 17　启—保—停电路的初始状态梯形图

[**实例 1**]　试根据图 7 - 18 所示,编制应用启—保—停电路的 SFC 梯形图程序。

梯形图程序如图 7 - 19 所示。

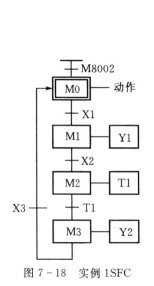

图 7 - 18　实例 1SFC

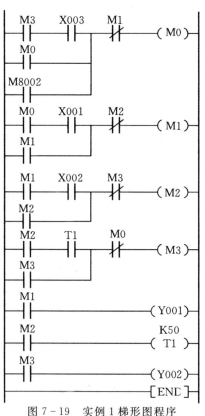

图 7 - 19　实例 1 梯形图程序

2. 应用置位与复位指令的 SFC 编程方法

如果用指令 SET 在激活条件成立时，激活本状态并维持其状态内控制命令和动作的完成，用指令 RST 将前步状态变为非激活状态，这就是置位与复位指令 SFC 的编程方法。这种编程方法与转移之间有着严格的对应关系，用它编制复杂的 SFC 时，更能显示出它的优越性。图 7 - 20 所示为这种方法的单流程状态梯形图。同样，初始状态也必须用 M8002 来激活。

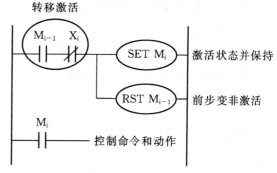

图 7 - 20　置位与复位的 SFC 状态梯形图

[实例 2]　图 7 - 21 所示为两条输送带顺序相连，为了防止物料在 2 号带上堆积，要求 2 号带启动 5 s 后，1 号带开始运行。停机的顺序和启动的顺序相反，1 号带停止 5 s 后，2 号带才停止。试画出 SFC，并用置位与复位编程方法编制程序梯形图。

梯形图程序如图 7 - 22 所示。

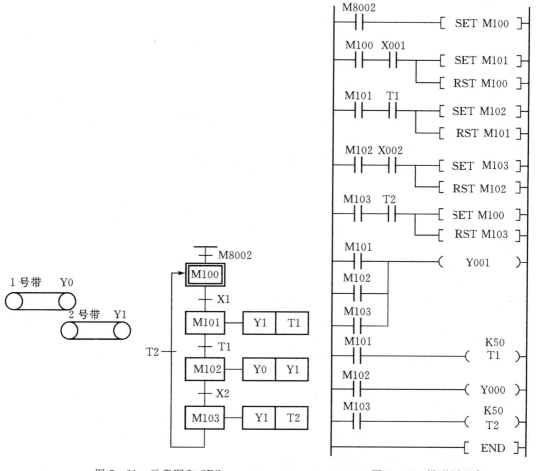

图 7 - 21　示意图和 SFC

图 7 - 22　梯形图程序

3. 步进指令和步进梯形图编程

1) 步进指令

步进指令主要有 STL 和 RET 指令,见表 7.1。其中,STL 为步进指令开始;RET 为步进指令结束,返回起始步。每个状态步的如何应用和步进指令及状态步之间转换如图 7-23 和图 7-24 所示。

表 7.1   步进指令说明

助记符	名　称	梯　形　图	可用软元件	程序步
STL	步进指令	┤├─────────[STL Sxx] 或	S	1
RET	步进返回指令		无	1

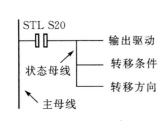

图 7-23   STL 指令图示说明

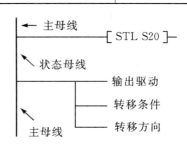

图 7-24   RET 指令图示说明

状态步的编号对于不同型号的 PLC 则不同。FX 系列 PLC 的状态软元件编号见表 7.2。其中,S0~S9 为系统初始状态;S10~S19 为系统原点回归占用。部分辅助继电器的功能见表 7.3 所示。

表 7.2   FX PLC 状态元件

型号	初始状态用	IST 指令用	通　用	报警用
FX$_{1S}$	S0~S9	S10~S19	S20~S127(全部为停电保持型)	—
FX$_{1N}$	S0~S9	S10~S19	S20~S899(S10~S127 为停电保持型)	S900~S999
FX$_{2N}$	S0~S9	S10~S19	S20~S899(S500~S899 为停电保持型)	S900~S999

表 7.3   相关特殊辅助继电器

编号	名　称	功能和用途
M8000	RUN 运行	PLC 运行中接通,可作为驱动程序的输入条件或作为 PLC 运行状态显示
M8002	初始脉冲	在 PLC 接通瞬间,接通一个扫描周期,用于程序的初始化或 SFC 的初始状态激活
M8040	禁止转移	在该继电器接通后,禁止在所有状态之间转移,但激活状态内的程序仍然运行,输出仍然执行
M8046	STL 动作	任一状态激活后,M8046 自动接通,用于避免与其他流程同时启动或用于工序的动作标志
M8047	STL 监视有效	该继电器接通,编程功能可自动读出正在工作中的状态元件编号并加以显示

步进梯形图编程方法如图 7-25 所示。

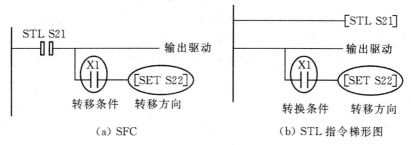

(a) SFC　　　　　　　　　　(b) STL 指令梯形图

图 7-25　STL 指令梯形图编程方法

(1) 初始状态的步进梯形图编程。初始状态是 SFC 必备状态。在 STL 指令编程中，初始状态的状态元件一定为 S0~S9，不可为其他编号的状态元件。初始状态在 PLC 运行 SFC 时一定要用步进梯形图以外的程序激活（一般用 M8002 激活，或启动按钮激活）。初始状态一定在步进梯形图的最前面，如图 7-26 所示。初始状态可以有驱动，也可以没有驱动。

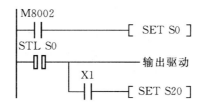

图 7-26　STL 指令初始状态梯形图

(2) 单流程结构的步进梯形图编程。编程时，状态元件的编号可以顺序连续，也可以不连续，建议顺序连续；但是转移方向必须指向与本状态相连的下一个状态。

图 7-27 中，在最后一个状态触点 STL S22 内，循环回初始状态不是用 SET 指令而是用 OUT 指令。

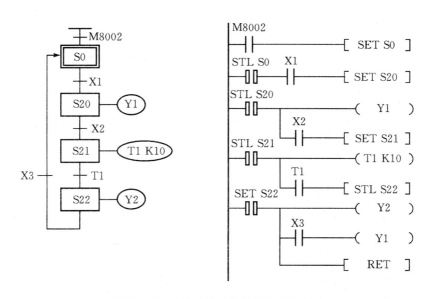

图 7-27　单流程结构的步进梯形图编程

（3）结束状态的步进梯形图编程。步进指令程序的最后一个状态编号为结束状态（图7-27所示的 STL S22）。一般来说，为构成 PLC 程序的循环工作，在最后一个状态内应设置返回到初始状态或工作周期起始状态的循环转移。这时，不能用 SET 指令，而用 OUT 指令进行方向转移（如图7-27所示）。同时，必须编制 RET 指令表示 SFC 状态流程结束。

（4）单操作继电器在步进梯形图的编程应用。辅助继电器 M2800-M3071 为边沿检测一次有效继电器，又称为单操作标志继电器。这一批继电器的工作特点是：当继电器被接通后，其普通触点和其他继电器触点一样，均发生动作；但其边沿检测触点仅在其后面的第一个触点有效，且仅一次有效。现以图7-28所示来作程序说明。如图7-28（a）所示，当 X0 闭合驱动 M2800 时，其后面的第一个上升沿触点会产生一个扫描周期的接通，驱动 Y0 输出；但第二个上升沿触点无效，Y1 无驱动输出；其常规触点闭合驱动，Y2 输出。如果在上升沿触点串联普通触点 X2，如图7-28（b）所示，则当 X2 接通时，驱动 Y0 输出；而当 X0 断开时，M2800 后面的第一个上升沿触点为第三行的 M2800，所以，这时为 Y1 被驱动输出，而 Y0 无输出。

利用 M2800 的这个特点，把它应用到步进指令 SFC 中，就可以编制只利用一个信号（如按钮）对控制进行单步操作的梯形图程序。即每按一次按钮，所进行一次状态转移控制流程可前进一步。这种程序对顺序控制的设备调试十分有用。程序如图7-29所示，利用每个状态继电器有效，M2800 上升沿检测指令可以实现每按下一次按钮，完成一个动作步的功能，读者可自行分析其工作过程。

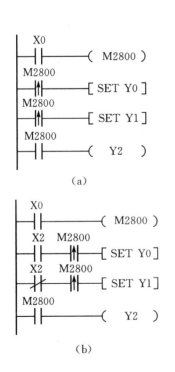

图 7-28　单操作继电器工作特点说明及应用

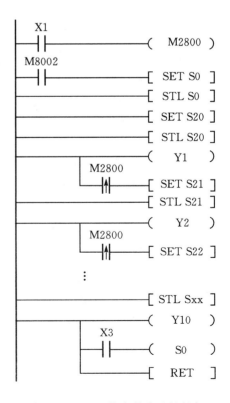

图 7-29　STL 指令单步运行程序

2）选择性分支与汇合的步进梯形图编程

选择性分支与汇合的步进梯形图编程分别如图 7-30 和图 7-31 所示。

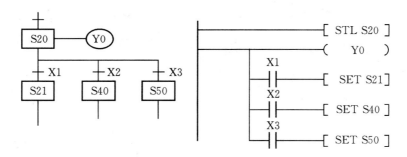

图 7-30 选择性分支步进梯形图编程

必须注意，选择性分支的每一条支路都必须只有一个转移条件，不能有相同的转移条件。SFC 出现分支后，步进梯形图是按照由上到下、由左到右的顺序编程的。因此，图中 STLS26、STL S38、STL S45 不是相邻状态。

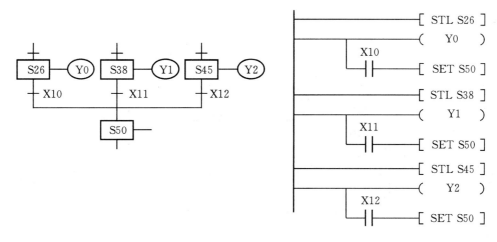

图 7-31 选择性汇合步进梯形图编程

3）并行性分支与汇合的步进梯形图编程

并行性分支与汇合的步进梯形图编程分别如图 7-32 和图 7-33 所示。

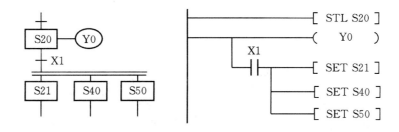

图 7-32 并行性分支步进梯形图编程

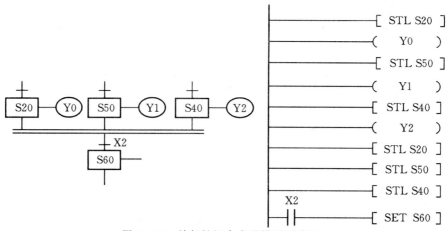

图 7-33 并行性汇合步进梯形图编程

4）跳转、重复、分离和循环的步进梯形图编程

步进指令梯形图对程序转移方向可以用 SET 指令，也可用 OUT 指令，它们具有相同的功能，都会将原来的激活状态复位并使新的激活状态 STL 触点接通。但它们在具体应用上有所区别，SET 指令用于相连状态（下一个状态）的转移，而 OUT 指令则用于非相连状态（跳转、循环、分离）的转移。对自身重复转移则用 RST 指令，如图 7-34 所示。

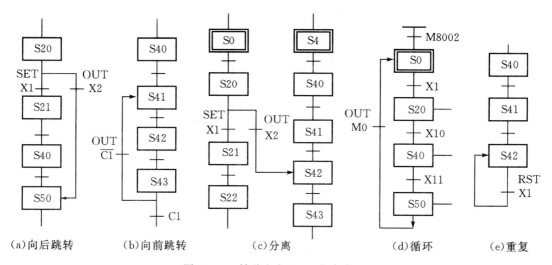

图 7-34 转移方向 OUT 指令应用

图 7-35 所示为转移方向 OUT 指令和重复转移 RST 指令步进梯形图编程。

图 7-35 转移方向 OUT 指令和重复转移 RST 指令步进梯形图编程

4. 应用步进指令 SFC 编程时的注意事项

1) 输出驱动的保持性

状态内的动作分保持型和非保持型两种，步进指令梯形图内当驱动输出时，如果用 SET 指令则为保持型的动作，即使发生状态转移，输出仍然会保持为 ON，直到使用 RST 指令使其复位；如果用 OUT 指令驱动则为非保持型的动作，一旦发生状态转移，输出随着本状态的复位而为 OFF。如图 7-36 所示，Y0 为非保持型输出，状态发生转移，马上自动复位为 OFF；而 Y1 为保持型输出，其输出 ON 状态一直会延续到以后的状态中。

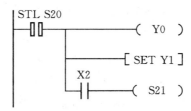

图 7-36 保持型和非保持型输出驱动

2) 状态转移的动作时间

步进指令在进行状态转移过程中，有一个扫描周期的时间是两种状态都处于激活状态。因此，对某些不能同时接通的输出，除了在硬件电路上设置互锁环节外，在步进梯形图上也应设置互锁环节，如图 7-37 所示。

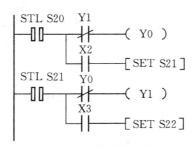

图 7-37 输出的互锁

3) 双线圈处理

由于步进梯形图工作过程中，只有一个状态被激活（并行性分支除外），因此可以在不同的状态中使用同样编号的输出线图。而在普通梯形图中，因为双线圈的处理动作复杂，极易出现输出错误，故不可采用双线圈编程。在步进梯形图中，只要是在不同的状态中，可以应用双线圈编程，这一点给 SFC 设计带来了极大的方便。注意，如果是在主母线上或在同一状态母线上编程，仍然不可以使用双线圈。

对定时器计数器来说，也可以和输出线圈一样处理。在不同的状态中对同一编号定时器计数器进行编程。但是，由于相邻两个状态在一个扫描周期里会同时接通，如在相邻两个状态使用同一编号定时器计数器，则状态转移时，定时器计数器线圈不能断开，使当前值复位而发生错误。所以，同一编号的定时器计数器不能在相邻状态中出现，如图 7-38 所示。

4) 输出驱动的序列

在状态母线内，输出有直接驱动和触点驱动两种。步进梯形图编程规定，无触点输出应先编程，一旦有触点输出编程后，则其后不能再对无触点输出编程，如图 7-39 所示。

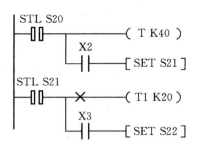

图 7 - 38 定时器处理

5) 状态母线内指令的应用

(1) STL 指令的状态母线也和主控指令 MC 的子母线一样，与母线相连的触点必须用取指令 LD 或取反指令 LDI 输入。不同的是，在主母线和子母线中，不能直接驱动输出，必须有驱动条件；而在状态母线中，由于 STL 触点本身就可以作为驱动条件，所以可以直接驱动输出，如图 7 - 39(b)所示的输出 Y0、Y1。

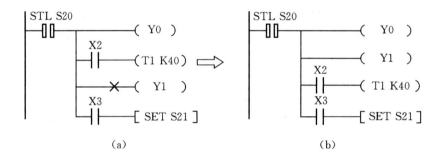

图 7 - 39 输出驱动的序列

(2) 堆栈指令应用。

① 分支和汇合状态内不可使用块指令(ANB、ORB)和堆栈指令(MPS、MRD、MPP)。

② 初始状态和一般状态可以使用块指令和堆栈指令，但不能直接在状态母线上应用堆栈指令，必须在触点之后应用堆栈指令编制程序，如图 7 - 40 所示。

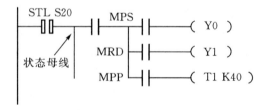

图 7 - 40 堆栈指令应用

③ 在转移条件支路中，不能使用电路块和堆栈指令，如果转移条件过于复杂，如图 7 - 41(a)所示，则应使用图 7 - 41(b)所示的方法编程。

(3) 在中断程序与子程序内，不能使用 STL 触点。在状态内部可以使用跳转指令，但因其动作过于复杂，建议不要使用。

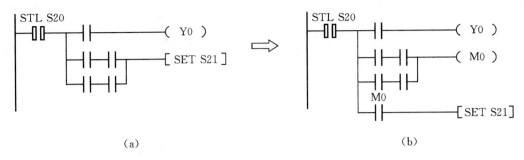

图 7 - 41　转移条件变形处理

6）分支数目的限定

当状态转移产生分支（选择性分支、并行性分支或分离状态的转移）时，STL 指令规定一个初始状态下分支不得多于 8 条（SET 和 OUT 转移指令之和不能超过 8 个）。如果在分支状态流程中又产生新的分支，那么每个初始状态下的分支总和不能超过 16 条。

7）停电保持

在许多机械设备中，控制要求在失电再得电后能够继续运行失电前的状态，或希望在运转中能停止工作以备检测、调换工具等，再启动运行时也能继续以前的状态运转。这时，状态元件请使用停电保持型状态元件（见表 7.2）。

8）多流程程序编程

具有多个初始状态的步进梯形图，要按各个初始状态分开编写。一个初始状态的流程全部编写结束后，再对另一个初始状态的流程进行编写。编程时必须注意，各个状态流程的 STL 触点编号是唯一的，不能互相混用。除了 STL 触点外，状态流程之间可以进行分离转移，如图 7 - 34 （c）所示。

9）停止的处理

"停止"功能是所有控制系统所必须具备的。这里仅讨论一下对 PLC 控制系统停止功能的处理。在 PLC 控制系统中，停止可以由外部电路进行处理，也可以由 PLC 控制程序进行处理，还可以两者结合进行。停止的处理分成两类。一类是暂时停止，这种停止大部分是控制过程所要求的正常停止。例如：一个工作周期后的暂停、工作过程中的工件装卸和检测工艺流程的检查等暂停、PLC 的读写操作停止等。另一类为紧急停止，这是非正常的停止，但也是控制过程中所要求的。当控制过程因违规操作、设备故障、干扰等发生了意外，如不能及时停止，轻则会发生产品质量事故，重则会发生设备及人身安全事故，此时必须马上停止所有的输出或断电保护。

在继电控制系统中，这两种处理方式区分得不是很清楚，多数统一采用断电保护方式进行。但在 PLC 控制系统中，其处理方式可以有所区别。

（1）外部电路处理紧急停止。在外部设计启—保—停电路，利用继电器触点控制 PLC 的供电电源和 PLC 输出负载电源的通断，以达到紧急停止的目的。控制电路如图 7 - 42 所示。

（2）PLC 内部程序处理停止。PLC 内部有两个特殊继电器，它们的状态与 PLC 的停止功能有关（见表 7.4）。

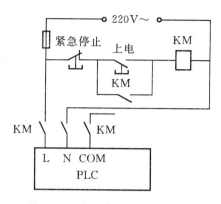

图 7-42　紧急停止电路处理方式

表 7.4　与停止相关特殊辅助继电器

编号	名称	功能和用途
M8034	禁止输出	该继电器接通后，PLC 的所在输出触点在执行 END 指令后断开
M8040	禁止转移	该继电器接通后，禁止在所有状态之间的转移，但激活状态内的程序仍然运行，输出也仍然执行

　　控制这两个特殊继电器状态，就可达到停止或紧急停止的目的。图 7-43 所示为在梯形块中编辑的顺序控制中任意状态停止的梯形图程序。在图 7-43 中，按下停止按钮 X001，M8040 驱动，SFC 块中的正在运行的状态继续运行，输出也得到执行，但转移条件成立时，不能发生转移；直到按下启动按钮 X0，又开始下一状态的继续运行。

　　如果进行单步操作，则直接用自锁按钮控制 M8040，如图 7-44 所示。

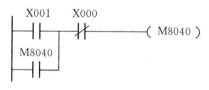

图 7-43　SFC 程序停止转移处理方式

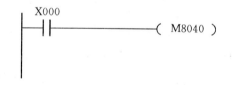

图 7-44　SFC 程序单步操作处理方式

　　在 PLC 中也可以利用这两个特殊继电器实现紧急停止功能，而不需要在每个状态中去添加停止转移分支流程。PLC 实现紧急停止仅是断开所有的输出触点，并不能断开 PLC 电源，这点必须注意。图 7-45 所示为在梯形图块编辑的紧急停止处理程序。

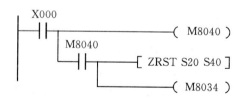

图 7-45　SFC 程序紧急停止处理程序

　　当执行到某状态时，按下 X1，当前状态仍然运行并执行输出，同时接通 M8034，所有输出被禁止。ZRST 指令对程序中使用的所有状态继电器复位（如 S20～S40）。复位的目的是当需要重新运行时，能从最初状态开始运行。

　　最后必须说明，紧急停止是停止所有的输出。这在某些控制系统中，必须要结合设备运行综合考虑。如果某些执行元件在某种条件下（如高速）紧急停止会发生重大事故，则执行紧急停止的同时，必须在这些执行元件上加装安全防护措施，以避免因紧急停止而带来重大的设备及人身事故。

7.2.4　STL 指令程序梯形图编制

STL 指令程序梯形图编制，即根据 SFC 编写出 STL 指令步进梯形图。

1）一个状态的对应关系

图 7-46 表示了一个状态的 STL 步进梯形图和梯形图的对应关系。由图 7-46 可以看出，STL 触点在梯形图变成了与主母线直接相连的 STL 指令，驱动输出与转移程序一样。

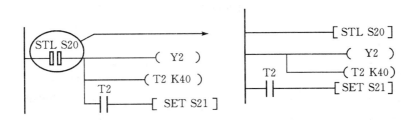

图 7-46　一个状态步进梯形图与梯形图对应关系

2）分支流程的对应关系

（1）选择性分支与汇合。选择性分支、汇合步进梯形图与梯形图的对应关系，如图 7-47 和图 7-48 所示。

图 7-47　选择性分支步进梯形图与梯形图的对应关系

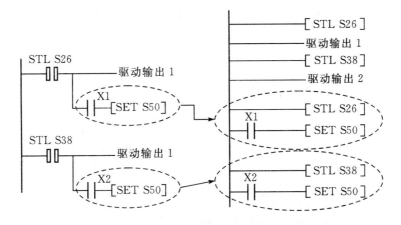

图 7-48　选择性汇合步进梯形图与梯形图的对应关系

（2）并行性分支与汇合。并行性分支、汇合步进梯形图与梯形图的对应关系如图 7-49 和图 7-50 所示。

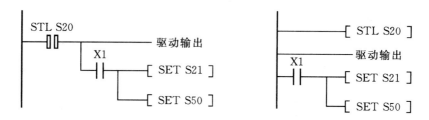

图 7-49　并行性分支步进梯形图与梯形图的对应关系

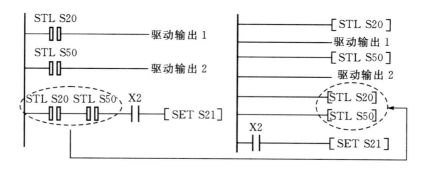

图 7-50　并行性汇合步进梯形图与梯形图的对应关系

［实例 3］　图 7-51 所示为某控制系统的顺序控制 SFC。试根据该图直接画出 STL 指令

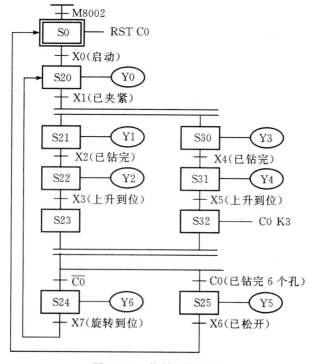

图 7-51　控制系统 SFC

步进梯形图和梯形图程序。

与 SFC 对应的 STL 指令步进梯形图如图 7 - 52 所示；相应梯形图程序如图 7 - 53 所示。

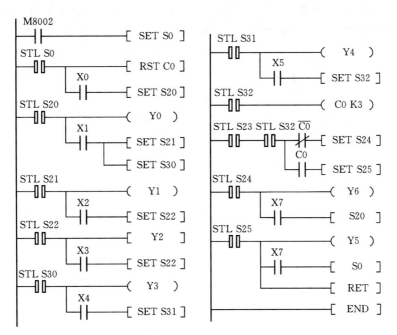

图 7 - 52　与 SFC 对应的 STL 指令步进梯形图

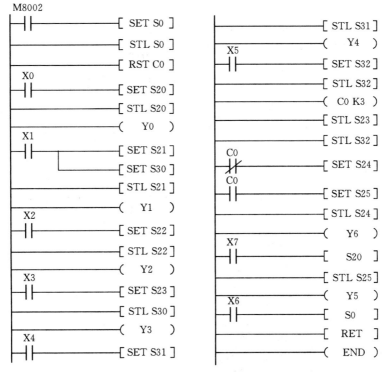

图 7 - 53　梯形图程序

说明：

① 在图 7-52 所示的最后，按照图中位置输入 RET 指令，在变换时提示"有不能变换的梯形图，请修改光标位置的梯形图"。实际输入如图 7-53 所示，RET 单独一行即可。

② 不能省略 RET 指令，否则下载程序后，PLC 运行时会报错，即 PLC 的面板的 ERROR 指示灯报警。RET 指令表示步进返回，由状态母线返回左母线。

③ STL S20 指令中的 STL 的作用。STL 表示步进梯形图的开始，RET 表示步进梯形图的结束，仅用在步进指令程序中最后一个状态继电器的末行使用。

④ 步进梯形图编写时，第一行是 STL S#，第二行是当前步完成的动作指令，第三行为转移条件指令。

⑤ 由于调试时，PLC 已经上电多时，错过了第一个扫描周期，可以将 PLC 的运行模式由 STOP 切换到 RUN 一次，实现 M8002 有效一次。

7.3 引例解答

1. I/O 分配

根据系统结构图所示，任务要求：从取工件处夹取未加工工件→工件放入电镀槽电镀 280 分钟→工件提起到上极限并在电镀槽上方停留 28 秒→放入回收液槽浸泡 30 分钟→将工件提起上极限并在回收槽上方停留 15 秒→放入清水槽清洗 30 秒钟→将工件提起并在清水槽上方停留 15 秒→将工件放入传送带。制订如图 7-54 所示的输入控制面板，并确定 I/O 分配表(见表 7.5)。

表 7.5　电镀生产线 I/O 分配表

PLC 软元件	控制说明
X0	左限位开关，碰触到该开关时，X0 状态为 ON
X1	电渡槽极限开关，碰触到该开关时，X1 状态为 ON
X2	回收液槽极限开关，碰触到该开关时，X2 状态为 ON
X3	清水槽极限开关，碰触到该开关时，X3 状态为 ON
X4	右极限开关，碰触到该开关时，X4 状态为 ON
X5	吊钩上限开关，碰触到该开关时，X5 状态为 ON
X6	吊钩下限开关，碰触到该开关时，X6 状态为 ON
X10	手动操作模式，开关旋转到该模式时，X10 状态为 ON
X11	原点回归模式，开关旋转到该模式时，X11 状态为 ON
X12	步进模式，开关旋转到该模式时，X12 状态为 ON
X13	一次循环模式，开关旋转到该模式时，X13 状态为 ON
X14	连续运行模式，开关旋转到该模式时，X14 状态为 ON
X15	原点回归启动按钮，按下时，X15 状态为 ON
X16	自动启动按钮，按下时，X16 状态为 ON

续表

PLC 软元件	控 制 说 明
X17	自动停止按钮，按下时，X17 状态为 ON
X20	吊钩上升按钮，按下时，X20 状态为 ON
X21	吊钩下降按钮，按下时，X21 状态为 ON
X22	行车左移按钮，按下时，X22 状态为 ON
X23	行车右移按钮，按下时，X23 状态为 ON
X24	夹具夹紧按钮，按下时，X24 状态为 ON
X25	夹具释放按钮，按下时，X25 状态为 ON
Y0	吊钩上升
Y1	吊钩下降
Y2	行车右移
Y3	行车左移
Y4	夹具夹紧

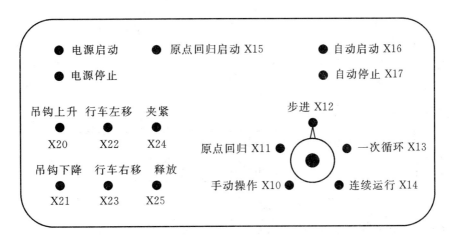

图 7-54 控制面板布局

2. 程序设计及说明

本程序使用手动/自动控制指令(IST)来实现电镀生产线的自动控制。使用 IST 指令时，S10～S19 为原点回归使用，此状态步进点不能当成一般的步进点使用。而使用 S0～S9 的步进点时，S0～S2 三个状态点的动作分别为手动操作使用、原点回归使用、自动运行使用，因此在程序中，必须先写该三个状态步进点的电路。

切换到原点回归模式时，若 S10～S19 之间有任何一点 ON，则原点回归不会有动作产生；当切换到自动运行模式时，若自动模式运行的步进点有任何一个步进点为 ON，或是 M1043＝ON，则自动运行不会有动作产生。

程序设计及说明如图 7-55 所示。

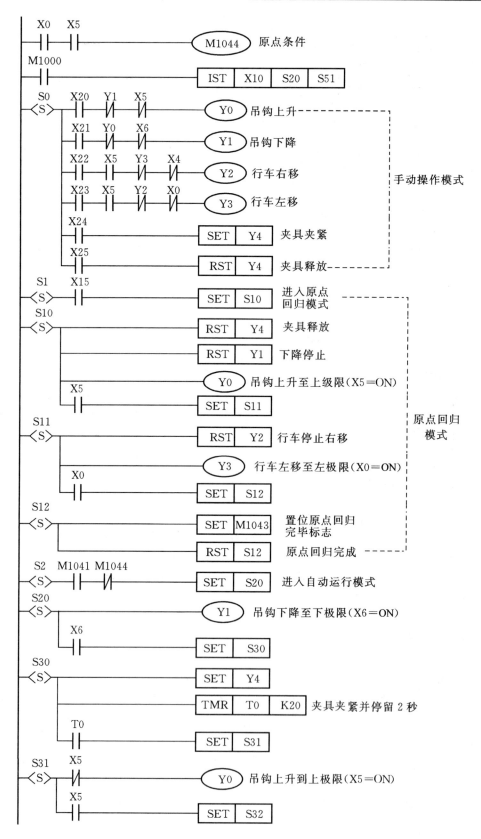

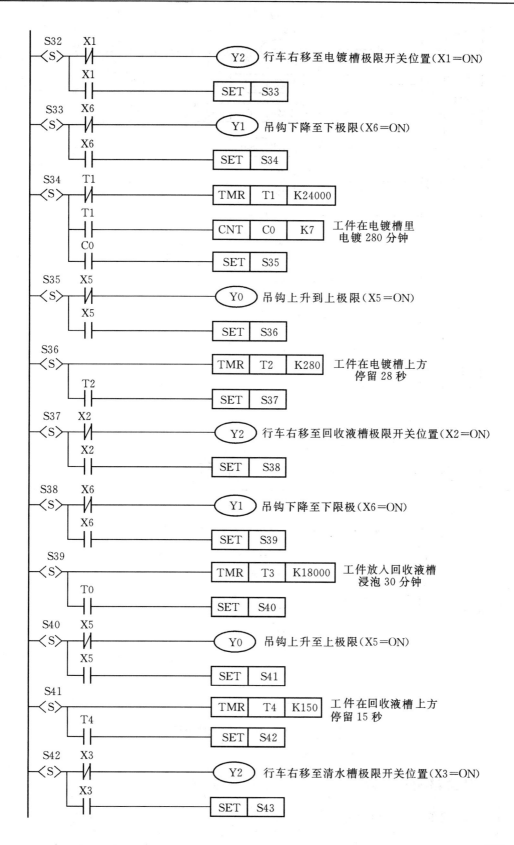

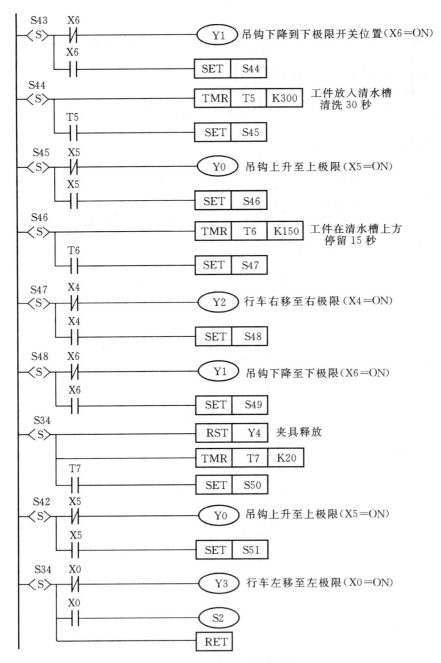

图 7-55 程序设计及说明

7.4 知识点扩展

7.4.1 单流程 SFC 编程

4 台电动机的顺序启动和逆序停止。

1. 控制要求

（1）按下启动按钮，4 台电动机按 M1、M2、M3 和 M4 的顺序每隔 3 s 启动；按下停止按钮，4 台电动机按 M4、M3、M2、M1 的顺序每隔 1 s 分别停止。

（2）如在启动过程中，按下停止按钮，电动机仍然按逆序进行停止。

2. I/O 地址分配

I/O 地址分配见表 7.6。

表 7.6　I/O 地址分配

输　入		输　出	
功能	接口地址	控制作用	接口地址
启动按钮	X0	电动机 M1	Y0
停止按钮	X1	电动机 M2	Y1
		电动机 M3	Y2
		电动机 M4	Y3

3. SFC 和 STL 指令步进梯形图

SFC 和 STL 指令步进梯形图如图 7-56 和图 7-57 所示。

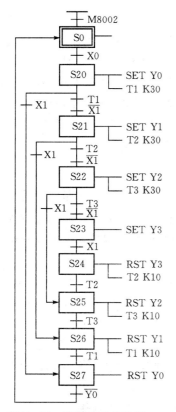

图 7-56　顺序启动和逆序
　　　　　停止 SFC 图

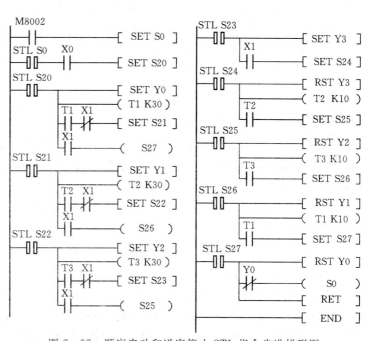

图 7-57　顺序启动和逆序停止 STL 指令步进梯形图

7.4.2 选择性分支 SFC 编程

1. 控制要求

图 7-58 为大小球分拣控制系统工作示意图。

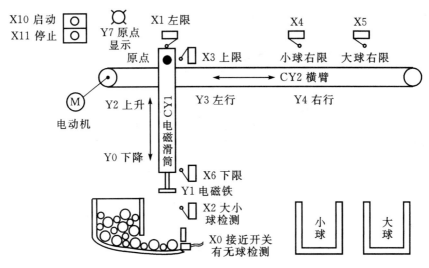

图 7-58 大小球检测分拣系统示意图

当系统处于原点位置时，按下启动按钮 X10 后，系统自动进行大小球分拣工作。其动作过程：电磁铁 Y1 下降，吸住大球（或小球）后上升，到达上限位置后，电动机启动，带动电磁滑筒右移，当电磁滑筒右移碰到大球右限开关（或小球右限开关）时，停止移动。电磁铁下降，碰到大小球检测开关 X2 时，电磁铁释放大球（或小球）到大球箱（或小球箱），释放完毕，电磁铁上升，电磁滑筒左行，碰到左限开关 X1 后停止。如果这时 X0 检测到有球，则自动重复上述分拣动作。系统在工作时，如按下停止按钮 X11，则系统应完成一个工作周期后才停止工作。

2. I/O 地址分配

从图 7-58 的控制要求可知，这是一个典型的选择性分支流程。X2 是否动作是大小球分支的条件。因此，控制流程可根据 X2 的动作作为分支流程的分支点。当电磁滑筒右行碰到大小球右限开关时，以后的动作是一致的（下滑—释放—上开—左移开关）。因此，大小球右限开关是分支流程的汇合点。

（1）CY1 为电磁滑筒，CY2 为机械横臂。电磁铁 Y1 可在电磁滑筒 CY1 内上下滑动，CY1 可在机械横臂 CY2 上左右移动。

（2）图中黑点为原点位置。原点是指系统从这里开始工作，工作一个周期（分拣一个球）后仍然要回到该位置等待下次动作。

（3）X2 为大小球检测开关。如果是大球，则电磁铁上升时碰到 X2，X2 将会动作；如果是小球，则电磁铁上升后碰不到 X2，X2 将会不动作。

（4）X0 为球检测传感开关。只要盘中有球，不管大球小球，它都会感应动作。

（5）X3 为上限开关，是电磁铁 Y1 在电磁滑筒内上升的极限位置；X1 为左限开关，是电磁滑筒在横臂上向左移动的极限位置。当这两个开关都动作时，表示了系统正处于原点位置，原点显示 Y7 灯亮。

（6）电磁铁 Y1 在电磁滑筒内滑动下限由时间控制。当电磁铁开始下滑时，滑动 2 s 表示已经到达吸球位置（小球）；如果是大球，则会压住大球零点几秒时间。

（7）电磁铁 Y1 在吸球和放球时都需要 1 s 时间完成。

综上所述，各元器件分配地址见表 7.7。

表 7.7　I/O 地址分配

输　入		输　出	
有无球检测开关	X0	电磁滑筒向下	Y0
左限位开关	X1	电磁滑筒向上	Y2
大小球检测开关	X2	电磁铁	Y1
上限位开关	X3	机械横臂左行	Y3
小球右限位开关	X4	机械横臂右行	Y4
打球右限位开关	X5	原点指示	Y7
下限位开关	X6		
启动按钮	X10		
停止按钮	X11		

根据控制要求和分析所画出的 SFC 如图 7-59 所示。

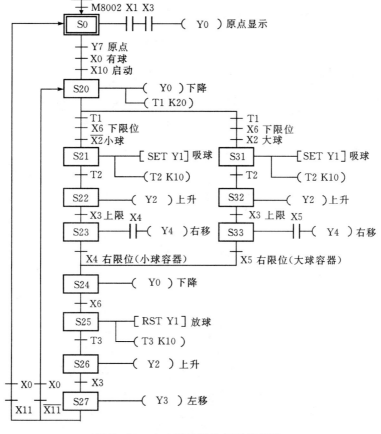

图 7-59　大小球检测分拣系统 SFC

设计的程序如图 7 - 60 所示。

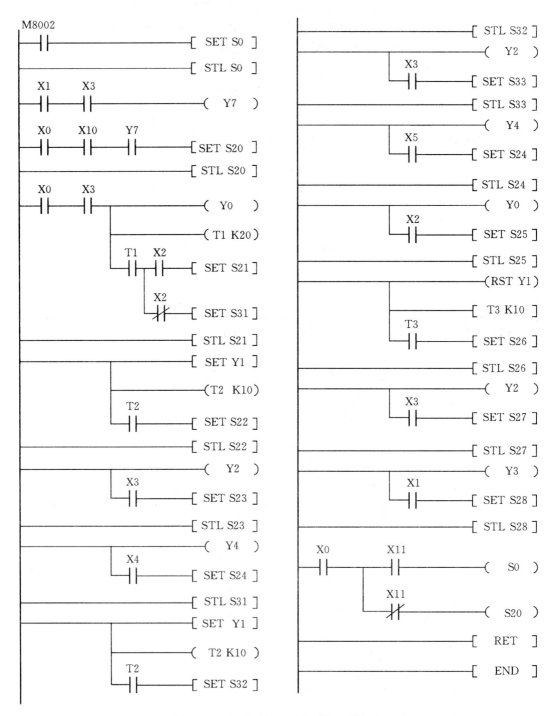

图 7 - 60　大小球检测分拣系统控制程序

7.4.3 并行性分支 SFC 编程

图 7-61 为一圆盘工作台控制示意图，这是一个典型的并行性分支流程的控制系统。圆盘工作台有 3 个工位，按下启动按钮后，3 个工位同时对工件进行加工，一个工件要经过 3 个工位的顺序加工后才算加工好。因此，这是一个流水作业法的机械加工设备。这种设备的控制流程在半自动生成设备上具有典型意义。

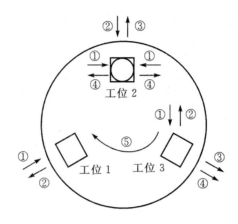

图 7-61   圆盘工作台控制示意图

1. 控制要求

工位 1：

① 推料缸推进工件——工件到位。

② 推料缸退出——退出到位，等待。

工位 2：

① 夹紧工件——夹紧到位。

② 钻头下降到钻孔——钻到位。

③ 钻头上升——上升到位。

④ 松开工件——松开到位，等待。

工位 3：

① 测量头下降检测——检测到位或检测时间到位。

② 测量头升起——升起到位。

③ 检测到位，推料缸推出工件——工件到位，推料缸返回，等待。

④ 检测时间到位，人工取下工件——人工复位，等待。

⑤工作台转动 120°，旋转到位。

2. I/O 地址分配

圆盘工作台 I/O 地址分配见表 7.8。

表 7.8 圆盘工作台 I/O 地址分配

输　入		输　出	
功能	接口地址	控制作用	接口地址
启动	X0	上料电磁阀	Y1
上料到位	X1	夹紧电磁阀	Y2
上料退回原位	X2	钻头进给	Y3
夹紧到位	X3	钻头升起	Y4
钻孔到位	X4	检测头下降	Y5
钻头升起到位	X5	检测头升起	Y6
松开到位	X6	工作台旋转	Y7
检测到位	X7	废品指示	Y10
检测头升起到位	X10	卸料电磁阀	Y11
卸料到位	X11		
卸料退回到位	X12		
旋转到位	X14		

根据控制要求和分析所画出的 SFC 如图 7-62 所示，梯形图程序如图 7-63 所示。

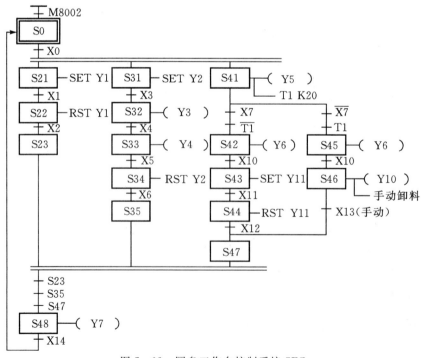

图 7-62　圆盘工作台控制系统 SFC

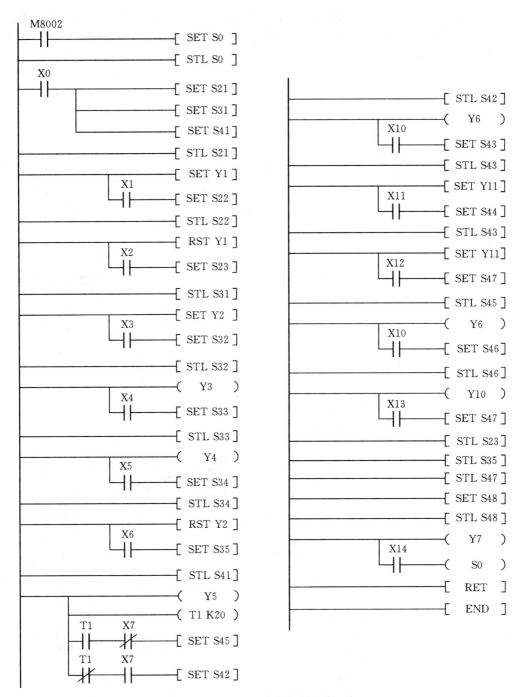

图 7-63　圆盘工作台控制系统程序

习　　题

1. 画出图 7-64 所示的混合分支状态转移图的步进梯形图，并写出指令表。

2. 图 7-65 所示为一台剪板机装置图，其控制要求如下：按启动按钮 X0，开始送料，当板料碰到限位开关 X1 时停止，压钳下行将板料压紧时限位开关 X2 动作，剪刀下行将板料剪断后触及限位开关 X3，于是压钳和剪刀同时上行，分别碰到上限位开关时停止。试画出 PLC 接线图和状态转移图。

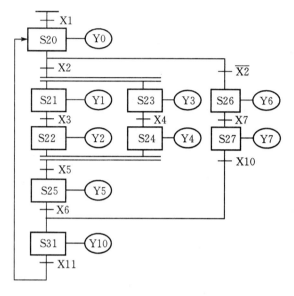

图 7-64　混合分支状态转移图

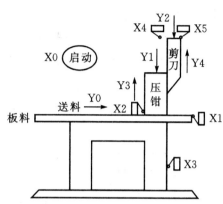

图 7-65　剪板机装置图

3. 某一液料自动混合装置如图 7-66 所示，用于将 3 种液体按一定的容积比例进行混合搅拌。初始状态液罐为空，电磁阀 YV1～YV4，电动机 M 均为失电状态，液位传感器 SQ1～SQ4 均为不动作状态。物料自动混合控制过程如下：

按下启动按钮 SB1，电磁阀 YV1 得电，开始注入液料 1；当液料 1 的液位达到液位传感器 SQ3 时，YV1 阀关，YV2 阀开，注入液料 2；当液位达到液位传感器 SQ2 时，YV2 阀关，YV3 阀开，注入液料 3；当液位达到液位传感器 SQ1 时，YV3 阀关，搅拌电动机 M 启动，搅拌 20s 后停止，放液电磁阀 YV4 动作；当液位下降到液位传感器 SQ4 以下时，再经过 5s（放掉剩余液体）后，YV4 阀关闭，之后自动循环上述过程。

按下停止按钮 SB2 完成一个循环过程，即液罐液体放空后再全部停止。

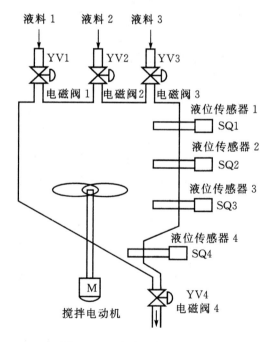

图 7-66　自动混合装置图

第 8 章　功能指令及应用

8.1　引例：趣味抢答器

抢答器是一个非常有趣的 PLC 应用实例，其可行性与实用性都很适合 PLC 的初学者，前面章节学习了基本环节抢答器的设计，本引例将学习抢答器的数字显示。

图 8-1 所示为 4 组抢答器显示面板。4 组抢答器每组设置抢答按钮一个，分别用 X001～X004 描述。要求 4 组抢答台分别使用 X001～X004 抢答按钮进行抢答，抢答完毕，七段数码管显板显示最先按下抢答按钮的台号（数字 1～4），同时锁住抢答器，使其他组按下无效，直到本次答题完毕；主持人按下复位按钮 X000 后才能进行下一轮的抢答。

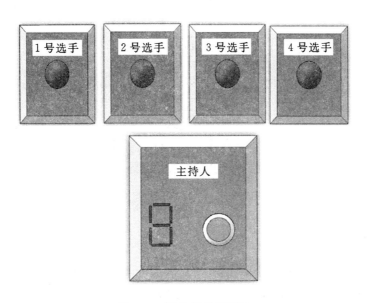

图 8-1　抢答器显示面板

分析上述的控制要求，4 组抢答器使用 X001～X004 抢答按钮以及复位按钮 X000 作为输入信号，输出信号为七段数码管的显示。七段数码管的每一段分配一个输出信号，因此总共需要 7 个输出点。复位按钮的作用有两个：一是复位抢答器；二是复位七段数码管，为下一次抢答做准备。

本例中七段数码管的驱动使用了七段译码指令，复位抢答器则使用了区间复位指令，这些指令是本章学习的功能指令。前面的章节我们一起学习了基本指令和步进指令，这些指令虽已经能满足开关量控制要求，但不能适应系统的其他控制要求。功能指令却可大大拓宽 PLC 的应用范围。

8.2 知识点链接

8.2.1 区间复位指令

区间复位指令 ZRST 的编号为 FNC40。该指令是将两个指定的软元件之间执行成批复位的指令,用于在中断运行后从初期开始运行,以及对控制数据进行复位时。该指令的格式为 ZRST[D1.][D2.],其中[D1.]是复位的目标元件的首地址,[D2.]是复位的目标元件的末地址。[D1.]的元件号小于[D2.]的元件号,[D1.]和[D2.]可取 Y、M、S、T、C、D。

区间复位指令的使用说明如图 8-2 所示。PLC 上电后的初始脉冲,直接复位 M500~M599、C235~C255、S500~S599 之间的量。

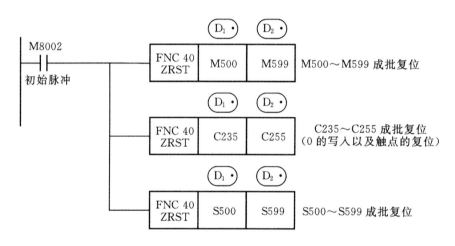

图 8-2 区间复位指令说明

8.2.2 译码指令

译码指令有七段码译码指令 SEGD(Seven Segment Decoder)和带锁存七段码显示指令 SEGL(Seven Segment with Latch)。

1. 七段码译码指令

七段码译码指令 SEGD,编号为 FNC73,可以显示 1 位十六进制数据。该指令的格式为 SEGD[S.][D.],其中:[S.]是待译码的低 4 位(1 位数)0~F(十六进制数);[D.]是保存[S.]译码后成七段码显示用的字形数据低 8 位。

七段码译码指令 SEGD 的指令说明如图 8-3 所示。当 X000 得电后,十进制数 10 被编译成 0~F 的十六进制数,保存在数据寄存器 D1 上。该例 D1 中存放译码后的十六进制数 11101110,即 B0、B7 为 0,其余为 1,用上述 B0~B7 的 0、1 驱动七段数码管,可以显示"A"字形。具体参见表 8.1 的七段译码表,查找可以显示的字形数据。

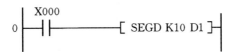

图 8 - 3　七段码译码指令说明

表 8.1　七 段 译 码 表

十六进制数	S·　b3	b2	b1	b0	七段码的构成	D·　B15	…	B8	B7	B6	B5	B4	B3	B2	B1	B0	显示数据
0	0	0	0	0		—		—	0	0	1	1	1	1	1	1	0
1	0	0	0	1		—		—	0	0	0	0	0	1	1	0	1
2	0	0	1	0		—		—	0	1	0	1	1	0	1	1	2
3	0	0	1	1		—		—	0	1	0	0	1	1	1	1	3
4	0	1	0	0		—		—	0	1	1	0	0	1	1	0	4
5	0	1	0	1		—		—	0	1	1	0	1	1	0	1	5
6	0	1	1	0		—		—	0	1	1	1	1	1	0	1	6
7	0	1	1	1		—		—	0	1	0	0	0	1	1	1	7
8	1	0	0	0		—		—	0	1	1	1	1	1	1	1	8
9	1	0	0	1		—		—	0	1	1	0	1	1	1	1	9
A	1	0	1	0		—		—	0	1	1	1	0	1	1	1	A
B	1	0	1	1		—		—	0	1	1	1	1	1	0	0	b
C	1	1	0	0		—		—	0	0	1	1	1	0	0	1	C
D	1	1	0	1		—		—	0	1	0	1	1	1	1	0	d
E	1	1	1	0		—		—	0	1	1	1	1	0	0	1	E
F	1	1	1	1		—		—	0	1	1	1	0	0	0	1	F

2. 带锁存七段码显示指令

　　带锁存七段码显示指令 SEGL，编号为 FNC74，是驱动 4 位组成的 1 组或 2 组带锁存七段码显示器的指令。该指令的格式为 SEGL［S.］［D.］n，其中：［S.］中 4 位数值 BIN 数据转换成 BCD 数据，采用时分方式，依次将每 1 位数输出到带 BCD 译码的七段数码管中，［S.］的 BIN 数据时有效范围为 0～9999；［D.］表示被输出的起始 Y 编号；N 为参数编号，设定范围为 K0（H0）～K7（H7）。

SEGL 的意义是将十进制数[S.]写到一组 4 路扫描的软元件[D.]中,驱动由 4 个七段码显示单元组成的显示器中。本指令最多可以带两组显示器。显示器共享选通脉冲输出信号[D.]+4~[D.]+7。图 8-4 中为 Y004~Y007 所示,第一组的数据由 Y000~Y003 输出,第二组的数据由 Y010~Y013 输出。图 8-4 所示为应用 SEGL 指令的外围接线图。

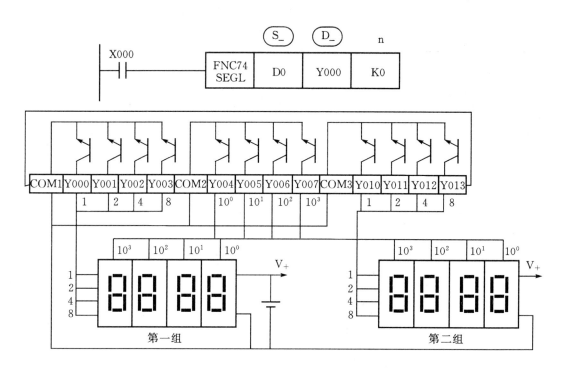

图 8-4 带锁存七段码显示指令 SEGL 的外围接线图

8.2.3 比较类指令

1. 比较指令

比较指令 CMP 的编号为 FNC10,指令的格式为 CMP [S1.][S2.][D.]。其中:[S1.]和[S2.]为两个比较的源操作数;[D.]为比较结果标志软元件,指令中给出的是标志软元件的首地址。比较的结果有三种情况:大于、小于和等于。

比较指令 CMP 可对两个数进行代数减法操作,将源操作数[S1.]和[S2.]的数据进行比较,结果送到目标操作数[D.],再将比较结果写入指定的相邻 3 个标志软元件中。指令中所有源数据均作为二进制数处理。

比较指令 CMP 的指令说明如图 8-5 所示。当 X010 接通,则将执行比较操作,即将 100 减去 D10 中的内容,再将比较结果写入相邻 3 个标志软元件 M0~M2 中。标志位操作规则是:

若 K100>(D10),则 M0 被置 1;若 K100=(D10),则 M1 被置 1;若 K100<(D10),则 M2 被置 1。

可见 CMP 指令执行后,标志位中必有一个被置 1,而其余两个均为 0。CMP 指令在作 32 位操作时,使用前缀 D:DCMP [S1.][S2.][D.]。

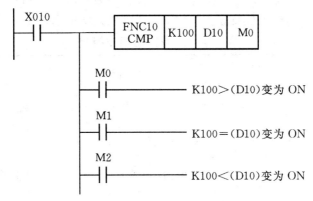

图 8-5　比较指令 CMP 的指令说明

2. 区间比较指令

区间比较指令 ZCP 的编号为 FNC11，指令的格式为 ZCP[S1.][S2.][S3.][D.]。其中：[S1.]和[S2.]为区间起点和终点；[S3.]为另一比较软元件；[D.]为标志软元件（首地址）。

ZCP 指令可将某个指定的源数据[S3.]与一个区间的数据进行代数比较，[S1.]和[S2.]分别为区间的下限和上限，比较结果送到目标操作数[D.]中，[D.]由 3 个连续的标志位软元件组成。

区间比较指令 ZCP 的指令说明如图 8-6 所示。当 X010 接通，则将执行区间比较操作，即将 C0 的内容与区间的上下限去比较，比较结果写入相邻 3 个标志位软元件 M0～M2 中。标志位操作规则是：若 K100＞C0，则 M0 被置 1；若 K100＜C0＜K200，则 M1 被置 1；若 K200＜C0，则 M2 被置 1。

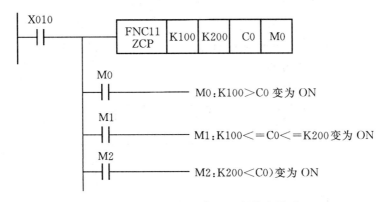

图 8-6　区间比较指令 ZCP 的指令说明

8.2.4　传送指令

数据传送指令 MOV 的编号为 FNC12，指令的格式为 MOV[S.][D.]。其中：[S.]为源数据，[D.]为目软元件。功能：将源数据传送到目软元件中去。

数据传送指令概要见表 8.2。能充当源操作数的为表中[S.]所指定的范围内的所有软元件；能够充当目操作数的软元件要除去常数 K、H 和输入继电器位组合。

表 8.2　数据传送指令概要

操作数种类	位软元件							字软元件											其他			
	系统·用户							位数指定				系统·用户				特殊模块	变址			常数	实数	字符串	指针
	X	Y	M	T	C	S	D□.b	KnX	KnY	KnM	KnS	T	C	D	R	U□\G□	V	Z	修饰	K	H	E	"□"	P
Ⓢ·								●	●	●	●	●	●	●	▲1	▲2	●	●	●	●	●			
Ⓓ·									●	●	●	●	●	●	▲1	▲2	●	●	●					

传送指令 MOV 的指令说明如图 8-7 所示。图为 MOV 的示例梯形图，当 X010 接通时，将 D10 的内容传送到 D20 中去，传送结果 D10 内容保持不变，D20 中的内容被 D10 内容转化为二进制后取代。

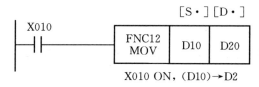

$$[S\cdot][D\cdot]$$

X010 ON，(D10)→D2

图 8-7　传送指令 MOV 的指令说明

8.2.5　数据交换指令

数据交换指令 XCH 的编号为 FNC17，指令的格式为 XCH[D1.][D2.]。其中，[D1]和[D2]为两个目软元件。功能：将两个指定的目软元件的内容交换。

数据交换指令 XCH 的指令说明如图 8-8 所示。图为数据交换指令示例梯形图，当 X010 接通时，将执行数据交换指令。即将 D10 的内容传送到 D20 中去，而 D20 中的内容则传送到 D10 中去，两个软元件的内容互换。

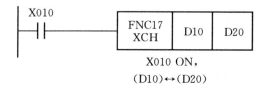

X010 ON，

(D10)↔(D20)

图 8-8　数据交换指令 XCH 的指令说明

8.2.6　循环和移位类指令

循环移位指令与移位指令是控制程序中常见的操作指令。循环与移位类指令是使数据、位组合的字数据向指定的方向循环的指令。循环移位指令分为循环右移、循环左移、带进位循环右移、带进位循环左移四种指令。移位指令分为位左移、位右移、字左移和字右移四种指令。

1. 循环右移/循环左移

循环右移指令 ROR 的编号为 FNC30；循环左移指令 ROL 的编号为 FNC31。指令的格式分别为 ROR[D.] n 和 ROL[D.] n。其中：[D.] 为要位移的目标软组件；n 为每次移动的位数。执行这两条指令时，各位的数据向右(或向左)循环移动 n 位(n 为常数)；16 位指令和 32 位指令中 n 应分别小于 16 和 32，每次移出来的那一位同时存入进位标志 M8022 中。

循环移位指令 ROR/ROL 的说明如图 8−9 所示。假设执行在这条指令 D0 中的数据为 H00FF，由于指令中的 K3 指示每次循环右移 3 位，所以最低位的 3 位被移出，并循环回补进入高 3 位中；循环右移 3 位后，D0 中的数据为 E01F，同时最后一位存入进位标志 M8022 中。

同理循环左移，假设执行在这条指令 D0 中的数据为 H00FF，由于指令中的 K3 指示每次循环左移 3 位，所以最低位的 3 位被移出，并循环回补进入高 3 位中；循环左移 3 位后，D0 中的数据为 F807，同时最后一位存入进位标志 M8022 中。

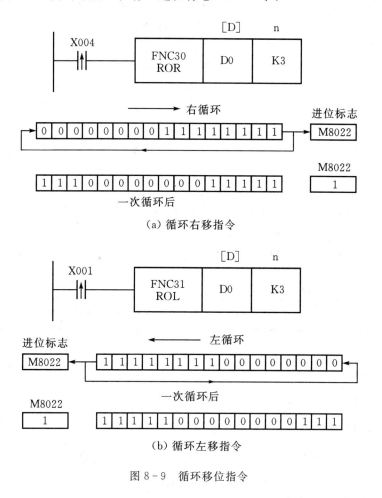

图 8−9 循环移位指令

2. 带进位循环右移/循环左移

带进位循环右移指令 RCR 的编号为 FNC32，循环左移指令 RCL 的编号为 FNC33。指令的格式分别为 RCR[D.] n 和 RCL[D.] n。其中：[D.] 为要位移的目标软组件；n 为每次移动的位数。

RCR 指令执行时，将目标软元件组中的二进制数按照指令规定的每次移动的位数由高位向低位移动，低位移动到进位标志位 M8022，M8022 中的内容移动到最低位。

RCL 指令执行时，将目标软元件组中的二进制数按照指令规定的每次移动位数由低位向高位移动，高位移动到进位标志位 M8022，M8022 中的内容移动到最高位。

这两条指令执行基本与 ROR、ROL 相同，只是在执行 RCR、RCL 时，标志位 M8022 不再表示向右或向左移出的最后一位，而是作为循环处理单元中的一位处理。

3. 位右移/左移

位右移指令 SFTR 的编号为 FNC34，位左移指令 SFTL 的编号为 FNC35。指令的格式分别为 SFTR[S.] [D.] n1 n2 和 SFTL[S.] [D.] n1 n2。其中：[S.] 为位移的源位组件首地址；[D.] 为位移的目标位组件首地址；n1 为目标位组个数；n2 为源位组移位个数。执行这两条指令时，实现位元件中的状态成组地向右或向左移动。

位右移指令 SFTR 将长度为 n2 位的源操作数[S.]的低位从长度 n1 位的目标操作数[D.]的高位移入，目标操作数[D.]向右移 n2 位，源操作数[S.]中的数据不变。右移指令执行后，n2 个源位组件中的数被传送到目标为组件中的高 n2 位，目标组件中的低 n2 位数从其低端溢出。

位左移指令 SFTL 将长度为 n2 位的源操作数[S.]的低位从长度 n1 位的目标操作数[D.]的低位移入，目标操作数[D.]向左移 n2 位，源操作数[S.]中的数据不变。左移指令执行后，n2 个源位组件中的数被传送到目标为组件中的低 n2 位，目标组件中的高 n2 位数从其高端溢出。

位右移指令 SFTR/SFTL 的说明，如图 8-10 所示，图 8-10(a) 中 X010 由 OFF 变为 ON 时，位右移指令（3 位 1 组）按以下顺序移位：M2～M0 中的数溢出，M5～M3→M2～M0，M8～M6→M5～M3，X002～X0000→M8～M6。

图 8-10(b) 中的 X010 由 OFF 变为 ON 时，位左移指令按图中所示的顺序移位。

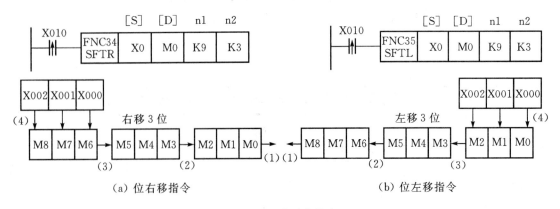

图 8-10　位移位指令

[**实例 1**]　数码管控制。

（1）任务描述。

用 PLC 控制七段数码管循环显示数字 0～9，显示间隔 1 s。

（2）I/O 分配表与 PLC 接线图。

I/O 分配表如表 8.3 所示。

表 8.3　I/O 分配表

输　入　单　元		输　出　单　元	
名称	端子号	名称	端子号
启动按钮	X000	LED 数码管 a 段	Y0
复位按钮	X001	LED 数码管 b 段	Y1
		LED 数码管 c 段	Y2
		LED 数码管 d 段	Y3
		LED 数码管 e 段	Y4
		LED 数码管 f 段	Y5
		LED 数码管 g 段	Y6

PLC 接线图如图 8-11 所示。

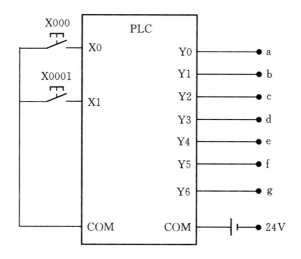

图 8-11　PLC 接线图

（3）程序编制与分析。

梯形图程序和语句表程序分别如图 8-12 和图 8-13 所示。按下启动按钮 X000，通过 T0、T1 时间继电器控制中间继电器 M0 的通断，从而控制数码管的显示。这里采用上升沿脉冲输出指令 PLS，它仅在 M0 闭合后的一个扫描周期内动作，并将位左移指令 SFTL 的目标操作数的末地址作为条件，源操作数的首地址作为输出，将参数的传递循环起来。具体的真值表见表 8.4 所示。

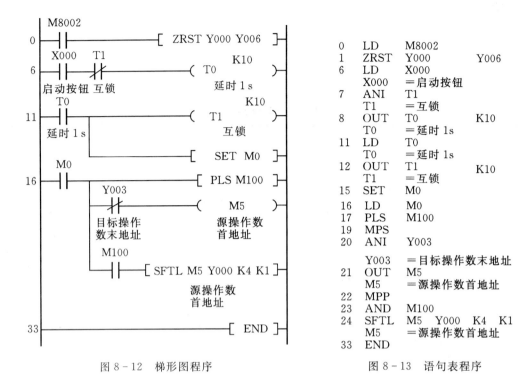

图 8-12　梯形图程序　　　　　图 8-13　语句表程序

表 8.4　循环左移真值表

脉冲	Y3	Y2	Y1	Y0
0	0	0	0	0
1	0	0	0	1
2	0	0	1	1
3	0	1	1	1
4	1	1	1	1
5	1	1	1	0
6	1	1	0	0
7	1	0	0	0

8.2.7　电机控制指令

1. 脉冲输出指令

脉冲输出指令 PLSY 指令的编号为 FNC57，格式分别为 PLSY [S1.] [S2.] [D.]。其中：[S1.]为频率数据（Hz）或是保存数据的字软元件编号；[S2.]为脉冲量数据或是保存数据的字软元件编号；[D.]为输出脉冲的位软元件（Y）编号。各操作数可见表 8.5。对基本单元的晶体管输出的 PLC，或是高速输出特殊适配器，组件[D.]中请指定 Y000 和 Y001。

表 8.5　操 作 数 表

操作数种类	位 软 元 件							字 软 元 件								特殊模块	变址			其 他				
	系统·用户							位数指定				系统·用户						常数		实数	字符串	指针			
	X	Y	M	T	C	S	D□.b	KnX	KnY	KnM	KnS	T	C	D	R	U□\G□	V	Z	修饰	K	H	E	"□"	P
S₁·								●	●	●	●	●	●	●	▲2	▲3	●	●	●	●	●			
S₂·								●	●	●	●	●	●	●	▲2	▲3	●	●	●	●	●			
D·		▲1															●							

脉冲输出指令 PLSY 的说明，如图 8-14 所示，当输入指令时，从 Y000 端口输出一串频率 1000 Hz，脉冲数为 5 的脉冲。指令执行完毕，指令执行结束标志位 M8029 接通。使用了使标志位变化的其他指令和多个 PLSY(FNC 57) 指令时，请务必在要监视的指令正下方使用。

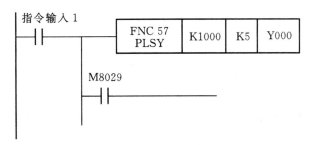

图 8-14　脉冲输出指令

[**实例 2**]　产线流水作业控制。

（1）任务描述。

当光电开关感应到有产品进入传送带上时，伺服电机将旋转 5 圈，将产品送到盖章处进行盖章，盖章动作持续时间为 2 s，如图 8-15 所示。

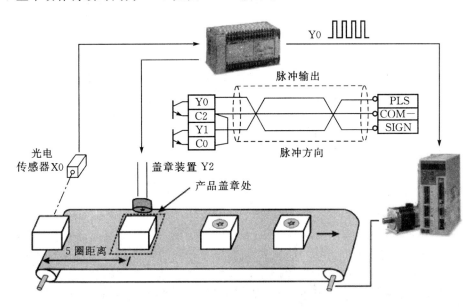

图 8-15　产线流水作业控制系统图

（2）I/O 分配表。

I/O 分配表如表 8.6 所示。

表 8.6 I/O 分配表

PLC 软元件	控 制 说 明
X0	光电传感器，遮挡时，X0 状态为 ON
Y0	脉冲输出
Y1	脉冲方向
Y2	盖章动作
T0	盖章时间设置

（3）程序设计及说明。

如图 8 - 16 所示，当感应到产品时，光电检测开关 X0 由 OFF→ON 变化一次，SET 指令执行，M0 被置位为 ON，其常开接点闭合，PLSY 指令执行，Y0 开始输出频率为 10 kHz 的脉冲。

当 Y0 输出脉冲个数达到 50 000 时，伺服电机转动 5 圈，产品被运送到盖章处，标志值 M8029＝ON，则 Y2＝ON，执行加工动作。同时，T0 线圈得电并开始计时，T0 计时达到 2 s 时，T0 的常开接点闭合，M0 被复位，这时 PLSY 指令 OFF，M8029＝OFF，Y2＝OFF，加工完毕，产品在流水线上被送走，等待下一个产品的加工。

当 X0 再次触发时，PLSY 指令又为 ON，Y0 又重新开始脉冲输出，并重复上述动作。

注意：对本程序来说，X0 触发时刻必须在前一个产品被加工完毕之后，否则不能保证加工的正常进行。

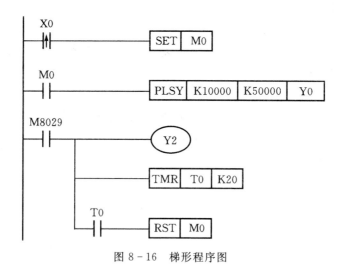

图 8 - 16 梯形程序图

2. 脉宽调制指令

脉宽调制指令 PWM 的指令编号为 FNC58，格式为 PWM[S1.][S2.][D.]。其中：[S1.]为脉宽(ms)数据或是保存数据的字软元件编号；[S2.]为周期(ms)数据或是保存数据的字软元件编号；[D.]为输出脉冲的位软元件(Y)编号。该指令指定了脉冲的周期和 ON 时间的脉冲输出的指令。各操作数可见表 8.7。对基本单元的晶体管输出的 PLC，组件[D.]中指定单元的晶体管输出 Y000、Y001、Y002，并高速输出特殊适配器的 Y000、Y001、Y002、Y003。

表 8.7 操 作 数 表

操作数种类	位 软 元 件							字 软 元 件									其 他				
	系统·用户							位数指定				系统·用户		特殊模块	变址		常数		实数	字符串	指针
	X	Y	M	T	C	S	D□.b	KnX	KnY	KnM	KnS	T	C	D	R	U□\G□	V	Z	修饰	K	H	E	"□"	P
(S₁·)								●	●	●	●	●	●	●▲2	▲3	●	●	●	●	●			
(S₂·)								●	●	●	●	●	●	●▲2	▲3	●	●	●	●	●			
(D·)	▲1																●						

脉宽调制指令 PWM 的说明如图 8-17 所示。当输入指令时，从 Y000 端口输出一串脉冲；指令执行完毕，使 D10 的内容在 0～50 ms 之间变化时，Y000 的平均输出为 0～100%。

图 8-17 脉宽调制指令

[实例 3] 水闸门控制。

(1) 任务描述。

本例将 PWM 技术应用于控制喷水闸门的开度，如图 8-18 所示。传统控制喷水闸门的开度为开关作用，即将截波器闸门由关闭（OFF）的状态于一瞬间全开（ON）接着再关闭的方式循环。为尽量降低截波器引起的能量损失，在电源与电机之间插入晶体管，在此晶体管的基极加入脉冲状信号时，基极与射极间的电流成为脉冲。电机的输入电压与 t_{ON}/t_{OFF} 的值成比例。因此改变 t_{ON}/t_{OFF} 的值，即可自由改变电机的输入电压。改变此比值的方法有很多种，

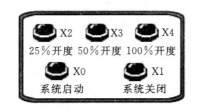

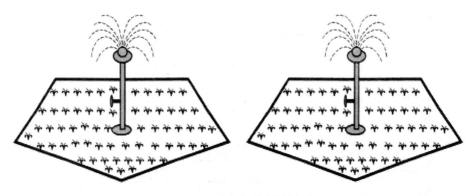

图 8-18 水闸门控制效果图

其中较常用的一种为不改变单位时间所发生的 ON 次数而改变 ON 状态的时间长度,此方法称为脉冲宽度调变(Pulse-Width Modulation,PWM)。其闸门控制器可接受 24 V 的 PWM 控制,控制闸门开度范围为 25%、50%、100%的开度,闸门的开度由 PWM 的 t_{ON}/t_{OFF} 来决定。将截波器闸门由关闭(OFF)的状态于一瞬间全开(ON)接着再关闭的方式循环,如此作用的方法称为开关作用(switching)。

(2) I/O 分配表。

I/O 分配表见表 8.8。

表 8.8 I/O 分配表

PLC 软元件	控 制 说 明
X0	系统启动按钮,按下时,X0 状态为 ON
X1	系统关闭按钮,按下时,X1 状态为 ON
X2	25%开度按钮,按下时,X2 状态为 ON
X3	50%开度按钮,按下时,X3 状态为 ON
X4	100%开度按钮,按下时,X4 状态为 ON
Y1	阀门位置的驱动输出
D0	喷水阀门开度寄存器

(3) 程序设计及说明。

通过设置 D0 值的大小来控制喷水阀门的开度,阀门开度 $t_{ON}/t_{OFF} = D0/(K1000 - D0)$。梯形程序图如图 8-19 所示。

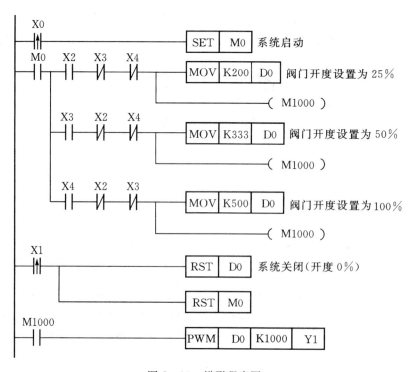

图 8-19 梯形程序图

按下系统启动按钮，X0 由 OFF→ON 变化一次，M0 被置位为 ON，自动浇水系统启动，再按下对应的开度按钮即可进行浇水动作。

按下 25%开度按钮，X2＝ON，D0 值为 K200，$\dfrac{D0}{(K1000-D0)}=0.25$，喷水阀门打开至 25%开度位置。

按下 50%开度按钮，X3＝ON，D0 值为 K333，$\dfrac{D0}{(K1000-D0)}=0.5$，喷水阀门打开至 50%开度位置。

按下 100%开度按钮，X4＝ON，D0 值为 K500，$\dfrac{D0}{(K1000-D0)}=1$，喷水阀门打开至 100%开度位置。

8.2.8　A/D 转换指令

在工业生产过程中，存在着许多连续变化的量，如温度、压力、速度等，它们都有一个共同的特点即都是模拟量。为了使可编程控制器能处理这些模拟量并进行控制，就必须有能将模拟量转换为数字量的模块，这就是 PLC 中的特殊模块 A/D 转换模块，有了该模块三菱 FX 系列 PLC 可以处理电流、电压等模拟量，将模块和 PLC 链接，再利用缓冲存储区读出指令和缓冲存储区写入指令可以实现对模拟信号的处理。以下以 FX₃U - 4AD - ADP 4 通道 12 位电压精度的 A/D 转换模块为例，说明其接线和编程方法。

1. 硬件及接线

图 8 - 20 所示为 FX₃U - 4AD - ADP 模块的硬件外形；图 8 - 21 所示为 FX₃U - 4AD - ADP 接线柱部位端子图；表 8.9 给出了各个端子对应的名称。

图 8 - 20　FX₃U - 4AD - ADP 模块硬件外形

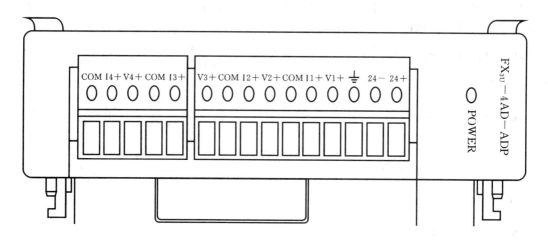

图 8-21　FX₃ᵤ-4AD-ADP 接线柱部位端子图

表 8.9　各个端子对应名称表

信号名称	用　途
24＋	外部电源
24－	
⏚	接地端子
V1＋	通道 1 模拟量输入
I1＋	
COM1	
V2＋	通道 2 模拟量输入
I2＋	
COM2	
V3＋	通道 3 模拟量输入
I3＋	
COM3	
V4＋	通道 4 模拟量输入
I4＋	
COM4	

　　模拟量输入在每个通道中都可以采用电压、电流输入。本系统采用的是电压输入，接线方式如图 8-22 所示。

　　图 8-23 所示为与 FX₃ᵤ 系列 PLC 电源连接方法，信息传输通过该模块信息通道与 PLC 扩展口连接。

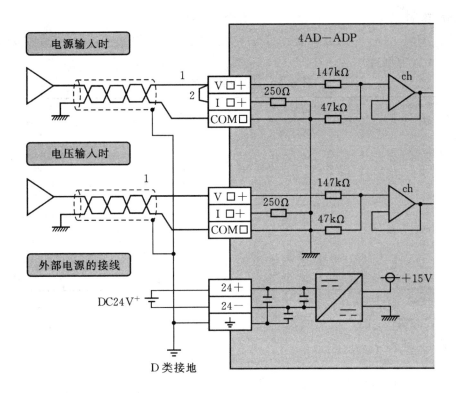

图 8 - 22　FX₃U - 4AD - ADP 输入接线图

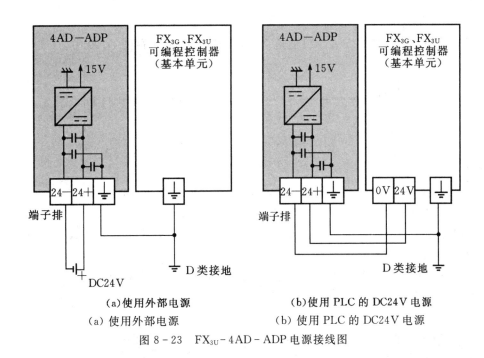

图 8 - 23　FX₃U - 4AD - ADP 电源接线图

2. 程序编制

FX$_{3U}$-4AD-ADP 与 PLC 连接编写程序时，需要注意特殊软元件的分配，见表 8.10（以通道 1 进行传输为例）。

表 8.10　特殊软元件一览表

特殊软元件	软元件编号 第一台	内　容	属　性
特殊辅助继电器	M8260	通道 1 输入模式切换	R/W
特殊数据寄存器	D8260	通道 1 输入数据	R
	D8264	通道 1 平均次数（设定范围：1～4095）	R/W
	D8268	出错状态	R/W
	D8269	机型代码＝1	R

R：读出　　W：写

输入模式的切换：图 8-24(a)表示通道 1 设定为电压输入，图 8-24(b)所示的通道 1 设定为电流输入。

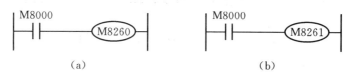

（a）　　　　　　　　　　　　　　　（b）

图 8-24　输入模式的切换

外部输入数据：图 8-25 表示将通道 1 采集的输入数据保存到 D100 中。

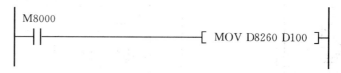

图 8-25　外部输入数据

注意：

（1）FX$_{3U}$-4AD-ADP 转换输入数据存储在一个特殊数据寄存器中。

（2）输入数据是为读出专用的。

（3）保存输入的数据如果不是在 D100 中使用，也可以在定时器、计数器的设定值或者 PID 指令中直接使用 D8260。

采集被平均的次数：图 8-26 表示通道 1 采集数据的平均次数为 4 次。

图 8-26　平均次数

注意:

(1) 平均次数设置为 1 时,即时存储到特殊数据寄存器中。

(2) 设置为 2～4095 时,达到设定次数后的平均值被保存到特殊数据寄存器中。

(3) 平均次数设置在 1～4095 的范围内,设置在范围外时会发生错误。

(4) 出错状态:FX_{3U}-4AD-ADP 中发生错误时,在出错状态中保存发生出错的状态,并在可编程控制器的电源 ON/OFF 时,需要用程序来清除(OFF),如图 8-27 所示。

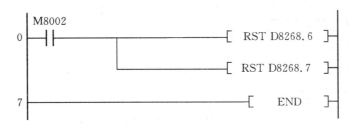

图 8-27　出错状态清除

图 8-27 所示:RST　D8268.6 表示第 1 台的出错状态,b6＝OFF(硬件出错);RST D8268.7 表示第 1 台的出错状态,b7＝OFF(通信数据出错)。

具体参数见表 8.11。

表 8.11　出错状态表

位	内　容
b0	检测出通道 1 量程溢出
b4	EEPROM 出错
b5	平均次数的设定出错
b6	FX_{3U}-4AD-ADP 硬件出错
b7	FX_{3U}-4AD-ADP 通信数据出错
b8～b15	未使用

机型代码:图 8-28 所示的 Y7 表示第 1 台机型代码确认。

图 8-28　机型代码

具备了以上 A/D 转换模块基础知识,下面通过实例说明该模块的使用与编程。

[实例 4]　水温分段指示。

(1) 任务描述。

图 8-29 所示为水温分段显示硬件接线图。设备工作时,首先将水温传感器放入一未知温度高低的水箱中,水箱温度通过水温传感器转换为 0～10 V 的被采集电压;该模拟量通过

三菱 FX_{3U} - 4AD - ADP 模块转换为数字量传送给 PLC；接收到的数字量与设定的值进行比较，水温超过 100 则 Y1 指示灯亮，小于 80 则 Y3 指示灯亮，在 80 与 100 之间则 Y2 指示灯亮。

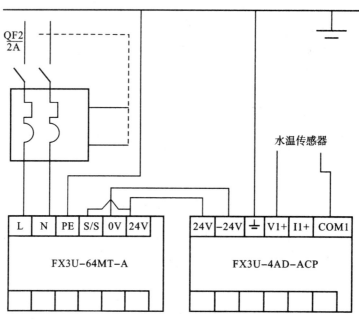

图 8 - 29　PLC 接线图

（2）I/O 分配表。

依据题意，设 X0 为启动按钮，X1 为停止按钮，I/O 分配表如表 8.12 所示。

表 8.12　I/O 分配表

输　入　单　元		输　出　单　元	
名　　称	端子号	名　　称	端子号
启动按钮	X0	大于 100 指示灯	Y1
停止按钮	X1	100 与 80 之间指示灯	Y2
		小于 80 指示灯	Y3

（3）程序编制与分析。

程序上电后，先后设定了通道 1 为电压采集模式、清除硬件和通信错误状态、通道 1 的平均采集次数，以及通道 1 A/D 转换结束后存放的数据寄存器。当按下启动按钮 X000 后，确认机型并读取模块 FX_{3U} - 4AD - ADP 传送到 PLC 的数据 D50，再与系统设定值比较（ZCP），控制相应指示灯的动作，从而达到水温指示的作用。

水温指示 PLC 梯形图程序如图 8 - 30 所示。

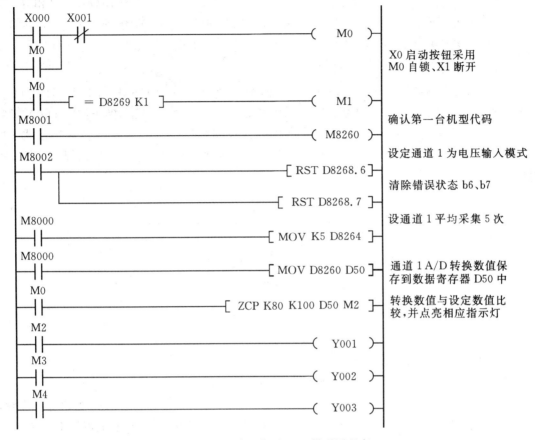

图 8-30　水温指示 PLC 梯形图程序

8.2.9　高速处理指令

高速计数器(C235～C255)是以中断方式对外部输入的高速脉冲计数。FX 系列 PLC 高速计数器共有三条专用指令：高速计数器置位指令(HSCS)、高速计数器复位指令(HSCR)和高速计数器区间比较指令(HSZ)。

1. 高速计数器置位指令

高速计数器置位指令 HSCS 的编号为 FNC53，指令的格式为 HSCS [S1.][S2.][D.]。其中：[S1.]是源操作数，可取整数；[S2.]取 C235～C255；[D.]为目标操作数，可取 Y、M。

高速计数器置位指令 HSCS 的使用说明如图 8-31 所示，DHSCS 是其双字形式。

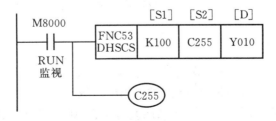

图 8-31　高速计数器置位指令

当 M8000 闭合，C255 开始计数，并将 C255 的当前值与常数 100 作比较，一旦相等，立即采用中断的方式将 Y010 置"1"。以后无论 C255 的值如何变化，Y010 都始终为"1"，除非对 Y010 复位或使用高速计数器指令 HSCR 才能将 Y010 复位。

2. 高速计数器复位指令

高速计数器复位指令 HSCR 的编号为 FNC54，指令的格式为 HSCR [S1.] [S2.] [D.]。其中：[S1.] 是源操作数，可取整数；[S2.] 取 C235～C255；[D.] 为目标操作数，可取 Y、M。

高速计数器置位指令 HSCR 的使用说明如图 8 - 32 所示，DHSCR 是其双字形式。当 M8000 闭合，C254 开始计数，并将 C254 的当前值与常数 200 作比较，一旦相等，立即采用中断的方式将 Y020 置"0"。

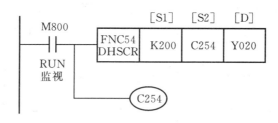

图 8 - 32　高速计数器复位指令

3. 高速计数器区间比较指令

高速计数器区间比较指令 HSZ 的编号为 FNC55，指令的格式为 HSZ [S1.] [S2.] [S.] [D.]。其中：[S1.] [S2.] 是源操作数，可取整数；[S.] 取 C235～C255；[D.] 为目标操作数，可取 Y、M。高速计数器区间比较指令有三种工作模式：标准模式、多段比较模式和频率控制模式。

高速计数器区间比较指令 HSZ 的使用说明如图 8 - 33 所示。当 M8000 闭合，C251 开始计数，若 C251 的当前值小于 1000 时，Y010 置"1"；大于 1000 小于 1200 时，Y011 置"1"；大于 1200 时，Y012 置"1"。

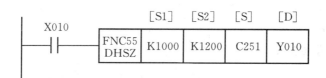

图 8 - 33　高速计数器区间比较指令

8.3　引　例　解　答

1. 任务描述

分析图 8 - 1 的要求，已知有 4 组抢答台分别使用 X001～X004 抢答按钮进行抢答，抢答完毕，七段数码管显板显示最先按下抢答按钮的台号（数字 1～4），同时锁住抢答器，使其他组按下无效，直到本次答题完毕。主持人按下复位按钮 X000 后才能进行下一轮的抢答。

2. I/O 分配表与 PLC 接线图

I/O 分配表见表 8.13。

表 8.13　I/O 分配表

输　入　单　元		输　出　单　元	
名　　称	端子号	名　　称	端子号
复位按钮	X000	数码管段显接线端	Y0
1 号选手	X001	数码管段显接线端	Y1
2 号选手	X002	数码管段显接线端	Y2
3 号选手	X003	数码管段显接线端	Y3
4 号选手	X004	数码管段显接线端	Y4
		数码管段显接线端	Y5
		数码管段显接线端	Y6

根据七段数码管显示要求，采用了 PLC 输出单元的 Y0～Y6 与数码管段码显示驱动接线端口相连接，具体如图 8-34 所示。

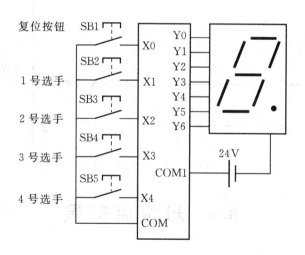

图 8-34　抢答器硬件接线图

3. 程序编制与分析

抢答台梯形图程序如图 8-35 所示。当抢答按钮按下后，对应的数字通过中间继电器 M 接通 SEGD 译码指令译码成输出端 Y0～Y7 相应的高低电平，驱动数码管显示。同时，通过与其他组串联互锁的方法，切断其他组按钮按下的作用。这里 SEGD 指令目的操作数 [D.] 采用输出位组合的数值操作数 K2Y0，即 Y0～Y7。

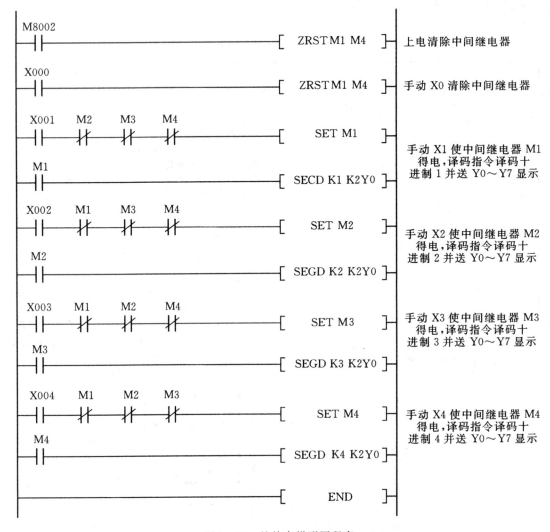

图 8-35 抢答台梯形图程序

8.4 知识点扩展

8.4.1 计数脉冲

1. 任务描述

根据工厂需求,对一产品进行打包,要求每袋包装袋放 1000 个小零件,并自动将袋口封装起来,实物的三维图如图 8-36 所示。首先振动盘将料排好,通过推力将料落到包装袋里,同时在袋的上方按照光电计数,当料的数量等于 1000 个时,步进电机和挡料板动作,挡料板控制断料,电机将袋移动到封装杆处封装,当遇到限位开关时,返回到原点,所以动作复位进行下一轮计数。

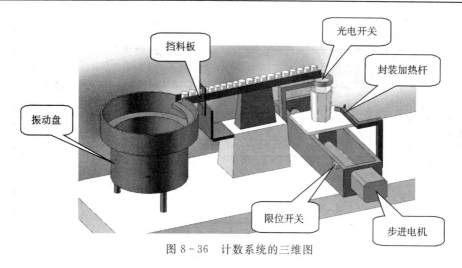

图 8 - 36　计数系统的三维图

2. I/O 分配表与 PLC 接线图

I/O 分配表见表 8.14。

表 8.14　I/O 分配表

输　入　单　元		输　出　单　元	
名　　称	端子号	名　　称	端子号
启动按钮	X0	启动显示灯	Y0
停止按钮	X2	电机启动信号	Y1
左限位	X4	电机方向信号	Y2
右限位	X5	光电信号	Y10
光电开关	X6		

PLC 接线图如图 8 - 37 所示。

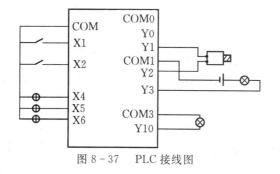

图 8 - 37　PLC 接线图

3. 程序编制与分析

梯形图程序和语句表程序分别如图 8 - 38 和图 8 - 39 所示。分析计数系统，当按下启动按钮 X000 后，振动盘开始工作，料被震动到料盘上，通过光电开关 X006 记录料的个数，当与设定的值相等时，产生一个 Y010 脉冲接通驱动电机，使挡料板和步进电机动作，同时封装袋口；遇到右限位开关后，返回准备下一轮动作。

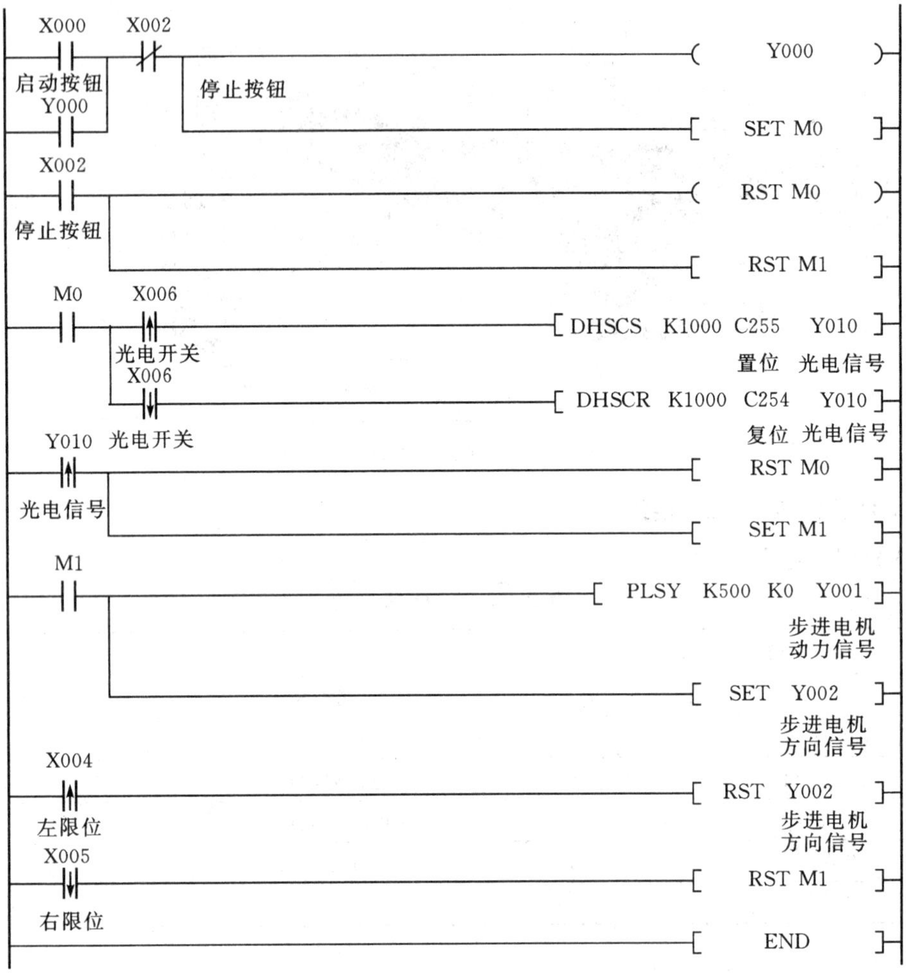

图 8-38 梯形程序图

0	LD	X000		27	DHSCR	K1000	C254	Y010
	X000	＝驱动按钮			C254	＝复位		
1	AND	X002			Y010	＝光电信号		
	X002	＝停止按钮		40	LDP	Y010		
2	OUT	Y000			Y010	＝光电信号		
3	SET	M0		42	RST	M0		
4	LD	X002		43	SET	M1		
	X002	＝停止按钮		44	LD	M1		
5	RST	M0		45	PLSY	K500	K0	Y001
6	RST	M1			Y001	＝步进电机动力信号		
7	LD	M0		52	SET	Y002		
8	MPS				Y002	＝步进电机方向信号		
9	ANDP	X006		53	LDP	X004		
	X006	＝光电开关			X004	＝左限位		
11	DHSCS	K1000 C255 Y010		55	RST	Y002		
	C255	＝置位			Y002	＝步进电机方向信号		
	Y010	＝光电信号		56	LDF	X005		
24	MPP				X005	＝右限位		
25	ANDF	X006		58	RST	M1		
	X006	＝光电开关		59	END			

图 8-39 语句表程序

8.4.2　变频器应用

变频器是把工频电源(50 Hz 或 60 Hz)变换成各种频率的交流电源,以实现电机的变速运行的设备,其中控制电路完成对主电路的控制,整流电路将交流电变换成直流电,直流中间电路对整流电路的输出进行平滑滤波,逆变电路将直流电再逆成交流电。对于如矢量控制变频器这种需要大量运算的变频器来说,有时还需要一个进行转矩计算的 CPU 以及一些相应的电路。变频调速是通过改变电机定子绕组供电的频率来达到调速的目的。

变频技术是应交流电机无级调速的需要而诞生的。20 世纪 60 年代以后,电力电子器件经历了 SCR(晶闸管)、GTO(门极可关断晶闸管)、BJT(双极型功率晶体管)、MOSFET(金属氧化物场效应管)、SIT(静电感应晶体管)、SITH(静电感应晶闸管)、MGT(MOS 控制晶体管)、MCT(MOS 控制晶闸管)、IGBT(绝缘栅双极型晶体管)、HVIGBT(耐高压绝缘栅双极型晶闸管)的发展过程,器件的更新促进了电力电子变换技术的不断发展。20 世纪 70 年代开始,脉宽调制变压变频(PWM - VVVF)调速研究引起了人们的高度重视。20 世纪 80 年代,作为变频技术核心的 PWM 模式优化问题吸引着人们的浓厚兴趣,并得出诸多优化模式,其中以鞍形波 PWM 模式效果最佳。20 世纪 80 年代后半期开始,美、日、德、英等发达国家的 VVVF 变频器已投入市场并获得了广泛应用。

变频器的分类方法有多种,按照主电路工作方式分类,可以分为电压型变频器和电流型变频器;按照开关方式分类,可以分为 PAM 控制变频器、PWM 控制变频器和高载频 PWM 控制变频器;按照工作原理分类,可以分为 V/f 控制变频器、转差频率控制变频器和矢量控制变频器等;按照用途分类,可以分为通用变频器、高性能专用变频器、高频变频器、单相变频器和三相变频器等。在数控机床主轴交流电动机驱动中,广泛使用通用变频器进行驱动。所谓"通用",包含两方面的含义:一是可以和通用的异步电动机配套使用;二是具有多种可供选择的功能,可适应各种不同性质的负载。

通用变频器控制正弦波的产生是以恒电压频率比(U/f)保持磁通不变为基础的,再经 SPWM 调制驱动主电路,以产生 U、V、W 三相交流电驱动三相交流异步电动机。

通用变频器的工作参数最少几十个,复杂的达几百个,参数一旦设置错误,往往造成变频器不能正常工作甚至发生故障。另一方面,尽管各种变频器的参数千差万别,但有些参数是基本的,对于一般的应用,往往只需调整这些参数。

1. 变频器的工作原理

三相异步电动机的转速公式为

$$n = (1 - s)\frac{60f}{p} \tag{8-1}$$

式中:f 为定子供电频率(Hz);p 为磁极对数;s 为转差率;n 为电动机转速(r/min)。

由式(8-1)可知,在电动机磁极对数不变的情况下,转速与频率成正比,只要改变频率即可改变电动机的转速。当频率在 0~50 Hz 的范围内变化时,电动机转速调节范围非常宽。变频器通过改变电动机电源频率实现速度调节,是一种高效率、高性能的调速手段。

变频器的两个主要变换单元是整流器和逆变器,基本工作原理是将电网电压由输入端(R、S、T)输入到变频器,经整流器整流成直流电压,然后通过逆变器将直流电压变换为交流电压。变换后的交流电压频率和电压大小受到控制,由输出端(U、V、W)输出到交流电动机。

2. 变频器的安装

FR-E700 系列变频器是 FR-E500 系列变频器的升级产品,是一种小型、高性能的变频器,其外形和型号定义如图 8-40 所示。

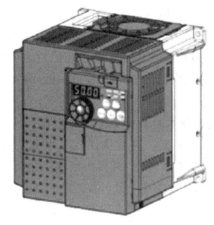

（a）FR-E700 系列变频器外形

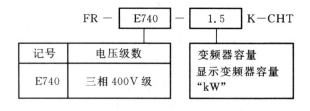

（b）变频器型号定义

图 8-40　FR-E700 系列变频器

三菱 FR-E740-0.75K-CHT 型变频器属于三菱 FR-E700 系列变频器中的一员,该变频器额定电压等级为三相 400 V,适用于功率在 0.75 kW 及以下的电动机。FR-E740 型变频器主电路的接线如图 8-41 所示。

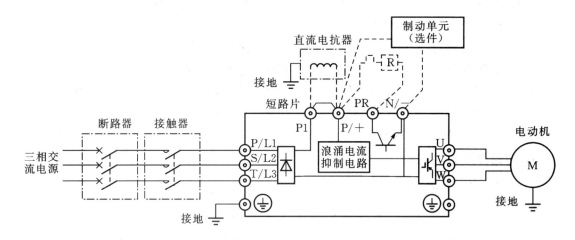

图 8-41　FR-E740 型变频器主电路接线

说明如下:

（1）端子 P1、P/+ 之间用以连接直流电抗器,不需连接时,两端子短路。

（2）P/+ 与 PR 之间连接制动电阻器。

（3）P/+ 与 N/- 之间连接制动单元选件。

（4）交流接触器用作变频器的安全保护，注意不要通过此交流接触器来启动或停止变频器，否则可能降低变频器寿命。

（5）进行主电路接线时，应确保输入、输出端不能接错，即电源线必须连接至 R/L1、S/L2、T/L3，绝对不能接 U、V、W 端，否则会损坏变频器。

三菱 FR－E740 变频器控制电路的接线如图 8－42 所示。

控制电路端子分为控制输入、频率设定（模拟量输入）、继电器输出（异常输出）、集电极开路输出（状态检测）和模拟电压输出等五部分区域，各端子的功能可通过调整相关参数的值进行变更，在出厂初始值的情况下，各控制端子的功能说明见表 8.15、表 8.16 和表 8.17。

表 8.15　控制电路输入端子的功能说明

种类	端子记号	端子名称	端子功能说明	
接点输入	STF	正转启动	信号为 ON 时正转、OFF 时停止	STF、STR 信号同时为 ON 时停止
	STR	反转启动	信号为 ON 时反转、OFF 时停止	
	RH RM RL	多段速度选择	用 RH、RM、RL 信号组合可以选择多段速度	
	MRS	输出停止	信号为 ON(20 ms 或以上)时，变频器输出停止；用电磁制动器停止电动机时用于断开变频器的输出	
	RES	复位	用于解除保护电路动作时的报警输出，RES 信号处于 ON 状态 0.1 s 或以上，然后断开 初始设定为始终可进行复位，但进行了 Pr.75 设定后，仅在变频器故障报警发生时可进行复位，复位时间约为 1 s	
	SD	接点输入公共端（漏型）（初始设定）	接点输入端子（漏型逻辑）的公共端子	
		外部晶体管公共端（源型）	源型逻辑时，当连接晶体管输出（即集电极开路输出），例如 PLC 时，将晶体管输出用的外部电源公共端接到该端子，可以防止因漏电引起的误操作	
		DC24V 电源公共端	DC24V 0.1A 电源（端子 PC）的公共输出端子与端子 5 及端子 SE 绝缘	
	PC	外部晶体管公共端（漏型）（初始设定）	漏型逻辑时，当连接晶体管输出（即集电极开路输出），例如 PLC 时，将晶体管输出用的外部电源公共端接到该端子，可以防止因漏电引起的误操作	
		接点输入公共端（源型）	接点输入端子（源型逻辑）的公共端子	
		DC24V 电源	可作为 DC24V 0.1A 电源使用	

种类	端子记号	端子名称	端子功能说明
频率设定	10	频率设定用电源	作为外部频率设定(速度设定)用电位器时的电源使用
	2	频率设定(电压)	如果输入 DC0~5 V(或 0~10 V),在 5 V(10 V)时为最大输出频率,输入、输出成正比。通过 Pr.73 可进行 DC0~5 V(初始设定)和 DC0~10 V 输入的切换操作
	4	频率设定(电流)	如果输入 DC4~20 mA(或 0~5 V、0~10 V),在 20 mA 时为最大输出频率,输入、输出成正比。只有 AU 信号为 ON 时端子 4 的输入信号才会有效(端子 2 的输入将无效)。通过 Pr.267 进行 4~20 mA(初始设定)和 DC0~5 V、0~10 V 输入间的切换操作。电压输入(0~5 V、0~10 V)时,请将电压/电流输入切换开关切换至"V"
	5	频率设定公共端	频率设定信号(端子 2 或 4)及端子 AM 的公共端子,请勿接大地

表 8.16 控制电路接点输出端子的功能说明

种类	端子记号	端子名称	端子功能说明
继电器	A、B、C	继电器输出(异常输出)	指示变频器因保护功能动作时输出停止。异常时,B-C 间不导通(A-C 间导通);正常时,B-C间导通(A-C 间不导通)
集电极开路	RUN	变频器正在运行	变频器输出频率大于或等于启动频率(初始值 0.5 Hz)时为低电平,已停止或正在直流制动时为高电平
	FU	频率检测	输出频率大于或等于任意设定的检测频率时为低电平,未达到时为高电平
	SE	集电极开路输出公共端	端子 RUN、FU 的公共端
模拟	AM	模拟电压输出	可以从多种监视项目中选一种作为输出,变频器复位中不输出;输出信号与监视项目的大小成比例 初始设定输出项目为频率

表 8.17　控制电路网络接口的功能说明

种类	端子记号	端子名称	端子功能说明
RS-485	—	PU 接口	可进行 RS-485 通信
USB	—	USB 接口	与计算机通过 USB 连接后,可以实现 FR Configurator 的操作

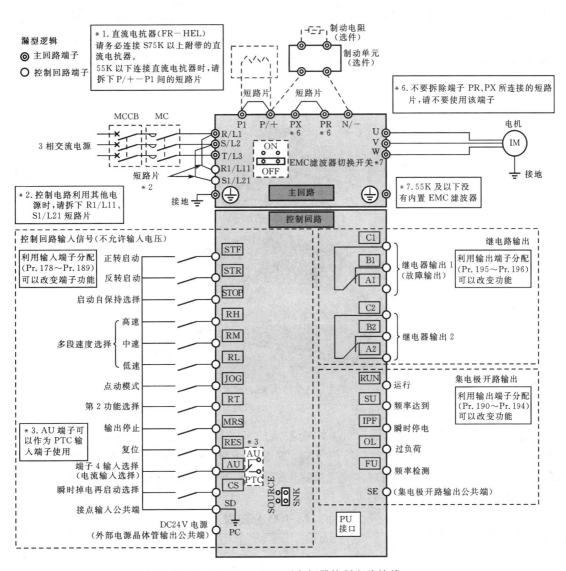

图 8-42　FR-E740 型变频器控制电路接线

[**实例 5**]　应用变频器与 PLC 实现传送带多段速运行。

(1) 任务描述。

对变频器预设多种运行速度,同时输入端子进行转换,可使变频器输出不同的频率值,从而使电动机以多种速度运行。在本任务中,通过应用变频器控制传送带运行的实例掌握变频器原理、结构和使用方法。所用工具及器材明细如表 8.18 所示。

表 8.18   工具及器材明细表

序号	类别	名　称	规格型号	数量
1	工具	电工常用工具		1 套
2		指针式万用表	500 或 MF - 47	1 台
3	器材	三菱 PLC	FX₂ₙ - 48MR	1 台
4		三菱变频器	FR - E740	1 台
5		传送带		1 套
6		多股导线		若干

实际生产中的传送带示意图如图 8 - 43。

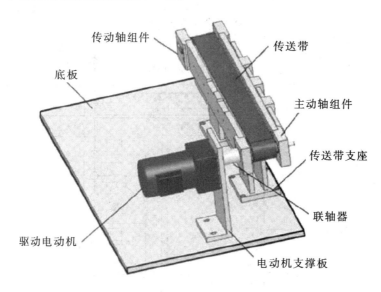

图 8 - 43　传送带示意图

（2）I/O 分配表与 PLC 接线图。

电动机控制传送带七段速运行可采用变频器的多段运行来控制，通过 PLC 的输出端子提供开关信号控制变频器的多段运行信号端，即 RL、RM、RH、STR、STF 与 SD 端的通和断。其中：RL、RM、RH 为控制多速段选择；STR、STF 控制电动机的正反转。根据系统的控制要求，PLC 的 I/O 分配表如表 8.19 所示。

表 8.19   I/O 分配表

输　入　单　元		输　出　单　元	
名　称	端子号	名　称	端子号
停止按钮	X000	正转运行信号 STF	Y000
正转启动	X001	反转运行信号 STR	Y001
反转启动	X002	高速 RH	Y002
		中速 RM	Y003
		低速 RL	Y004

PLC 接线图如图 8 - 44 所示。

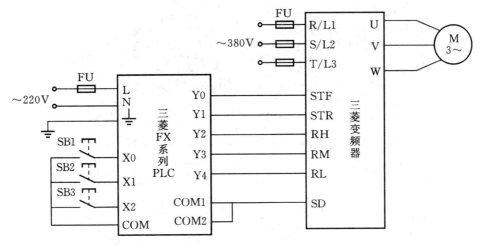

图 8 - 44　PLC 接线图

（3）设定变频器参数。

根据控制要求，在 PU 操作模式下设定变频器的基本参数、操作模式选择参数和多段速度设定等，相应参数设定表见表 8.20。

表 8.20　参 数 设 定 表

参 数 名 称	参数号	设 定 值	参 数 名 称	参数号	设 定 值
操作模式	Pr.79	3	第 1 速度设定(高速)	Pr.4	50 Hz
上限频率	Pr.1	50 Hz	第 2 速度设定(中速)	Pr.5	30 Hz
下限频率	Pr.2	0 Hz	第 3 速度设定(低速)	Pr.6	10 Hz
基底频率	Pr.3	50 Hz	第 4 速度设定	Pr.24	15 Hz
加速时间	Pr.7	2.5s	第 5 速度设定	Pr.25	40 Hz
减速时间	Pr.8	2.5s	第 6 速度设定	Pr.26	25 Hz
电子过电流保护	Pr.9	电动机额定电流	第 7 速度设定	Pr.27	8 Hz

通过参数设置可预先设定多种运行速度，变频器在实际运行中由外部输入端子进行切换。七段速度对应参数号与端子如表 8.21 及图 8 - 45 所示。

表 8.21　七段速度对应参数号与端子表

七段速度	1 速	2 速	3 速	4 速	5 速	6 速	7 速
输入端子	RH	RM	RL	RM、RL	RH、RL	RH、RM	RH、RM、RL
参数号	Pr.4	Pr.5	Pr.6	Pr.24	Pr.25	Pr.26	Pr.27

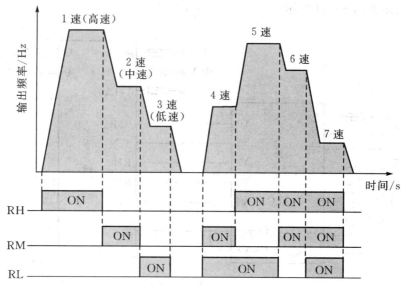

图 8 - 45　七段速度对应端子示意图

（4）程序编制与分析。

根据控制系统要求，设计出控制系统的状态流程图如图 8 - 46 所示；转换成梯形图如图 8 - 47 所示。

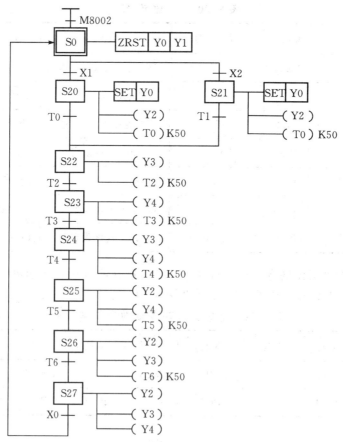

图 8 - 46　步进顺控状态图

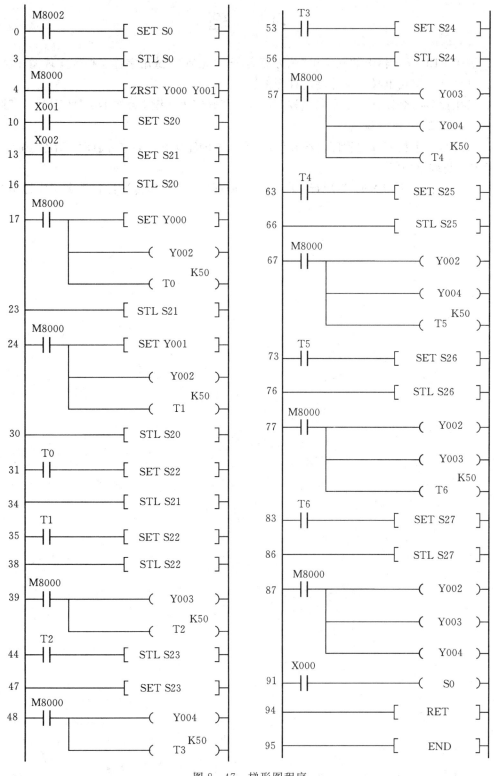

图 8-47　梯形图程序

习 题

1. 酒店 LED 显示器上的八个字"东方酒店 欢迎光临",试用字移位指令实现循环显示。

2. 试设计三层楼电梯控制程序的梯形图。

3. 试用比较指令设计一个密码锁控制电路。密码锁为四键,若按 H65 对后 2 s,开照明;若按 H87 对后 3 s,开空调。

4. 试编写一个数字钟的程序。要求有时、分、秒的输出显示,应有启动、清除功能,并进一步考虑时间调整功能。

5. 三电机相隔 5 s 启动,各运行 10 s 停止,循环往复。试用传送比较指令完成控制要求。

第 9 章　综 合 应 用

9.1　引例：智能生产线中的工业机器人控制

图 9 - 1(a)所示为智能化加工装配生产线，包括一个立体化仓库、两个夹持工业机器人、两个装配工业机器人、两台数控铣床和车床、若干控制台。该生产线首先利用 PLC 控制 XY 坐标位置的伺服货叉，将立体仓库中指定装有两个待车铣和装配的毛坯托盘从立体仓库的出库传送平台运出，进入数控车床工作站，该站的工业机器人从传送链流经的托盘上取出待车削工件毛坯，送入数控车床加工，加工完毕后，工业机器人将成品送入该工作站的清洗单元吹气清理，接着送入检测单元检测，再放回到流水线的托盘里；托盘沿着传送带继续流动，

（a）智能化生产线

（b）生产线上物料自动寻迹抓取图

图 9 - 1　智能化生产线及工业机器人寻迹

到达加工中心工作站，工业机器人从托盘取出铣削毛坯，放入加工中心，加工中心自动加工完毕后，工业机器人将其取出，经过该工作站的清洗单元吹气清理，送入图像检测单元检测，然后取回放入托盘；托盘继续往前流动（如需要进一步车加工，则通过内环回流），经过转角机构、倍速链和滚筒链的运送，抵达装配冲压工作站，该站工业机器人抓取合格的铣削零件作为底座（不合格的零件通过 RFID 判断，由机器人送入旁边的废件框），并抓取供盖单元里的盖子和供销单元里的销子进行装配，到冲压单元压紧，并进行图像检测后放回托盘；随着滚筒链运动的托盘到达贴标工作站，合格件进行条形码打标，不合格的送入附近的废品支线；最后通过出库平台，将装配好的部件放入立体仓库成品库。每个工作站配置一个含有触摸屏的 PLC 控制平台，各工作站之间通过 RS-485 总线进行连接，实现机器、工业机器人、传动及传感测量器件之间的通信控制。

综合上述流程可见，工业机器人在整个生产线的物流控制中承担不可替代的作用。该生产线上，从流水线上抓取物料是其中一个基本动作，随着无人化工厂的提出，对机器设备的智能化要求越来越高，对于不对称的物料，需要先准确判定物料在流水线的姿态，再根据流水线的速度来设定抓取的速度。图 9-1(b)所示是自动寻迹抓取生产线上物料在工程的实际运用。

如何利用 PLC 控制工业机器人抓取生产线上的物料，一般可采用两种方案。一种方案是通过 PLC 与工业机器人通信方式，实现 PLC 对工业机器人控制；另一种方案是通过工业机器人自带的 I/O 与 PLC 的 I/O 握手信号，实现对工业机器人的控制。本引例拟采用后一种简单方案实现对工业机器人的编程控制。

引例中系统设计是机电设计中较难掌握的知识点，本章先从 PLC 系统设计的角度学习系统设计的一般规律，再初步了解系统中常用工业机器人的基本知识。

9.2 知识点链接

9.2.1 PLC 控制系统设计的内容和步骤

PLC 控制系统的设计包括硬件设计和软件设计两部分。

1. PLC 控制系统的类型

以 PLC 为主控制器的控制系统主要有以下五种控制类型。

（1）由 PLC 构成的单机控制系统。一台 PLC 控制一台设备或一条简易生产线。

（2）由 PLC 构成的集中控制系统。一台 PLC 控制多台设备或几条简易生产线。

（3）远程 I/O 控制系统。这种控制系统是集中控制系统的特殊情况，也是由一台 PLC 控制多个被控对象，但是却有部分 I/O 系统远离 PLC 主机。

（4）由 PLC 构成的分布式控制系统。这种系统有多个被控对象，每个被控对象由一台具有通信功能的 PLC 控制，由上位机通过数据总线与多台 PLC 进行通信，各个 PLC 之间也有数据交换。

（5）网络控制系统。基于标准工业以太网方式进行组网，系统一般分为三个层次：第一层为由工控机组成的上位机监控站；第二层为由集线器、双绞线和收发器等组成的工业以太网；第三层为控制站。选择 TCP/IP 作为通信协议，并采用 C/S 模式使控制站和监控站实现面向连接的通信。采用此种方式组网，最大的优点在于可以使用现有的工厂局域网，提高综合利用率，且速度快。以太网通信速率可达 100Mb/s；若采用光纤传输，则抗干扰能力大大增强，且传输距离可达数十公里。但是以太网无法和 PLC 等串口设备进行直接通信，需配以相关设备实现通信，使用上增加了成本，在一般小中型控制系统中并不多见。

2. PLC 控制系统设计的一般原则

PLC 控制系统设计的总体原则是根据控制任务，在最大限度地满足生产机械或生产工艺对电气控制要求的前提下，力求运行稳定，安全可靠，经济实用，操作简单，维护方便。

（1）充分发挥 PLC 的控制功能，最大限度地满足被控制的生产机械或生产过程的控制要求。

（2）在满足控制要求的前提下，应力求使系统简单经济、操作维修方便。

（3）保证控制系统工作安全可靠。

（4）应考虑生产的发展和工艺的改进，在选择 PLC 的型号、I/O 点数和存储器容量时，应留有适当的余量，以利于系统的调整和扩充。

（5）软件设计主要是指编写程序，要求程序结构清楚，可读性强，程序简短，占用内存少，扫描周期短。

3. PLC 控制系统设计的内容和步骤

（1）分析被控对象的控制要求，确定控制任务。被控对象就是受控的机械、电气设备、生产线或生产过程。控制要求主要指控制的基本方式、应完成的动作、自动工作循环的组成、必要的保护和联锁等。对较复杂的控制系统，还可将控制任务分成几个独立部分，化繁为简，以利于编程和调试。

（2）选择和确定 I/O 设备。根据被控对象对 PLC 控制系统的功能要求，确定系统所需的用户 I/O 设备。常用的输入设备有按钮、选择开关、行程开关、传感器等，常用的输出设备有继电器、接触器、指示灯、电磁阀、电机驱动器等。

（3）选择合适的 PLC 类型。根据已确定的用户 I/O 设备，统计所需的输入信号和输出信号的点数，选择合适的 PLC 类型，包括机型的选择、容量的选择、I/O 模块的选择、电源模块的选择等。

（4）分配 I/O 点。分配 PLC 的 I/O 点，编制出 I/O 分配表或者画出 I/O 的接线图，也可同时进行控制柜或操作台的设计及现场施工。

（5）系统的软件设计。梯形图或顺控功能图是整个控制系统设计的核心工作，也是比较困难的一步。当使用编程软件在计算机上编程时，可直接录入梯形图，然后通过编程电缆将程序下载到 PLC 中去。

（6）软件测试。程序输入 PLC 后，应先进行测试工作，以排除程序中的错误，同时也为整体调试打好基础，缩短整体调试的周期。调试中，可采用分段调试的方法，并利用编程软件的监控功能，直到满足控制要求为止。

（7）联机调试。在 PLC 软硬件设计和控制柜及现场施工完成后，就可以进行整个系统的联机调试，如果控制系统是由几个部分组成，则应先作局部调试，然后再进行整体调试。调试中发现的问题，要逐一排除，直至调试成功。

（8）编制技术文件。系统技术文件包括说明书、电气原理图、电器布置图、电气元件明细表、PLC 梯形图等。

PLC 控制系统设计的主要内容和步骤如图 9-2 所示。

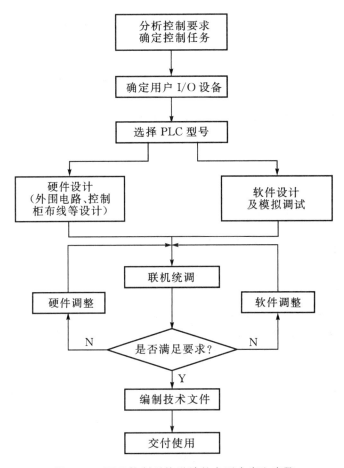

图 9-2　PLC 控制系统设计的主要内容和步骤

9.2.2　PLC 控制系统的硬件设计

PLC 控制系统的硬件设计主要是 PLC 的机型、容量、I/O 模块、电源模块、特殊功能模块等的选择。PLC 外围电路中低压电器的选择已在第 1 章进行了讨论，在此不再赘述。

随着 PLC 技术的发展，PLC 产品的种类也越来越多，不同型号的 PLC，其结构形式、性能、容量、指令系统、编程方式、价格等也各有不同，适用的场合也各有侧重。合理选用 PLC，对于提高 PLC 控制系统的技术经济指标有着重要意义。

1. PLC 机型的选择

PLC 机型选择的基本原则是在满足功能要求及保证可靠、维护方便的前提下，力争最佳的性价比。

（1）合理的结构形式。PLC 主要有整体式和模块式两种结构形式。

整体式 PLC 的每一个 I/O 点的平均价格比模块式的便宜，且体积相对较小，一般用于系统工艺过程较为固定的小型控制系统中；而模块式 PLC 的功能扩展灵活方便，在 I/O 点数、I/O 点数的比例、I/O 模块的种类等方面选择余地大，且维修方便，一般用于大规模过程控制、分布式控制及整个工厂的自动化。

（2）安装方式的选择。PLC 系统的安装方式分为集中式、远程 I/O 式以及多台 PLC 联网的分布式。

集中式不需要设置驱动远程 I/O 的硬件，系统反应快、成本低；远程 I/O 式适用于大型系统，系统的装置分布范围很广，远程 I/O 可以分散安装在现场装置附近，连线短，但需要增设驱动器和远程 I/O 电源；多台 PLC 联网的分布式适用于多台设备分别独立控制，又要相互联系的场合，可以选用小型 PLC，但必须要附加通信模块。

（3）相应的功能要求。小型(低档)PLC 具有逻辑运算、定时、计数等功能，对于只需要开关量控制的设备都可满足。对于以开关量控制为主，带少量模拟量控制的系统，可选用能带 A/D 和 D/A 转换的单元，具有加减算术运算、数据传送功能的增强型低档 PLC。对于控制较复杂，要求实现 PID 运算、闭环控制、通信联网等功能，可视控制规模大小及复杂程度，选用中档或高档 PLC。但是中、高档 PLC 价格较贵，一般用于大规模过程控制和集散控制系统等场合。

（4）响应速度要求。PLC 是为工业自动化设计的通用控制器，因扫描工作方式引起的延迟可达 2～3 个扫描周期。不同档次 PLC 的响应速度一般都能满足其应用范围内的需要。当某些场合有特殊的速度要求时，则应该慎重考虑 PLC 的响应速度，为减少 I/O 响应的延迟时间，可选用扫描速度高的 PLC，或具有高速 I/O 处理功能的 PLC，或选用具有快速响应模块和中断输入模块的 PLC 等。

（5）系统可靠性的要求。对于一般控制系统，PLC 的可靠性均能满足。对于可靠性要求很高的系统，应考虑是否采用冗余系统或热备用系统。

（6）机型统一。一个企业，应尽量做到 PLC 的机型统一。主要考虑到以下三个方面：

① 机型统一，其模块可互为备用，便于备品备件的采购和管理。

② 机型统一，其功能和使用方法类似，有利于技术力量的培训和技术水平的提高。

③ 机型统一，其外部设备通用，资源可共享，易于联网通信，配上位计算机后易于形成一个多级分布式控制系统。

2. PLC 的容量选择

PLC 的容量包括 I/O 点数和用户存储容量两个方面。

1）I/O 点数的估算

应该合理选用 PLC 的 I/O 点的数量，在满足控制要求的前提下，力争使用的 I/O 点最少，但必须留有 10％～15％的备用量。

输入点数的统计。系统设计中所需输入点数，最简单的方法就是以输入到 PLC 的信号个数作为 PLC 的输入点数，然而实际应用中必须考虑成本，尽可能减少输入点数。

输出点数的统计。一般情况下，PLC 控制几个负载(不同时通断)，就需几个输出点。PLC 的输出点具有一定的带负载能力，在容量允许的情况下，可直接驱动负载。若负载需多个触点驱动或输出点驱动容量不够，通常由 PLC 输出点驱动接触器线圈或其他执行元件(如中间继电器等)，由接触器或其他执行元件再去驱动负载。典型设备及常用电气元件所需的开关量 I/O 点数见表 9.1。

表 9.1 典型设备及常用电气元件所需的开关量 I/O 点数

序号	电器设备/元件	输入点数	输出点数	总点数
1	星-三角启动的笼型异步电动机	4	3	7
2	单向运行的笼型异步电动机	4	1	5
3	可逆运行的笼型异步电动机	5	2	7
4	单向变极电动机	5	3	8
5	可逆变极电动机	6	4	10
6	单向运行的直流电动机	9	6	15
7	可逆运行的直流电动机	12	8	20
8	单向运行的绕线异步电动机	3	4	7
9	可逆运行的绕线异步电动机	4	5	9
10	单线圈电磁阀	2	1	3
11	双线圈电磁阀	3	2	5
12	比例阀	3	5	8
13	按钮	1	—	1
14	光电开关	2	—	2
15	信号灯	—	1	1
16	三挡波段开关	3	—	3
17	拨码开关	4	—	4
18	行程开关	1	—	1
19	接近开关	1	—	1
20	制动器	—	1	1
21	风机	—	1	
22	位置开关	2	—	2

2）存储容量的选择

用户程序所需的存储容量大小不仅与 PLC 系统的功能有关，而且还与功能实现的方法、程序编写水平有关。一个有经验的程序员和一个初学者，在完成同一复杂功能时，其程序量可能相差 25% 之多，所以对于初学者应该在存储容量估算时多留余量。

PLC 的 I/O 模块的多少，在很大程度上反映了 PLC 的功能要求，因此可在 PLC 的 I/O 点数确定的基础上，按下式估算存储器容量后，再增加 20%～30% 的容量。

$$存储器容量（字节数）＝开关量 I/O 点数×10＋模拟量 I/O 通道数×100$$

另外，在存储器容量选择的同时，注意对存储器类型的选择。

3. I/O 模块的选择

PLC 的 I/O 模块有开关量 I/O 模块、模拟量 I/O 模块及各种特殊功能模块等。系统设计中应当根据实际需要加以选择。

1）开关量输入模块的选择

开关量输入模块是用来接收现场输入设备的开关信号，将信号转换为 PLC 内部接收的低电压信号，并实现 PLC 内外信号的电气隔离。选择时主要应考虑以下几个方面：

（1）输入模块的类型。

开关量输入模块有直流输入、交流输入和交/直流输入三种类型。选择时主要考虑现场输入信号和周围环境因素等。直流输入模块的延迟时间较短，可以直接与接近开关、光电开关等电子输入设备连接；交流输入模块可靠性好，适合于有油雾、粉尘的恶劣环境下使用。

开关量输入模块的输入信号的电压等级有直流 5 V、12 V、24 V、48 V、60 V 等，交流 110 V、220 V 等，选择时主要根据现场输入设备与输入模块之间的距离来考虑。一般 5 V、12 V、24 V 用于传输距离较近场合，如 5 V 输入模块最远不得超过 10 m。距离较远的应选用输入电压等级较高的模块。

（2）输入接线方式的选择。

连接时应注意：

① 输入回路是否需要外接电源。

② 要接什么类型电源（交流/直流）。

③ 电源的幅值多少，频率多少，极性要求如何。根据经验，一般在选型时可选择无电压汇点式，这种输入电路使用时较为方便。

开关量输入信号主要有汇点式输入和独立式输入两种接线方式，如图 9 - 3 和图 9 - 4 所示。

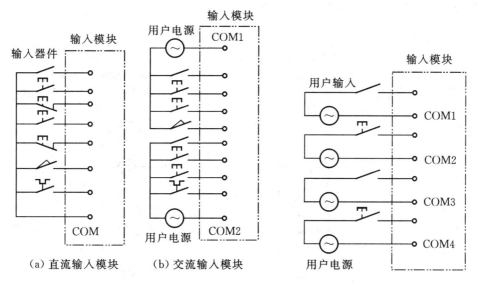

图 9 - 3　汇点式输入接线示意图　　　　图 9 - 4　独立式输入接线示意图

汇点式输入可用于直流或交流输入模块，各输入元件共用一个公共端（汇集端）COM，可以是全部输入点为一组，共用一个公共端和一个电源，如图 9 - 3（a）所示；也可将全部输入点分为若干组，每组有一个公共端和一个电源，如图 9 - 3（b）所示。

独立式输入如图 9 - 4 所示。每一个输入元件有两个接线端（图中 COM 端在 PLC 中是彼此独立的），由用户提供的一个独立电源供电，控制信号通过用户输入设备的触点输入。

如果选用高密度的输入模块(如 32 点、48 点等),应考虑该模块同时接通的点数一般不要超过输入点数的 60%。

2)开关量输出模块的选择

开关量输出模块是将 PLC 内部低电压信号转换成驱动外部输出设备的开关信号,并实现 PLC 内外信号的电气隔离。选择时主要应考虑以下几个方面:

(1)输出方式。开关量输出模块有继电器输出、晶闸管输出和晶体管输出三种方式。

继电器输出的价格较便宜,既可以用于驱动交流负载,又可用于直流负载,适用的电压范围较宽、导通压降小,且承受瞬时过电压和过电流的能力较强,属于有触点元件。其动作速度较慢(驱动感性负载时,触点动作频率不得超过 1 Hz),寿命较短,可靠性较差,只能适用于不频繁通断的场合。

对于频繁通断的负载,应该选用晶闸管输出或晶体管输出,它们属于无触点元件。但晶闸管输出只能用于交流负载,而晶体管输出只能用于直流负载。

(2)输出接线方式。连接输出时应注意:

① 负载电源类型(交/直流任意或指定其中一种)。

② 负载电源的幅值和极性要求。

③ 负载容量和性质。PLC 输出端对电源有具体要求时,必须按照要求选用。

开关量输出接口电路根据有无公共点,可分为独立输出和汇点输出两种类型。

汇点输出如图 9-5 所示。图 9-5(a)所示将全部输出点汇集成一组,共用一个公共端 COM 和一个电源;图 9-5(b)所示将输出点分成若干组,每组一个公共端 COM 和一个独立电源。两种形式的电源均由用户提供,可用直流或交流。

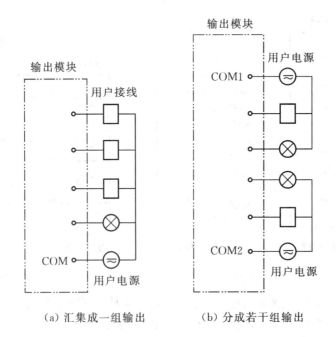

(a)汇集成一组输出　　　　　(b)分成若干组输出

图 9-5　汇点输出接线示意图

独立输出接线示意图如图 9-6。每个输出点构成一个独立回路，由用户单独提供一个电源，各个输出点间相互隔离，负载电源按实际情况可用直流或交流。选择输出模块时，还应考虑能同时接通的输出点数量。一般来说，同时接通的点数不要超出同一公共端输出点数的 60%。

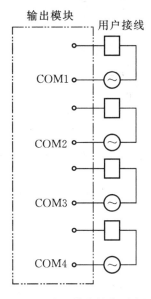

图 9-6 独立输出接线示意图

FX$_{2N}$ 系列中，FX$_{2N}$-16M 型全部为独立输出，其他机型输出均为每 4~8 点共用一个公共端。

3）模拟量 I/O 模块的选择

模拟量 I/O 模块的主要功能是数据转换，并与 PLC 内部总线相连，同时也有电气隔离功能。模拟量输入（A/D）模块是将现场由传感器检测而产生的连续的模拟量信号转换成 PLC 内部可接收的数字量；模拟量输出（D/A）模块是将 PLC 内部的数字量转换为模拟量信号输出。

典型模拟量 I/O 模块的信号范围为 -10~$+10$ V、0~$+10$ V、$+4$~$+20$ mA 等，可根据实际需要选用，同时还应考虑其分辨率和转换精度等因素。

一些 PLC 制造厂家还提供特殊模拟量输入模块，可用来直接接收低电平信号（如 RTD、热电偶等信号），如三菱公司生产的 4 路热电偶输入模块 FX$_{2N}$-4AD-TC。

4）特殊功能模块的选择

目前，PLC 制造厂家相继推出了一些具有特殊功能的 I/O 模块，有的还推出了自带 CPU 的智能型 I/O 模块，如高速计数器、凸轮模拟器、位置控制模块、PID 控制模块、通信模块等。

4. 电源模块的选择

电源模块的选择仅针对模块式 PLC，对于整体式 PLC 不存在电源的选择。电源模块的选择主要考虑电源输入电压和电源输出额定电流。电源模块的输出额定电流必须大于 CPU 模块、I/O 模块和其他特殊模块等消耗电流的总和，同时还应考虑今后 I/O 模块的扩展等因素；电源输入电压一般根据现场的实际需要而定。

9.2.3　PLC 控制系统的软件设计

PLC 控制系统的软件设计是以系统要实现的工艺要求、硬件组成和操作方式等条件为依据来进行的。软件设计主要是程序设计，包括编写程序、模拟运行及调试程序等。程序设计有多种方法，常用的是经验设计法和电气控制图纸转换法。

1. 经验设计法

经验设计法是根据被控对象对控制系统的要求，利用经验直接设计出梯形图，再进行必要的化简和校验，并在调试过程中进行必要的修改。这种设计方法较灵活，设计出的梯形图一般不是唯一的。程序设计的经验不能一朝一夕获得，但熟悉典型的基本控制程序是设计较复杂系统的控制程序的基础。经验设计法主要基于以下几点。

(1) PLC 的编程。从梯形图来看，其根本点是找出符合控制要求的系统各个输出的工作条件，这些条件又总是用机内各种器件的逻辑关系组合实现的。

(2) 梯形图的基本模式为"启—保—停"电路。每个"启—保—停"电路一般只针对一个输出，这个输出可以是系统的实际输出，也可以是中间变量。

(3) 梯形图编程中有一些约定俗成的基本环节，它们都有一定的功能，可以在许多地方借用。

2. 电气控制图转换法

如果控制系统是改造原有成熟的继电器-接触器控制系统，则可将原有的电气控制电路图转化为梯形图，生成控制程序。一般来讲，中间继电器 K 转换为梯形图中的 M，输出控制线圈 KM 转换为梯形图中的 Y，按钮输入转换为梯形图中的输入 X，时间继电器转换为梯形图中的 T 等。

3. 程序设计步骤

(1) 程序设计前对系统的理解和技术准备工作。

① 了解系统概况，对系统有整体概念。

② 熟悉被控制对象。

③ 硬件电路的详细分析。

④ 编程工具的应用。

(2) 程序框图设计。根据总体要求和控制系统具体情况，确定用户程序的基本结构，绘制结构框图；同时结合工艺要求，绘制出各个功能单元的详细功能框图。

(3) 编写程序。编写程序就是根据程序框图逐条地用程序去实现相应的功能，是程序设计的核心内容。梯形图语言是最普遍使用的编程语言，其特点是直观、易懂。在编程时可借助典型电路及梯形图例子，避免重复低水平的设计工作；同时编程时随时书写程序注释，以便阅读和调试。

(4) 模拟仿真和现场测试。程序的许多功能是在测试中修改和完善的。首先是利用仿真软件检测和测试程序，然后把程序写入 PLC 进行现场测试，测试时要先把现场的高电压、大电流与 PLC 隔离开来，当一切正常后再分段接通实际电路。

(5) 编写程序说明书。程序说明书是对程序的综合说明，是整个程序设计工作的总结，是使用者操作和调试系统的依据，也是系统设计的重要组成部分，因此程序说明书必须符合操作要求、工艺流程和控制要求。程序设计流程如图 9-7 所示。

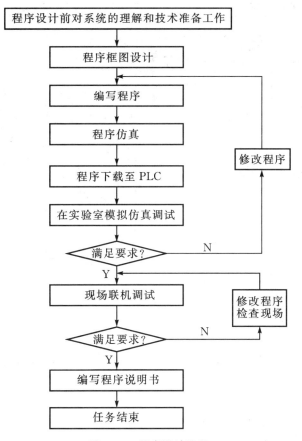

图 9-7 程序设计流程

[**实例 1**] C650 卧式车床电气控制系统 PLC 改造。

C650 卧式车床属于中型车床，在机械加工中应用广泛。由于传统的继电器控制系统中使用大量的中间继电器、时间继电器，控制触点多，因此电气控制系统存在故障率高、可靠性差、接线复杂、不便于检修等缺点。为了提高机床控制系统的可靠性，降低故障率，提高机床加工效益，很多企业会对传统机床控制系统进行 PLC 改造。PLC 改造是使用 PLC 系统代替原有的继电器控制系统，机床的操作方式、加工工艺并不发生改变，只是提高系统的可靠性。

图 9-8 所示是 C650 卧式车床电气控制原理图。

机床电力拖动形式及控制要求如下：

① 主电机功率为 30 kW。主电机由接触器控制实现正反转，其调速通过主轴变速机构的操作手柄来实现，主电机采用了反接制动。

② 刀架的进给运动由主轴电动机带动，用进给箱调节加工时的纵向和横向进给量。

③ 快移电动机功率为 2.2 kW，并采用点动控制。

④ 单向旋转的三相异步电动机拖动冷却泵，供给刀具切削时使用的冷却液。

通过分析 C650 卧式车床电气控制线路，可知：

① 主轴的正反转不是通过机械方式来实现，而是通过电气方式，从而简化了机械结构。

② 主电动机的制动采用了电气反接制动形式，并用速度继电器进行控制。

③ 控制回路由于电器元件很多，故通过控制变压器 TC 同三相电网进行电隔离，以提高

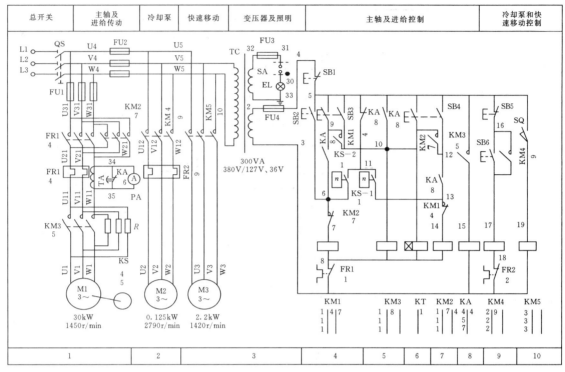

图 9 - 8　C650 卧式车床电气控制原理图

操作和维修时的安全性。

④ 采用时间继电器 KT 对电流表 PA 进行保护。

⑤ 中间继电器 KA 起着扩展接触器 KM3 触点的作用。

改造后，原有操作方式及加工工艺不变，主轴电机采用变频调速，同时为了便于工人操作，增加了触摸屏控制。

（1）改造方案的确定。

① 原车床的工艺加工方法不变。

② 在保留主电路原有元件的基础上，不改变原控制系统电气操作方法。

③ 电气控制系统控制元件（包括按钮、行程开关、热继电器、接触器）作用与原电气线路相同。

④ 主轴和进给启动、制动、低速、高速和变速冲动的操作方法不变。

⑤ 改造原继电器控制中的硬件接线，以 PLC 编程实现。

（2）C650 车床控制元件配置。

图 9 - 9 所示是 C650 车床的主电路，配置三台电动机 M1、M2 和 M3。主电动机 M1 由停止按钮 SB1、点动按钮 SB2、正转按钮 SB3、反转按钮 SB4、热继电器常开触头 FR1、速度继电器正转触头 KS1、速度继电器反转触头 KS2、正转接触器主触头 KM1、反转接触器主触头 KM2、制动接触器主触头 KM3 等控制；冷却泵电动机 M2 由停止按钮 SB5、启动按钮 SB6、热继电器常开触头 FR2、接触器主触头 KM4 等控制；快移电动机 M3 由限位开关 SQ、接触器主触头 KM5 控制。电流表 A 由中间继电器触头 KA 控制。电气控制元件 PLC 控制的 I/O 配置见表 9.2；C650 车床 PLC 控制 I/O 接线见图 9 - 10。

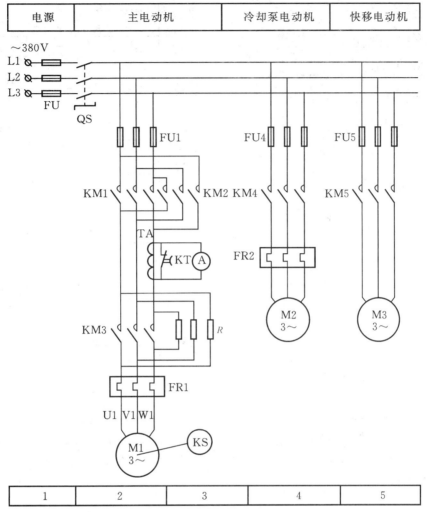

图 9 - 9 C650 车床电气控制主电路

表 9.2 C650 车床 PLC 控制元件配置表

电气控制元件符号	功　能	PLC 编程元件	电气控制元件符号	功　能	PLC 编程元件
SB1	M1 停止按钮	X0	KS1	速度继电器正转触头	X11
SB2	M1 点动按钮	X1	KS2	速度继电器反转触头	X12
SB3	M1 正转按钮	X2	KM1	M1 正转接触器主触头	Y0
SB4	M1 反转按钮	X3	KM2	M1 反转接触器主触头	Y1
SB5	M2 停止按钮	X4	KM3	M1 制动接触器主触头	Y2
SB6	M2 启动按钮	X5	KM4	M2 接触器主触头	Y3
SQ	M3 限位开关	X6	KM5	M3 接触器主触头	Y4
FR1	M1 热继电器常开触头	X7	KA	电流表中间继电器触头	Y5
FR2	M2 热继电器常开触头	X10			

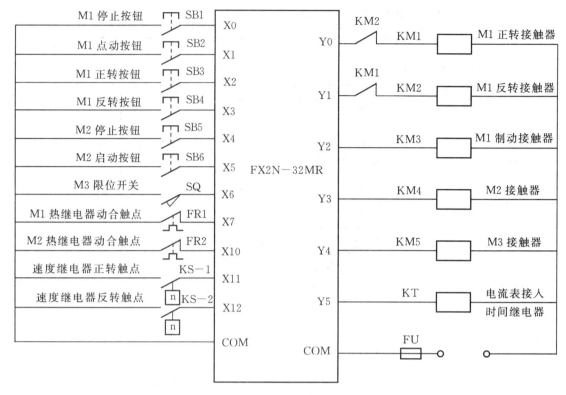

图 9-10　C650 车床 PLC 控制 I/O 接线图

图 9-11 所示是 C650 车床 PLC 控制梯形图，编程时使用了 MC 主控指令和 MCR 主控复位指令。车床上电后，由于停止按钮 SB1、热继电器 FR1 未动作，所以第 4 支路的 X0、X7闭合，M110 通电，导致第 5 支路 M110 闭合，程序执行 MC 主控指令至 MCR 主控复位指令之间的主控程序。

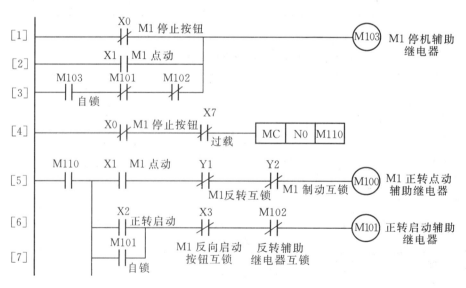

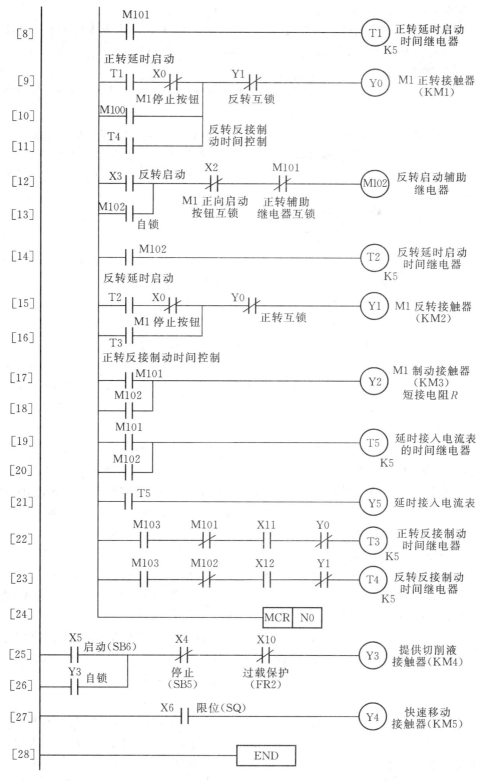

图 9-11 C650 车床 PLC 控制梯形图

（3）主电动机正反转控制。

① 正转控制。按下主电机正转按钮 SB3，第 6 支路 X2 闭合，由于 X3、M102 均未动作，所以 M101 通电并通过第 7 支路的 M101 自锁。引起以下 3 个结果：

a. 第 8 支路 M101 闭合，T1 开始 0.5 s 计时。

b. 第 12 支路 M101 辅助常闭触头断开，使反转启动辅助继电器 M102 断电，实现正转与反转的互锁。

c. 第 17 支路的 M101 闭合，Y2 通电，主电路中 KM3 吸合，使串电阻 R 短接。

当第 8 支路 T1 延时 0.5 s 到达后，导致第 9 支路 T1 闭合，因第 9 支路的 Y1 处于闭合状态，所以 Y0 通电；使第 15 支路的 Y0 断开，主电路中主触头 KM1 闭合，电动机 M1 正向启动运行。

② T1 的延时作用。T1 延时 0.5 s，确保了主电路中 KM3 先吸合，使串电阻 R 短接，然后再接通 M1 正转控制主触头 KM1；否则，接触器 KM1、KM3 接通的指令几乎同时从 PLC 控制软件中发出，可能导致 KM1 先接通、KM3 后接通，串电阻 R 不能先短接。电动机 M1 启动后，转速上升，当转速升至 100 r/min 时，速度继电器的正转触头 KS1 闭合，第 22 支路的 X11 闭合，为正转反接制动做好准备。

③ 反转控制及 T2 延时。按下 SB4，电动机 M1 将反向启动运行，通过 T2 延时 0.5 s 的作用确保主电路中 KM3 先吸合，使串电阻 R 短接，然后再接通 M1 反转主触头 KM2。

（4）主电动机点动控制。

按下正转点动按钮 SB2，第 2 支路和第 5 支路的 X1 均闭合，通过第 2 支路的 X1 使第 1 支路的 M103 通电，并通过第 3 支路的 M103 自锁；同时第 22 支路的 M103 也闭合，为 T3 通电做好准备。

车床一旦上电，第 5 支路的 M110 立即闭合，此时因本支路中的 X1 闭合，所以 M100 通电，使第 10 支路 M100 闭合，第 9 支路 Y0 通电，第 22 支路的常闭辅助触头 Y0 断开。

车床电气控制主电路中因第 9 支路 Y0 通电，接触器主触头 KM1 吸合，主电动机 M1 正转启动升速，转速大于 100 r/min 后，速度继电器的正转触头 KS1 保持闭合；同时第 22 支路的 X11 闭合，为反接制动做好准备。

（5）点动停止和反接制动。

① M1 断电降速。松开正转点动按钮 SB1，第 2 支路和第 5 支路的 X1 均断开，第 5 支路的 M100 断电，第 10 支路的 M100 随即断开，第 9 支路 Y0 也断电，第 22 支路的 Y0 触头闭合。这将导致主电路中主触头 KM1 断开，主电动机 M1 断电降速运转。

② M1 反接制动。由于降速初期，速度继电器触头 KS1 处在闭合状态，所以第 22 支路中的 X11 闭合，加之本支路的 Y0 触头闭合，所以 T3 通电，开始延时。T3 延时到达后，第 16 支路的 T3 触头闭合，导致第 15 支路 Y1 通电，主电路中主触头 KM2 吸合，主电动机 M1 反接制动。

③ 反接制动结束。转速降到低于 100 r/min 时，速度继电器的正转触头 KS1 断开，第 22 支路的 X11 断开，使 T3 断电，第 16 支路的 T3 触头断开，第 15 支路的 Y1 随之断电。主电路中 KM3 主触头断开，反接制动结束，主电动机 M1 停转。

④ T3 的延时作用。T3 延时 0.5 s 的作用是确保先断开 KM1，再接通 KM2；否则 KM2 先于 KM1 断开前接通，将导致主电动机 M1 绕组烧损。

（6）主电动机反接制动。

① 主电动机断电。按下停止按钮 SB1，第 4 支路 X0 断开、M110 断电，使第 5 支路的常开触头 M110 断开，不再执行 MC 至 MCR 之间的主控电路，第 9 支路的 Y0 因之断电。主电路中 KM1 断开，主电动机 M1 断电降速，但只要主电动机 M1 转速大于 100 r/min，速度继电器的正转触头 KS1 仍闭合，而第 1 支路的 M103 因自锁而通电。按下停止按钮 SB1 会使第 9 支路的常闭辅助触头 X0 断开、Y0 断电，电气控制主电路中受 Y0 控制的主触头 KM1 将断开。

② 进入反接制动状态。松开停止按钮 SB1，使 SB1 由按下状态切换成未按下状态，则第 4 支路 X0 恢复闭合，M110 通电，第 5 支路的 M110 闭合，接通并执行 MC 至 MCR 之间的主控电路。第 1 支路中的常闭辅助触头 X0 也恢复闭合，所以 M103 通电，此时第 22 支路的 M103 保持闭合。由于主电动机 M1 转速大于 100 r/min，KS1 处于闭合状态，第 22 支路的 X11 也保持闭合，导致 T3 通电，计时开始。当 T3 计时时间到达后，第 16 支路的 T3 闭合，使第 15 支路的 Y1 通电，主电路中 KM2 闭合，电动机 M1 进入反接制动状态，主电动机 M1 迅速降速。

③ T3 延时的作用。T3 延时 0.5 s 作用体现在电气控制主电路中，KM1 主触头先断开，0.5 s 后 KM2 主触头再闭合，杜绝了 KM1 与 KM2 瞬间的同时接通状态，有助于避免电动机绕组烧损。

④ M1 停转。当主电动机 M1 降速至 100 r/min 以下时，速度继电器的正转触头 KS1 断开，使第 22 支路的 X11 断开、T3 失电，导致第 16 支路的 T3 断开、Y1 断电，主电路中 KM2 断开，反接制动结束，主电动机 M1 停转。

⑤ 反转停止进入反接制动。若启动时按下 SB4，主电路中主触头 KM3、KM2 间隔 0.5 s 先后接通，电动机 M1 将反向启动运行。之后按下停止按钮 SB1，将进入反转停止反接制动过程。

（7）主电路工作电流监视。

主电动机正反转启动过程中，因辅助继电器 M101、M102 中必有一个通电，所以第 19 支路的 T5 通电，10 s 后计时开始。计时到达后，第 21 支路的 T5 闭合，导致 Y5 通电，主电路中的常闭触头 KT 断开，交流电流表 A 进行工作电流监视，从而使 A 避开较大的启动工作电流。

（8）冷却及快速电动机控制。

冷却泵电动机 M2、快速移动电动机 M3 均为单向运转，控制较为简单。当按下冷却泵电动机启动按钮 SB6 时，第 25 支路的 X5 闭合、Y3 通电并自锁，冷却泵电动机 M2 启动；而按下停止按钮 SB5 时，第 25 支路的 X4 断开、Y3 断电，冷却泵电动机 M2 断电停转。

按下限位开关 SQ，第 27 支路的 X6 闭合、Y4 通电，快移电动机 M3 启动；松开限位开关 SQ，快移电动机 M3 断电停转。

［实例 2］ 数控车床刀架的应用实例。

（1）工作原理。

图 9-12 所示为数控车床刀架外形与结构图。回转刀架的工作原理为机械螺母升降转位式。工作过程可分为刀架抬起、刀架转位、刀架定位并压紧等几个步骤。

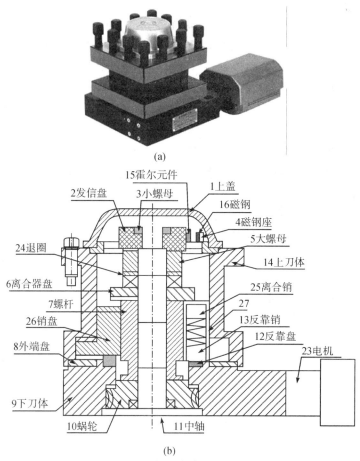

(a)

15霍尔元件
2发信盘   3小螺母   1上盖
16磁钢
4磁钢座
5大螺母
24退圈   14上刀体
6离合器盘   25离合销
7螺杆   27
26销盘   13反靠销
12反靠盘
8外端盘   23电机
9下刀体
10蜗轮   11中轴

(b)

图 9 - 12   数控车床刀架外形图

① 刀架抬起。当数控系统发出换刀指令后，通过接口电路使电机正转，经传动装置驱动蜗杆蜗轮机构。蜗轮带动丝杆螺母机构逆时针旋转，此时由于齿盘处于啮合状态，在丝杆螺母机构转动时，使上刀架体产生向上的轴向力将齿盘松开并抬起直至两定位齿盘脱离啮合状态，从而带动上刀架和齿盘产生"上抬"动作。

② 刀架转位。当圆套逆时针转过 150°时，齿盘完全脱开，此时销钉准确进入圆套中的凹槽中，带动刀架体转位。

③ 刀架定位。当上刀架转到需要到位后(旋转 90°、180°或 270°)，数控装置发出的换刀指令使霍尔开关中的某一个选通，当磁性板与被选通的霍尔开关对齐后，霍尔开关反馈信号使电机反转，插销在弹簧力作用下进入反靠盘地槽中进行粗定位，上刀架体停止转动，电机继续反转，使其在该位置落下，通过螺母丝杆机构使上刀架移到齿盘重新啮合，实现精确定位。

④ 刀架压紧。刀架精确定位后，电机继续反转，夹紧刀架，当两齿盘增加到一定夹紧力时，电机由数控装置停止反转，防止电机因不停反转而过载毁坏，从而完成一次换刀过程。

（2）I/O 地址分配。

表 9.3 为数控机床刀架的 I/O 分配表。

表 9.3 数控机床刀架 I/O 分配表

输 入 单 元		输 出 单 元	
名称	端子号	名称	端子号
启动	X0	刀架电动正转	Y10
停止	X5	刀架电动反转	Y11
	按钮 霍尔信号		
刀位 1	X1 X21		
刀位 2	X2 X22		
刀位 3	X3 X23		
刀位 4	X4 X24		

（3）梯形图和指令语句表。

根据以上控制原理和控制步骤及输入/输出单元 I/O 分配表，设计程序梯形图与语句表如图 9-13 和表 9.4 所示。

表 9.4 数控车床刀架控制语句表

步 序 号	助 记 符	操 作 数	步 序 号	助 记 符	操 作 数
000	LD	X0		ANI	X5
001	OR	M0	019	OUT	Y10
002	ANI	X5	020	LD	Y10
003	ANI	T1	021	OR	M3
004	OUT	M0	022	ANI	T1
005	LD	X21	023	OUT	M3
006	ANI	X1	024	LD	X1
007	LD	X22	025	OR	X2
008	ANI	X2	026	OR	X3
009	ORB		027	OR	X4
010	LD	X23	028	ANI	Y10
011	ANI	X3	029	AND	M3
012	ORB		030	ANI	X5
013	LD	X24	031	OUT	Y11
014	ANI	X4	032	LD	Y11
015	ORB		033	OUT	T1 K2
016	AND	M0	034	END	
017	ANI	Y11			

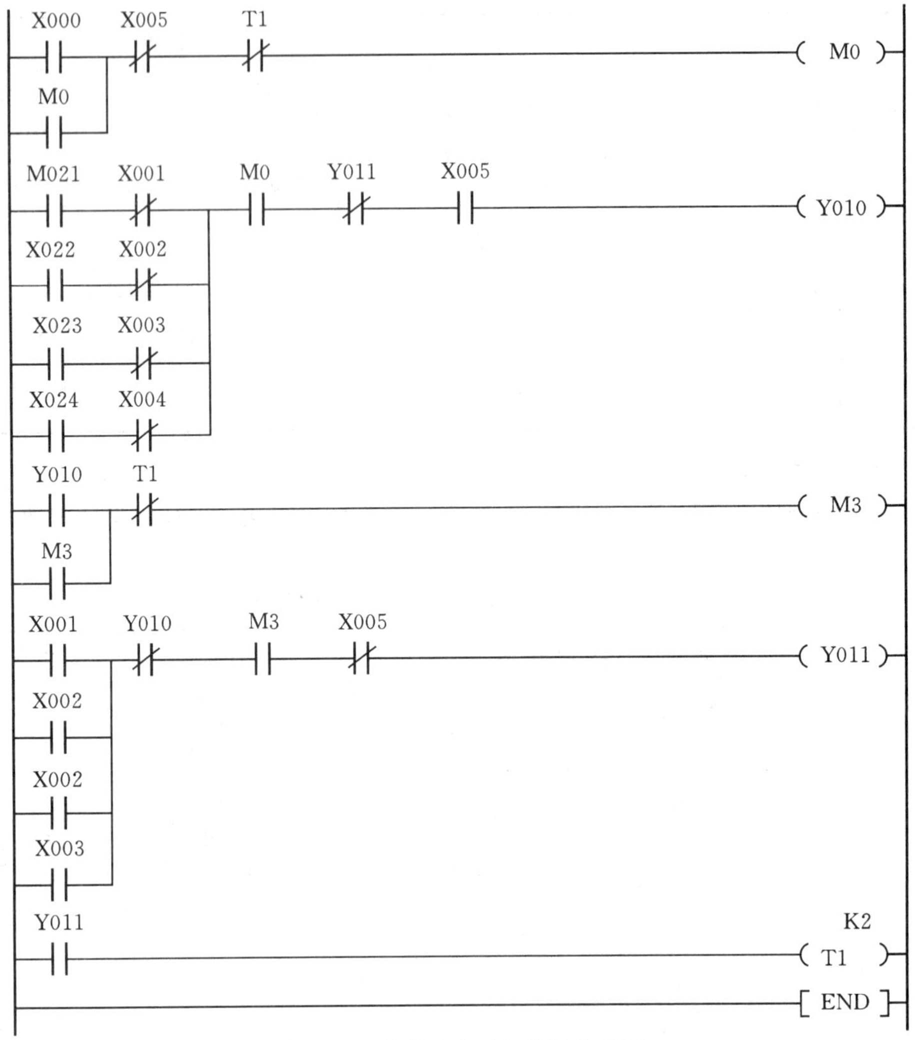

图 9-13 数控车床刀架控制梯形图

9.3 引例解答

引例中需要通过 PLC 控制工业机器人的抓取动作。图 9-1 所示的情形下可以采用机器人动作固定编程，当生产线上的物料运行过程中启动了与 PLC 相连接的光电检测开关后，通过 PLC 与工业机器人的 I/O 连接口信息交互，通知机器人执行固定编程动作，从而实现生产线上物料的自动抓取。

1. 硬件接线和 I/O 分配

该引例可编程控制器为三菱 FX_{3U} 晶体管输出系列 PLC，工业机器人采用新时达公司 STEP 工业机器人。光电开关检测生产线上的来料，用 PLC 的输出端通知工业机器人准备抓取物料，并按设定的方式将抓取的料件摆放在货架上。其三维实物图和 I/O 分配表分别如图 9-14 和表 9.5 所示。

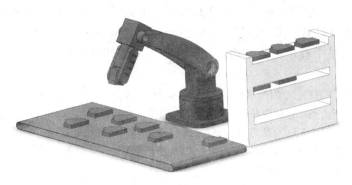

图 9-14 自动寻迹抓取生产线三维实物图

表 9.5 I/O 分配表

输 入 单 元		输 出 单 元	
名　称	端子号	名　称	端子号
启动按钮	X000	伺服电机脉冲	Y0
停止按钮	X001	伺服电机方向	Y2
光电传感器	X002	工业机器人输入信息	Y3

2. PLC 和 STEP 工业机器人编程控制

(1) 三菱 PLC 程序。X0 为流水线启动按钮；X1 为停止按钮；Y0 为伺服电机的脉冲输出；Y2 控制伺服电机的方向。利用光电传感器 X2 检测生产线上的物料输出信号 Y3，并将此信号与工业机器人控制柜的输入端相连，通过读取 Y3 触发工业机器人抓取。X0 按下后，生产线在电机的带动下运行，当光电传感器 X2 检测到物料通过，产生一个上升沿脉冲，触发 Y3 输出信号；该信号经过工业机器人输入端接收，从而启动工业机器人完成固定动作，具体程序如图 9-15 所示。

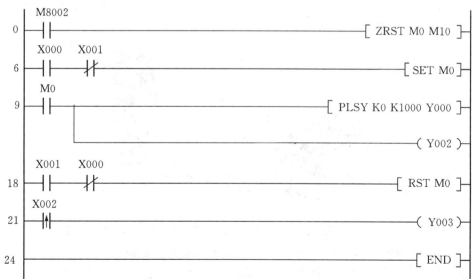

图 9-15 自动寻迹抓取生产线物料的程序

（2）工业机器人控制器编程。工业机器人编程通过手持式编程器进行，采用 PTP、LIN 等运动语句和 WHILE 等流语句进行简单手动编程。以下即为用 WHILE(TRUE)DO 与 END WHILE 作为整个程序循环结构，不断检测 PLC 发出的信号并输入到 di2 后，再执行运动语句的程序。

```
WHILE(TRUE)DO；//判断语句，此处循环执行
PTP(ap0)；//走到标准抓取位置(工件处于标准位置时机器人的抓取位置，提前示教好)
DOSET(do1，TRUE)；//信号灯点亮，表示工业机器人位置已经就绪
Bool1 := DIWAIT(di2，TRUE)；//读取 PLC 送出信号，开始抓取
LIN(cp1)；//走到抓取物料点
PTP(ap1)；//走到货架点
DOSET(do1，FALSE)；//关闭信号灯，进入下一个循环
END WHILE
EOF
```

9.4 知 识 点 扩 展

9.4.1 工业机器人知识简介

生产线控制系统可采用各种工业机器人模块单元，其编程方法和硬件组成相差不大。下面以国产工业机器人上海新时达公司生产的 SD 系列机器人为例，简单介绍工业机器人软硬件知识。

1. 工业机器人硬件组成

新时达 SD 系列工业机器人与控制器外形如图 9-16 所示。该机器人控制系统采用了全新的一体化控制结构，并集成机器人控制、安全控制、PLC(逻辑)控制、运动控制于一体，尤其全新的模块化结构，操作和维护更加简单，降低了产品升级、保养和维护成本，同时其更高的防护等级，全新的冷却系统，能适用更严峻的现场环境。

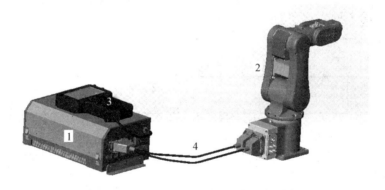

1—驱控一体机 SRC3；2—机器人本体；3—手持式示教器；4—连接线缆

1—驱控一体机 SRC3；2—机器人本体；3—手持式示教器；4—连接线缆

图 9-16 机器人与控制器外形

1）机器人本体构成

SD 系列机器人本体轻巧，腕关节操作灵活，具有稳定的速度及较高的精确度。其安装方式有地面安装、挂装和倒装。SD500 机器人手腕最大负载为 5 kg，最大工作半径为 500 mm，具有体积小、重量轻、运转速度快、重复定位精度高等特性。其本体构成如图 9－17 所示。

2）机器人机械参数

SD500 机器人机械参数如表 9.6 所示。

表 9.6　SD500/SD700 机器人机械参数

型　　号	SD500	SD700
自由度	6	
额定/最大手腕负载	3 kg/5 kg	3 kg/5 kg
最大工作半径	500 mm	700 mm
本体重量	28 kg	30 kg
安装方式	水平、垂直、吊装	
驱动方式	AC 伺服驱动	
重复定位精度	±0.02	±0.03
噪声	＜80 dB(A)	
工作温度	0℃～＋45℃	
运输、存储温度	－25℃～＋55℃	
湿度	75％RH 以下（短期 95％RH）	
振动	4.9 m/s² 以下	
机器人本体 IP 防护等级	IP40	
控制柜 IP 防护等级	IP53	
I/O 说明	I/O 芯	
电源电压	220 V	
总功耗	1 kW	

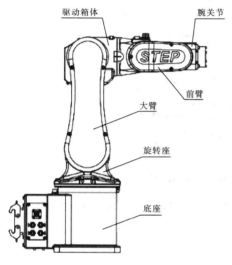

图 9－17　SD500 机器人本体构成

（图中标注：驱动箱体、腕关节、前臂、大臂、旋转座、底座、STEP）

3）机器人运动参数

SD500 各关节运动示意图如图 9－18；运动参数见表 9.7。

表 9.7　SD500/SD700 机器人各关节运动参数

项　目		规　格	
名称		SD500	SD700
最大工作速度	J1	$375°/s$	$250°/s$
	J2	$375°/s$	$185°/s$
	J3	$430°/s$	$290°/s$
	J4	$300°/s$	$300°/s$
	J5	$460°/s$	$460°/s$
	J6	$600°/s$	$600°/s$
最大动作范围	J1	$±170°$	$±170°$
	J2	$±110°$	$±110°$
	J3	$+40°\sim-220°$	$+40°\sim-220°$
	J4	$±185°$	$±185°$
	J5	$±125°$	$±125°$
	J6	$±360°$	$±360°$
自由停止时间/自由停止距离	J1	$0.3\,s/56°$	$0.3\,s/37.5°$
	J2	$0.3\,s/56°$	$0.3\,s/27.8°$
	J3	$0.3\,s/64.5°$	$0.3\,s/43.5°$
	J4	$0.2\,s/30°$	
	J5	$0.2\,s/46°$	
	J6	$0.2\,s/60°$	
关节允许负载力矩	J4	$4.41Nm$	
	J5	$4.41Nm$	
	J6	$2.94Nm$	
关节允许负载惯量	J4	$0.15kgm^2$	
	J5	$0.15kgm^2$	
	J6	$0.1kgm^2$	

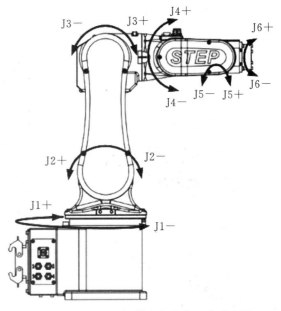

图 9-18　SD500 机器人各关节运动示意图

4) 驱控一体机 SRC3

(1) 接口简介。

图 9-19 所示为驱控一体机 SRC3 的外接端口。驱控一体机 SRC3 与本体间的连接线缆为一根双股线缆，线缆两端均为重载连接器。其中：一端为 72 芯重载连接器，接于驱控一体机上；另一端为双头重载连接器，分别接于本体的动力连接器和编码器信号连接器上。另外，还有电源端口、示教器连接口、外部扩展 I/O 口及空气开关。

图 9 - 19　驱控一体机 SRC3 的外接端口

图 9 - 20 所示为 SRC3 内部结构图。驱控一体机 SRC3 为三层结构：中间层带有可以翻转的合页，打开后，可以看到底层的驱动板；最顶层为通信 I/O 板，提供 48 路 DI、48 路 DO（图 9 - 21 所示）；中间层为控制板，提供各种对外的接口，如工程下载接口、驱动调试接口、示教器接口等（CN4、J25 为示教器接口；CN4 为示教器数据网口；J25 为示教器信号接口；COM2 为伺服调试接口；CN7 为 USB 接口；COM3 为 CAN 通信接口；COM1 为 RS485 通信接口；CN6 包含两个网络接口：EtherCAT 接口和工程下载接口；EtherCAT 接口默认 IP 为 192.168.1.1；工程下载接口默认 IP 为 192.168.39.220）。

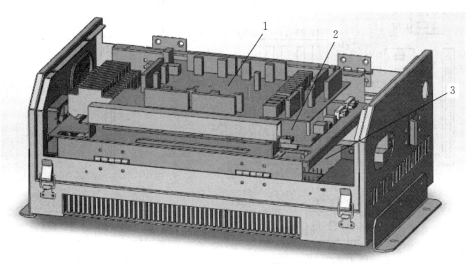

1—通信 I/O 板；2—控制板；3—驱动板

图 9 - 20　驱控一体机 SRC3 结构图

（2）驱控一体机 SRC3 通信 I/O 板说明。

SRC3 通信板拥有丰富的 I/O 接口，可以很好地满足客户需求。其中：通用数字量输入接口 48 路；通用数字量输出接口 32 路；常开型继电器输出接口 12 路；常开/常闭双触点继电器输出接口 4 路。图 9-21 所示是通信 I/O 板的实物图。

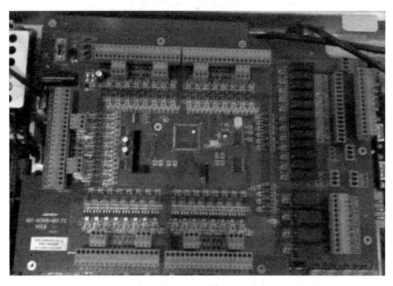

图 9-21 SRC3 通信 I/O 板

SRC3 通信板的接口示意图如图 9-22，各接口介绍如下：

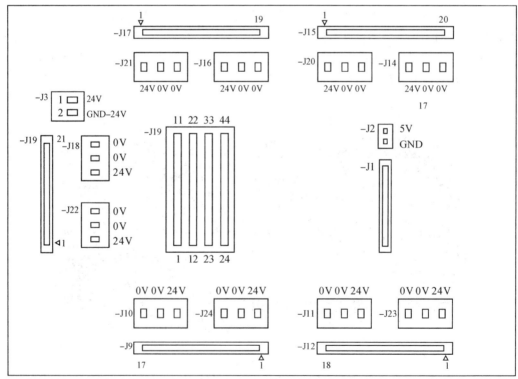

图 9-22 SRC3 通信板接口示意图

J3：通信 I/O 板 24 V 电源端子。

J13：控制信号端子排，连接至控制板。

J15、J17、J19：48 路通用数字量输入接口。

J9、J12：32 路通用数字量输出接口。

J6：12 路常开型继电器输出接口。

J7：4 路常开/常闭双触点继电器输出接口。

J4：接线排。

(3) 通信 I/O 板功能介绍。

SRC3 通信板 I/O 接口丰富，拥有 48 路通用输入接口、32 路通用输出接口及 16 路继电器输出接口，各接口的详细描述如下：

电源接口 J3：通信板的电源输入端子，板卡上的其他 24 V 端子均来自 J3。

控制信号端子排 J13：用于与控制板间的数据交换。

数字量输入接口 J15：输入接口 IN0～IN15，共 16 路。

数字量输入接口 J17：输入接口 IN16～IN31，共 16 路。

数字量输入接口 J19：输入接口 IN32～IN47，共 16 路。

J15、J17、J19 合计 48 路通用数字量输入接口。

数字量输出接口 J9：输出接口 OUT0～OUT15，共 16 路。

数字量输出接口 J12：输出接口 OUT16～OUT31，共 16 路。

J9、J12 合计 32 路通用数字量输出接口。

继电器输出接口 J6：12 路常开型继电器输出，每 4 路共用一个 COM 公共端。前 8 路继电器输出已用于机器人本体 6 个轴的抱闸控制，因此，仅预留后 4 路对外开放，可供客户使用。

继电器输出接口 J7：4 路常开/常闭双触点继电器输出，4 路各自独立，每路均有 COM 端和 A、B 两个触点，A 为常闭触点，B 为常开触点。

J6、J7 合计 16 路继电器输出，但仅 8 路可供客户使用。

接线排 J4：为了客户使用 I/O 口时接线方便，提供了专用的接线排，J4 为 15 芯端子。其中，前 7 芯互连，后 7 芯互连，可供客户的公共端接线使用。

输入接口引脚定义表见表 9.8；输出接口引脚定义表见表 9.9。

表 9.8 输入接口引脚定义表

48 路通用数字量输入接口引脚定义表					
J15		J17		J19	
1	COM2	1	COM4	1	COM6
2	IN15	2	IN31	2	IN47
3	IN14	3	IN30	3	IN46
4	IN13	4	IN29	4	IN45
5	IN12	5	IN28	5	IN44
6	IN11	6	IN27	6	IN43
7	IN10	7	IN26	7	IN42

续表

48 路通用数字量输入接口引脚定义表					
J15		J17		J19	
8	IN9	8	IN25	8	IN41
9	IN8	9	IN24	9	IN40
10	COM1	10	COM3	10	COM5
11	IN7	11	IN23	11	IN39
12	IN6	12	IN22	12	IN38
13	IN5	13	IN21	13	IN37
14	IN4	14	IN20	14	IN36
15	IN3	15	IN19	15	IN35
16	IN2	16	IN18	16	IN34
17	IN1	17	IN17	17	IN33
18	IN0	18	IN16	18	IN32
19	—	19	—	19	—
20	—	20	—	20	—
—	—	—	—	21	—

表 9.9 输出接口引脚定义表

32 路通用数字量输出接口及 16 路继电器输出引脚定义表							
J9		J12		J6		J7	
1	OUT15	1	OUT31	1	A1 抱闸	1	COM12
2	OUT14	2	OUT30	2	A2 抱闸	2	RELAY12A
3	OUT13	3	OUT29	3	A3 抱闸	3	RELAY12B
4	OUT12	4	OUT28	4	A4 抱闸	4	COM13
5	OUT11	5	OUT27	5	24 V	5	RELAY13A
6	OUT10	6	OUT26	6	A5 抱闸	6	RELAY13B
7	OUT9	7	OUT25	7	A6 抱闸	7	COM14
8	OUT8	8	OUT24	8	RELAY6	8	RELAY14A
9	OUT7	9	OUT23	9	REALY7	9	RELAY14B
10	OUT6	10	OUT22	10	24 V	10	COM15
11	OUT5	11	OUT21	11	REALY8	11	RELAY15A
12	OUT4	12	OUT20	12	REALY9	12	RELAY15B
13	OUT3	13	OUT19	13	REALY10	—	—
14	OUT2	14	OUT18	14	REALY11		
15	OUT1	15	OUT17	15	R_COM3		
16	OUT0	16	OUT16	16	—		
17	—	17	—	—	—		
—	—	18	—				

（4）通信 I/O 板使用说明。

① SRC3 通信板提供了 48 路 DI、32 路 DO、12 路常开型继电器输出、4 路常开/常闭双触点继电器输出，且在每个端子附近，均有两组 24 V 输出端子，方便客户就近接线。

• 48 路 DI：分为 J15、J17、J19 三个端子，每个端子 16 路，每 8 路共用一个 COM 公共端；IN0～IN7 对应 INPUT_COM1；IN8～IN15 对应 INPUT_COM2；IN16～IN23 对应 INPUT_COM3；IN24～IN31 对应 INPUT_COM4；IN32～IN39 对应 INPUT_COM5；IN40～IN47 对应 INPUT_COM6。

另外，当 COM 公共端接高电平（24 V）时，输入端口 IN 低电平有效；当 COM 公共端接低电平（0 V）时，输入端口 IN 高电平有效。

• 32 路 DO：分为 J9、J12 两个端子，每个端子 16 路。32 路 DO 均为开漏输出，且所有输出接口的 GND 已在板卡内部共地，没有引出外部公共端，因此在使用 DO 时，仅能使用通信板内部 24 V 电源，这点需要注意。

• 12 路常开型继电器输出：位于 J6 端子，每 4 路共用一个 COM 公共端；RELAY_OUT0～OUT3 对应 Relay_OUT_COM1；RELAY_OUT4～OUT7 对应 Relay_OUT_COM2；RELAY_OUT8～OUT11 对应 Relay_OUT_COM3。

其中，Relay_OUT_COM1、Relay_OUT_COM2 对应的前 8 路继电器输出已用于机器人本体 6 个轴的抱闸控制。从表 9.9 中可以看出，Relay_OUT_COM1 和 Relay_OUT_COM2 这两个引脚均已接到 24 V；端子 J6 的 1～4 引脚对应 A1～A4 轴的抱闸；6、7 引脚对应 A5 轴和 A6 轴的抱闸。因此仅剩余 Relay_OUT_COM3 对应的后 4 路对客户开放。

• 4 路常开/常闭双触点继电器输出：位于 J7 端子，这 4 路各自独立，每路均有 COM 端和 A、B 两个触点，A 为常闭触点，B 为常开触点。

驱动能力如下：

• DI：当使用内部 24 V 电源连接 DI 时，内部 24 V 电源为每路 DI 预留不大于 10 mA 的电流。

• DO：每路数字量 DO 可以驱动不大于 500 mA 的负载，32 路 DO 的驱动总电流不得大于 3 A。

② 输入 DI 连接示意图。SRC3 通信 I/O 板提供的 DI 接口连接方式如图 9-23 所示。图中，开关电源可以由客户提供，也可以选择一体机内自带的 24 V 电源。

图 9-23　输入 DI 连接方式示意图

③ 输出 DO 连接示意图。SRC3 通信 I/O 板提供的 DO 接口分为两种：开漏输出和继电器输出，各自的连接方式如图 9-24(a) 和图 9-24(b) 所示。

开漏输出由于电路设计的原因，仅引出 OUT 输出端，而 COM 已在板卡内部共地，因此，只能使用通信板提供的 24 V 电源。

注意：使用内部 24 V 电源时，每路开漏输出可以提供不大于 500 mA 的电流，32 路总电流不可超过 3 A。相应的连接方式如图 9 – 24(a)所示。

继电器输出使用更加方便灵活，客户可根据需求自行选配合适的电源，或者使用通信板自带电源。相应的连接方式如图 9 – 24(b)所示。

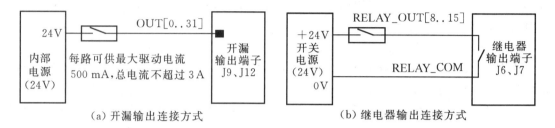

（a）开漏输出连接方式　　　　　（b）继电器输出连接方式

图 9 – 24　输出 DO 连接方式示意图

5）手持式示教器说明

（1）示教器外观如图 9 – 25 所示。

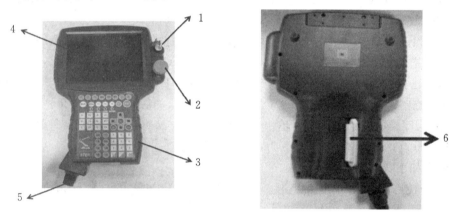

1—钥匙开关；2—急停开关；3—状态指示灯和按键；

4—触控显示屏；5—连接线缆；6—三位使能开关

图 9 – 25　示教器外观

正确使用示教器时，右手持示教笔进行屏幕和按钮的操作，左手放在三位开关上，如图 9 – 26 所示。

图 9 – 26　示教器手握姿势

示教器上带有停止功能的按钮有三种，分别为急停开关、三位使能开关和右侧按键中的"Stop"按键。另外，在使用钥匙开关转换不同的操作模式时，也会导致机器人断电停止。

（2）示教器按键说明。示教器界面如图 9 - 27 所示。

图 9 - 27　示教器界面

：尚未开发。

：进入用户管理（用户登录、控制权限获得与释放）和用户编辑（用户编辑、新建、删除操作）界面，同时也可进入 I/O 监视、码垛、多层多道、折弯、校正配置界面。

：用于维护示教器程序变量，提供的功能主要包括变量显示、变量修改、新建、复制、剪切、粘贴、删除、重命名、机器人坐标系和工具变量的配置界面等。

：用于对工程进行编辑操作（新建、删除、复制等）；对程序进行管理操作（加载、关闭、打开）、编辑操作（新建、删除、复制等）；显示当前加载或者打开的程序。

：用于打开最近一次打开或者加载的程序。

：用于显示当前机器人 TCP 点实时位置，设置机器人速度、点动参考坐标系、工具等。

：主要用来显示机器人发生故障的错误报警信息和日志查看。

2. 工业机器人软件编程介绍

1) 机器人运动指令

(1) PTP。

书写格式：PTP(pos, dyn, ovl);

其中，pos 为运动语句的目标点；dyn 为运动过程中采用的动态参数；ovl 为圆滑参数。pos 参数是必选的，dyn 和 ovl 根据实际需求可选可不选。

功能描述：PTP 是一个点到点的同步命令(所有轴同时开始和停止)，它指定一个目标点，由六个轴运动的组合完成。

格式说明：PTP 必须全部大写(名字须和语言定义文件中规定的一致)，指令名称后紧跟一对小括号，小括号内部是参数，该参数必须是以变量名的形式存在，不允许直接写入数值；变量名使用之前需要预先定义；指令末尾必须以分号结尾。

(2) Lin。

书写格式：Lin(pos, dyn, ovl, ori);

其中，pos 为运动语句的目标点；dyn 为运动过程中采用的动态参数；ovl 为圆滑参数；ori 为姿态参数。pos 是必选的，dyn、ovl 和 ori 根据实际需求可选可不选。

功能描述：Lin 运动命令是一个笛卡尔命令，用来指定一个目标位置。机器人的 TCP 将会以一个直线运动的方式从初始位置运动到目标位置。另外，如果需要改变 TCP 的姿态，机器人会根据姿态插补类型控制机器人，从初始姿态移动到目标姿态。

(3) Circ。

书写格式：Circ(pos1, pos2, dyn, ovl, ori);

其中，pos1 为圆弧的中间点；pos2 为圆弧的终点；机器人通过当前点和 pos1、pos2 三点唯一确定一条弧线；dyn 为运动过程中采用的动态参数；ovl 为圆滑参数；ori 为姿态参数。pos1、pos2 是必选的，dyn、ovl 和 ori 根据实际需求选择。

功能描述：控制 TCP 执行一段圆弧运动，在运动的过程中姿态插补至关重要。

格式说明：名字须和语言定义文件中规定的一致，指令名称后紧跟一对小括号，小括号内部是参数，该参数必须是以变量名的形式存在，不允许直接写入数值；变量名使用之前需要预先定义；指令末尾必须以分号结尾。

(4) CircleAngle。

书写格式：CircleAngle(pos1, pos2, angle, dyn, ovl, ori);

其中，pos1 为圆弧的中间点；pos2 为圆弧的终点；angle 为用户需要机器人运动的角度；dyn 为运动过程中采用的动态参数；ovl 为圆滑参数；ori 为姿态参数。pos1、pos2、angle 参数是必选的，dyn、ovl 和 ori 根据实际需求可选可不选。

功能描述：控制 TCP 执行一段圆弧运动，角度由用户指定。

格式说明：其中前面三个参数是必选的，后面三个是可选的，当某个可选参数想使用默认值时，可以使用 NULL 来代替该变量名。当有参数是可选参数时，语句的写法类似 PTP 语句。

(5) PTPRel。

书写格式：PTPRel(dist, dyn, ovl);

其中，dist 为机器人相对初始位置的移动距离；dyn 为运动过程中采用的动态参数；ovl 为圆滑参数。dist 参数是必选的，dyn 和 ovl 根据实际需求可选可不选。

功能描述：PTPRel 是一个点到点的相对运动命令，移动的距离是相对机器人初始位置（该位置取决于前一个运动指令）。

（6）LinRel。

书写格式：LinRel(dist，dyn，ovl，ori)；

其中，dist 为机器人相对初始位置的移动距离；dyn 为运动过程中采用的动态参数；ovl 为圆滑参数；ori 为姿态参数。dist 参数是必选的，dyn、ovl 和 ori 根据实际需求可选可不选。

功能描述：LinRel 是一个相对直线运动命令，移动的距离是相对机器人初始位置（该位置取决于前一个运动指令）。

2）程序流控制指令

（1）IF（ ）THEN… END_IF。

功能描述：该指令控制程序流进入条件分支。

用法：THEN 后面是执行语句。

IF 后的判断条件需要返回 BOOL 类型，THEN、ELSEIF、ELSE 及其随后的指令数没有限制；每个 IF 指令必须使用关键字 END_IF。

（2）WHILE （ ）DO… END_WHILE。

功能描述：该指令被用来在条件满足的情况下，重复执行一个指令序列。

用法：WHILE 后的判断条件需要返回 BOOL 类型，DO 后为指令序列，数目不限。结束时必须使用 END_WHILE。

（3）LOOP （ ）DO… END_LOOP。

功能描述：该指令用于对指令序列执行给定的次数。

用法：LOOP 后为指定的循环次数（次数大于 1 时，循环有效，否则跳过该循环），DO 后面为需要执行的指令，结束必须使用 END_LOOP。

（4）LP。

功能描述：该指令用来定义跳转标签点。

用法：后接标签名（可以选用任意一个变量名）。

（5）GOTO。

功能描述：用来在程序的不同部分跳转。

用法：后接跳转标签（该标签必须和 LP 中定义的一致，否则函数失效）。

3）输入/输出设备 I/O 指令

（1）DIRead。

用法：BOOL VAR ≔ DIRead(di)；

其中，di：结构体，包含数字输入信号端口号。

返回值：BOOL 类型变量。

（2）DOSet。

用法：DOSet(do, val)；

其中，do：结构体，包含数字输入信号端口号；val：BOOL。

（3）DIWAIT。

用法：BOOL VAR ：=DIWAIT(di，val，time)；

其中，di：结构体，包含数字输入信号端口号；val：BOOL；time：UINT（毫秒)可选。

返回值：BOOL 类型变量。

语句左侧是一个 BOOL 类型的变量，右侧是函数表达式；当不指定时间时，表示无限等待。

（4）BOOLEXTRead。

用法：BOOL VAR ：=BOOLEXTRead(ext)；

其中，ext：结构体，包含数字输入信号端口号、值。

返回值：BOOL 类型变量。

该函数读取在 PLC 已经定义的变量，被读取的变量的索引由 ext 变量的端口号值确定。

（5）BOOLEXTSet。

用法：BOOLEXTSet(ext，val)；

其中，ext：结构体，包含数字输入信号端口号、值；val：BOOL。

该函数设置在 PLC 已经定义的变量，被设置的变量的索引由 ext 变量的端口号值确定。

（6）DWORDEXTRead。

用法：DWORD VAR ：=DWORDEXTRead(ext)；

其中，ext：结构体，包含数字输入信号端口号、值。

返回值：DWORD(ULINT)类型的变量。

该函数读取在 PLC 已经定义的变量，被读取的变量的索引由 ext 变量的端口号值确定。

（7）DWORDEXTSet。

用法：DWORDEXTSet(ext，val)；

其中，ext：结构体，包含数字输入信号端口号、值；val：DWORD(ULINT)。

该函数设置在 PLC 已经定义的变量，被设置的变量的索引由 ext 变量的端口号值确定。

9.4.2　工业生产线全自动装箱打包机

1. 任务分析

图 9-28 所示为工业现场使用的全自动装箱打包机。整条生产线分为自动装盒机、伺服整列、SD500 工业机器人、缓动部件、高速包膜机、开箱装箱机(SD500 工业机器人开箱装箱包装机)、收缩膜包装机、收缩道、KTP-S 叠栈板机等 9 大部件并通过流水线连接。其工作流程分为物件装箱线和包装盒包装排序线：叠栈板机将纸箱从货架上一一取出放在流水线上，经滚筒带送至收缩箱中对纸箱收紧加固，并经下道工序对纸箱外侧包膜，送至 SD500 开箱装箱工业机器人处对产品装盒。工业生产线全自动装箱打包机如图 9-28 所示。另一侧同时正对产品进行包装，从上端生产线流出的产品经伺服整列机按照顺序排开，再经自动装盒机和机械手臂装入小盒中，经缓冲装置部件送至最前端的开箱装箱工业机器人处等待纸箱包装。

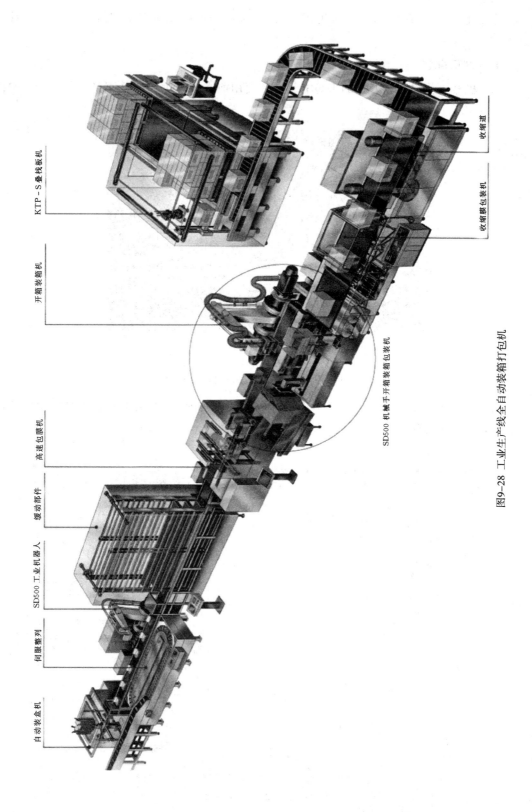

自动装盒机　伺服整列　SD500 工业机器人　缓动部件　高速包膜机　开箱装箱机　KTP－S 叠栈板机

SD500 机械手开箱装箱包装机

收缩膜包装机　收缩道

图9-28 工业生产线全自动装箱打包机

经分析上面一系列的动作，本实例综合运用了 SD500 工业机器人和三菱 FX$_{3U}$ 系列的 PLC。

2. I/O 端口配置

SD500 机器人提供自主开发的 I/O 扩展板，使用前必须先对其 I/O 端口进行配置。实物图如图 9 - 29 所示。

图 9 - 29　SD500 机器人 I/O 端口实物图

使用厂家提供的二次开发工具 CODESYS 配置 I/O，先确认所用工程是否对应相应的机型，注意更改减速比等参数。打开 CODESYS 后，选择 Device，如图 9 - 30 所示。

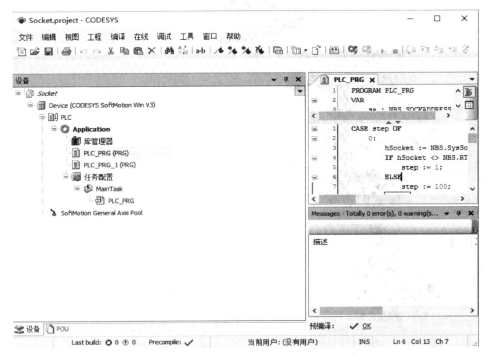

图 9 - 30　I/O 配置开发工具 CODESYS 软件

查看 EtherCAT_Master 下的模块，如图 9 - 31 所示。

图 9 - 31　EtherCAT_Master 下的模块

其中：UR20_FBC_EC 为 I/O 模块；DO 对应数字量输出模块；DI 对应数字量输入模块。

添加方式如下：

（1）选择 EthereCAT_Master(EtherCAT Master)并右击，选择 add device。

（2）选择 UR20_FBC_EC 并添加。

（3）选择 UR20_FBC_EC 右击选择 add device，选择添加其中适合的 DI 和 DO 模块即可。

设置关联关系：

（1）关联 PLC 程序中的变量。双击 UR20_FBC_EC，并进入 EthereCAT I/O Mapping 界面，如图 9 - 32 所示。

| Slave | Process Data | Startup parameters | EoE settings | EtherCAT I/O Mapping | Status | Information |

Channels

Variable	Mapping	Channel	Address	Type	Unit	Description
		Controlbit 15	%QX49.7	BIT		Controlbit 15
		UR20_16DO_P DO1	%QX50.0	BIT		UR20_16DO_P DO1
		UR20_16DO_P DO2	%QX50.1	BIT		UR20_16DO_P DO2
		UR20_16DO_P DO3	%QX50.2	BIT		UR20_16DO_P DO3
		UR20_16DO_P DO4	%QX50.3	BIT		UR20_16DO_P DO4
		UR20_16DO_P DO5	%QX50.4	BIT		UR20_16DO_P DO5
		UR20_16DO_P DO6	%QX50.5	BIT		UR20_16DO_P DO6
		UR20_16DO_P DO7	%QX50.6	BIT		UR20_16DO_P DO7
		UR20_16DO_P DO8	%QX50.7	BIT		UR20_16DO_P DO8
		UR20_16DO_P DO9	%QX51.0	BIT		UR20_16DO_P DO9
		UR20_16DO_P DO10	%QX51.1	BIT		UR20_16DO_P DO10
		UR20_16DO_P DO11	%QX51.2	BIT		UR20_16DO_P DO11
		UR20_16DO_P DO12	%QX51.3	BIT		UR20_16DO_P DO12
		UR20_16DO_P DO13	%QX51.4	BIT		UR20_16DO_P DO13
		UR20_16DO_P DO14	%QX51.5	BIT		UR20_16DO_P DO14
		UR20_16DO_P DO15	%QX51.6	BIT		UR20_16DO_P DO15

图 9 - 32　EtherCAT I/O Mapping 界面

例如：实际使用的 PLC 程序中，如果 DO1 对应气缸打开的信号变量 open，则在 DO1 行的 Variable 中添加 open 变量，如图 9 - 33 所示。

设置的所有 I/O 映射信息都可以在该界面中查看。

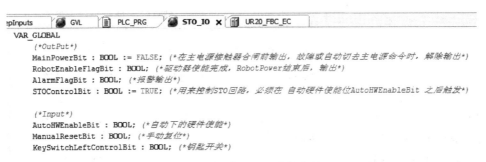

Variable	Mapping	Channel	Address	Type	Unit	Description
		Controlbit 15	%QX49.7	BIT		Controlbit 15
open		UR20_16DO_P DO1	%QX50.0	BIT		UR20_16DO_P DO1
		UR20_16DO_P DO2	%QX50.1	BIT		UR20_16DO_P DO2
		UR20_16DO_P DO3	%QX50.2	BIT		UR20_16DO_P DO3

图 9 - 33　添加 open 变量

（2）示教器端 I/O 与 I/O 模块之间的关联。需要分为两步，分别实现 PLC 端变量与示教器端 I/O 的关联、PLC 端变量与 I/O 模块上端口的关联。

在 GVL 或 STO_IO 中新建 BOOL 类型变量，如图 9 - 34 所示。

```
epInputs      GVL      PLC_PRG      STO_IO ×      UR20_FBC_EC
  VAR_GLOBAL
    (*OutPut*)
    MainPowerBit : BOOL := FALSE; (*在主电源接触器合闸前输出，故障或自动切去主电源命令时，解除输出*)
    RobotEnableFlagBit : BOOL; (*驱动器使能完成，RobotPower结束后，输出*)
    AlarmFlagBit : BOOL; (*报警输出*)
    STOControlBit : BOOL := TRUE; (*用来控制STO回路，必须在 自动硬件使能位AutoHWEnableBit 之后触发*)

    (*Input*)
    AutoHWEnableBit : BOOL; (*自动下的硬件使能*)
    ManualResetBit : BOOL; (*手动复位*)
    KeySwitchLeftControlBit : BOOL; (*钥匙开关*)
```

图 9 - 34　新建 BOOL 类型变量

新建 CODESYS 程序并在其中使用 MC_Step_Group 中提供的 FB：MC_Step_updateDI 和 MC_Step_UpdateDO，并将相关 BOOL 类型变量关联到 FB 的输入或输出上。根据需求分别新建以上 FB 的两种类型，分别如图 9 - 35 和图 9 - 36 所示。

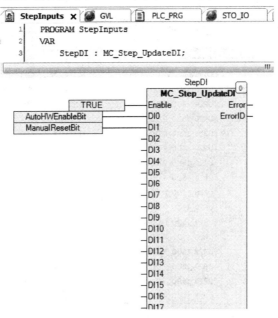

图 9 - 35　DI 的 FB 模块定义及变量关联

至此实现了 PLC 中变量与示教器 I/O 端的绑定。PLC 变量与 I/O 模块端口的关联前面介绍过，需要在 I/O Mapping 界面将 PLC 变量关联到相关的端口即可。

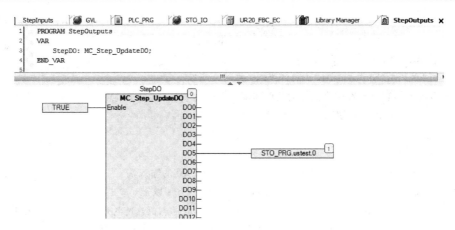

图 9 - 36 DO 的 FB 模块定义及变量关联

（3）其他的输入和输出都按照以上方式根据实际情况进行配置。

3. 工业机器人内置程序调试

（1）检查配置的准确性。首先请编译配置后的工程，通过编译后进入调试。按下开始运行按键，下载工程到控制器中，下载完成后请检查第三个按键是否为黑色，若为黑色而非灰色时，请点击运行 CODESYS 程序。运行后即可进入监控状态，切换到 I/O Mapping 界面，便可进行 I/O 变量配置的检查。

（2）然后进入 DI 配置界面，通过 I/O 模块上的指示灯检查 DI 的配置是否正确。

（3）随后进入 DO 配置界面，可以设置 TRUE/FALSE，并可对 DO 进行强制（force），可以检查 DO 接线是否正确。

（4）完成测试，至此对 I/O 模块的配置完成。

（5）配置好 I/O 模块后在示教器上编写程序，调用相应的物理地址号。图 9 - 27 所示为 SD500 试教器。

示教器上设有 4 个 LED 指示灯，其作用如下：

"Run"指示灯用于指示当前是否有程序正在运行，灯亮表示机器人在运动，灯灭表示机器人停止运动。

"Error"指示灯用于指示当前机器人系统是否有错误报警信息，灯亮表示有错误报警信息，灯灭表示无错误报警信息。

"Motion"用于指示当前机器人的使能状态，灯亮表示机器人使能已经打开，灯灭表示使能未打开。

4. SD500 工业机器人和三菱 FX$_{3U}$ PLC 综合程序编写

（1）开箱装箱工业机器人示教器示例程序。

```
Tool(tool0);  //若带工具，则先加载好
PTP(ap0);  //走到一个安全位置点
Lin(cp3);  //走到标准抓取位置（工件处于标准位置时机器人的抓取位姿，提前示教好）
LP: int1;
RefSys(ref1);  //切到用户坐标系下
WaitTime(uint3);
```

BOOLEXTSet(boolbasepos，TRUE)；//端口号为 2，发送信号到 CODESYS，读取当前位置作为标
　　　　　　　　　　　　　　准抓取位置

WaitTime(uint4)；

BOOLEXTSet(boolbasepos，FALSE)；//关闭该端口

/////以上为获得标准抓取位置需要的步骤

RefSys(WORLD)；//切到用户坐标系到世界坐标系

PTP(ap0)；

LP：int0；

BOOLEXTSet(boolphoto，TRUE)；//发送信号给 PLC 的输入端，位置就绪信号；端口号 0

WaitTime(uint0)；//等待 PLC 处理时间，建议在 300 ms 以上

bool0 ：=BOOLEXTRead(boolenableget)；//读取抓取标志位，光电开光信号，为 TRUE 则能抓取

IF(bool0＝0)THEN //为 TRUE 则可抓取，否则重新发送拍照命令 WaitTime(uint1)；

bool0 ：=BOOLEXTRead(boolenableget)；//继续读取物料传感器信号

GOTO(int0)；

END_IF

RefSys(ref1)；//切到用户坐标系下

Lin(rcpe0)；//走到 CODESYS 里输出的绝对位置(外部点形式，端口号 0)

Circ(ap01，ap02)；

BOOLEXTSet(boolfinishget，TRUE)；//发送抓取完成标志给 PLC WaitTime(uint2)；

BOOLEXTSet(boolfinishget，FALSE)；//关闭抓取完成标志 PTP(ap1)；

GOTO(int1)；//回到循环开始，等待下一个工件

（2）开箱装箱工业机器人 PLC 示例程序。PLC 程序编写如图 9 - 37 所示；I/O 地址分配见表 9.10。

表 9.10　I/O 地址分配

输 入 单 元		输 出 单 元	
名　　称	端子号	名　　称	端子号
停止按钮	X000	X 轴脉冲	Y000
正转启动	X001	Y 轴脉冲	Y001
收紧纸箱传感器	X002	X 轴方向	Y002
吸料传感器	X003	Y 轴方向	Y003
包膜传感器	X004	低速 RL	Y004
检测物料传感器	X005	机械手完成信号	Y005
		变频器启动线圈	Y006
			Y007
		驱动气缸信号	Y010

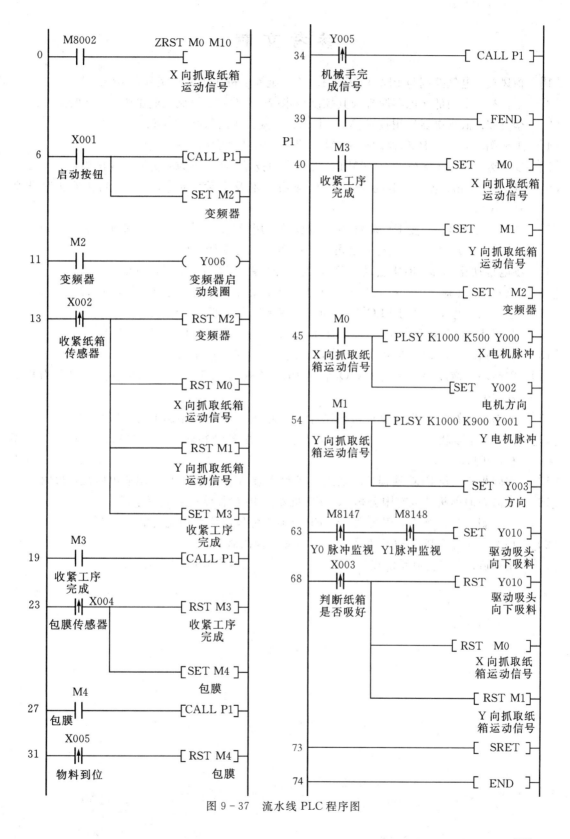

图 9 - 37　流水线 PLC 程序图

参 考 文 献

[1] 梅凤英. 电气控制与 PLC 应用技术[M]. 北京：机械工业出版社，2013.

[2] 王仁祥. 常用低压电器原理及其控制技术[M]. 北京：机械工业出版社，2009.

[3] 李英姿. 低压电器应用技术[M]. 北京：机械工业出版社，2009.

[4] 王成福. 电器及 PLC 控制技术[M]. 浙江：浙江大学出版社，2008.

[5] 姜建芳. 西门子 S7－300/400PLC 工程应用技术[M]. 北京：机械工业出版社，2012.

[6] 王君普主编. 电气控制与三菱 PLC 应用技术及实验实训[M]. 济南：山东人民出版社，2014.

[7] 初航，史进波. 三菱 FX 系列 PLC 编程及应用[M]. 北京：电子工业出版社，2014.

[8] 三菱(中国)电机自动化有限公司. 三菱 PLC 编程手册，2012.

[9] 菱电自动化(上海)有限公司. FX 系列特殊功能模块用户手册，2009.

[10] 范永胜，王岷. 电气控制与 PLC 应用[M]. 北京：中国电力出版社，2007.

[11] 李向东. 电气控制与 PLC[M]. 北京：机械工业出版社，2012.

[12] 范国伟. 电气控制与 PLC 应用技术[M]. 北京：人民邮电出版社，2013.

[13] 杨后川. 三菱 PLC 应用 100 例[M]. 北京：电子工业出版社，2011.

[14] 阳胜峰，谭凌峰. 三菱 FX/Q 系列 PLC 快速入门手册[M]. 北京：中国电力出版社，2015.

[15] 文杰. 三菱 PLC 电气设计与编程自学宝典[M]. 北京：中国电力出版社，2015.

[16] 江永富，廖晓梅. 三菱 PLC 编程技术及工程案例精选[M]. 北京：机械工业出版社，2011.

[17] 廖晓梅. 三菱 PLC 编程技术及工程案例精选[M]. 北京：机械工业出版社，2012.

[18] 上海新时达机器人有限公司. STEP 机器人 PLC 控制函数编程手册，2015.

[19] 上海新时达机器人有限公司. STEP 机器人配置界面使用说明书，2015.

[20] 周军. 电气控制及 PLC[M]. 北京：机械工业出版社，2011.

[21] 王得胜. 电气控制系统设计[M]. 北京：电子工业出版社，2011.